KB070837

조정계산 해설

Adjustment Computations

조 정 계 산 해 설

Adjustment Computations

배 태 석 옮기고 덧붙이기

오하이오주립대학교 Prof. Burkhard Schaffrin
측지학 강의 (GS 650/651)를
Dr. Kyle Snow가 정리한 노트에 기반함

"**미지수를 찾아내는 조정계산은 마법입니다.**" – *D.C. Lee*

측지학과 공간정보 분야에 조정계산을 소개하는 책이 필요하다는 생각을 품은 지는 오래인데, 수백 가지 사연으로 미루던 차에 Dr. Kyle Snow가 정리한 노트를 <조정계산해설>로 엮게 되었고, 10년을 훌쩍 넘는 기간 동안 부단한 노력으로 끊임없이 갱신하고 있는 Dr. Snow는 오하이오주립대에서 Prof. Schaffrin 강의를 함께 수강한 인연이 있어 이 책을 만드는 데 큰 도움을 주었는바, 이 책에서 오류가 눈에 띄면 순전히 만든 사람 몫이다.
Thanks Kyle.

T.B.

차 례

들어가며

조정계산 해설 시리즈는 두 권으로 구성되어 있으며, 1권에서는 조정계산 기본 내용을 설명하고, 고급과정은 2권에서 다룬다. 측지학과 측량 분야 독자에게 조정계산 이론을 설명하고, 실제 활용하기 위한 튼튼한 기초 제공이 주요 목적이다. 물론 타 분야 연구자, 데이터 분석가, 실무자 역시 이 책에서 많은 도움을 얻을 수 있으리라 기대한다.

조정계산은 자연과학과 공학에서 파생한 다양한 주제를 다룬다. 관측값을 의미 있는, 또는 더 나은 "최적" 방식으로 조정하려는 요구는 오래전부터 있었다. 그러나 동일한 현상이나 물리적인 양을 반복 관측하더라도 똑같은 값을 얻을 수 없다는 점을 이해하면 조정계산 필요성은 더욱 명확해진다. 특히 물리적, 추상적 또는 사회적 현상에 대해서 관측이나 계량할 수 있는 장비를 사용한다면 반드시 조정계산이 필요하고, 이는 자연물이나 인공물 상관없이 동일하게 적용된다.

젊은 연구자 Carl Gauss는 소행성 세레스(Ceres) 궤적을 예측하기 위해 여분의 데이터를 어떻게 활용할 수 있을까 하는 문제에 직면했다. Gauss는 후대에 최소제곱(least squares)으로 알려진 방법을 고안했으며, 이는 최초로 창안했다고 주장하는 Legendre가 대중에 소개하기 약 15년 전이다. Gauss와 Legendre 중 최소제곱 방법을 누가 먼저 제시했는지 논쟁에 대해 Stigler (1981)는 Gauss 주장을 뒷받침하는 중요한 측지측량 증거를 제공했다. 그러나 Stigler 역시 누가 먼저인지 확인할 결정적인 증거는 없다고 인정한다. 진실은 아마도 Gauss만이 알고 있으리라.

"최소제곱"이라는 용어는 최소제곱조정(least-squares adjustment), 최소제곱해(least-squares solution), 최소제곱법(method of least squares) 등에서 수식어로 흔히 사용하지만 거의 같은 의미다. 이는 관측값과 조정값 차이를 의미하는 잔차의 제곱합을 최소화하는 수학 기법에서 유래한다. 관측에 대한 가중값을 포함하려면 가중잔차제곱합(sum of squares of weighted residuals)으로 용어를 수정해야 하고, 선형대수 공식에서 가중행렬을 사용하면 관측값 확률오차 사이 상관성을 고려해야 하므로 좀 더 복잡해진다. 따라서 편의상 간략한 용어를 사용하는 때가 많으며, 여기서는 상세한 설명을 생략한다.

특별한 언급이 없으면 이 책에서 사용하는 조정계산(adjustment computations)이라는 용어는 최소제곱방법으로 관측값을 조정한다는 의미다. 잔차제곱합을 최소화하는 문제는 미분법을 사용하지만, 최종해는 기하학적 방법(벡터공간 사영)과 통계적 방법을 이용하여 동등하게 구할 수 있다. 이 책에서 설명하는 유도과정은 라그랑지 승수(Lagrange multipliers)를 포함하는 목적함수(target function)를 최소화하는 문제와 관련 있지만, 동등한 통계적 유도 방법과 기하학적 관계도 제시되어 있다.

이 책에서는 오차 분류, 분산 척도, 분산과 공분산, 오차전파, 관측방정식과 정규방정식, 잔차 표현, 분산요소 추정, 데이텀(datum) 변수, 매개변수 조건방정식, 알고리즘과 예제, 제약조건 추가, 통계검정, 오차타원 등 여러 주제를 다룬다.

1장은 조정계산 이론에서 중요한 개념인 관측, 모델 미지수, 확률변수에 관한 내용을 포함하며, 필수적인 선형대수학 이론도 살펴본다.

2장에서는 직접관측식 모델에서 미지수를 최소제곱추정으로 구하는 방법을 설명한다. 산술평균과 가중평균 차이를 살펴보고, 관측값 가중 개념을 측지학 예제를 통해 소개한다.

3장에서는 여러 미지수를 포함하는 가우스-마코프(Gauss-Markov) 모델을 다루며, 이를 확장하여 5장에서 7장까지 설명한다. 가우스-마코프 모델 최소제곱 추정값, 잔차벡터와 분산요소 추정값 유도과정을 자세히 다룬다. 데이텀 개념에 대해서 간략하게 기술하며, 더 상세한 내용은 <고급조정계산>에서 살펴본다.

4장 주제인 조건방정식은 모델에 미지수를 추가하지 않고 관측값을 조정할 때 유용하다.

5장과 6장은 가우스-마코프 모델을 확장해서 미지수에 제약조건을 적용하는 방법을 설명한다. 5장에서는 고정제약조건을 다루고, 6장에서는 미지수에 확률 제약조건을 부여하는 내용을 기술한다.

7장은 순차조정계산 방법을 다루는데, 실시간 응용업무 또는 이전 조정계산 결과와 새로운 데이터를 결합할 때 매우 중요하다. 이는 칼만필터(Kalman filtering)와 유사하며 자세한 내용은 <고급조정계산>에서 다룬다.

8장은 가우스-헬머트(Gauss-Helmert) 모델을 유도하는데, 일부 문제는 앞에서 제시한 모델보다 효율적으로 해결할 수 있다. 이를 이용해서 직교회귀(orthogonal regression) 또는 전최소제곱(total least-squares) 해를 계산할 수도 있다.

9장은 최소제곱해를 통계적으로 분석하는 데 초점을 맞춘다. 그중에서도 추정미지수 가설검정과 관측값에서 이상값을 검출하는 개념과 수식을 설명한다.

부록에는 이 책에서 사용하는 여러 가지 행렬 특성과 항등식을 포함해서 통계표, 참고문헌, 관련 용어 목록이 정리되어 있다.

[기호(Notation)]

이 책을 좀 더 쉽게 이해하기 위해서는 사용한 기호를 간략하게 설명할 필요가 있다. 행렬은 대문자, 벡터는 굵은 소문자로 나타내고, 상수 변수는 일반적으로 소문자로 표시한다. 그리스 문자는 미지 비확률변수이며, 라틴 문자는 미지 확률변수를 의미한다. 비확률변수 추정값(estimates)을 나타내는 기호는 그리스 문자에 hat(ˆ) 기호를 추가하고, 반면 확률변수 예측값(predictions)은 라틴 문자에 tilde(˜)로 나타낸다. 표 1과 표 2는 이 책에서 사용하는 변수, 수학 연산자, 약어 목록을 나타낸다.[1]

---

[1] 선형대수학과 기초통계학 관련 참고문헌에서 일반적으로 사용하는 용어는 우리말로 옮겼으나, 적절한 번역이 없거나 직관적으로 이해하기 어려운 곳에는 원래 용어를 그대로 사용한다. 또한 혼동할 여지가 있는 상황에는 괄호 안에 원래 용어를 반복해서 명시한다.

표 1: 변수와 수학 연산자

기 호	설 명
A	가우스-마코프(Gauss-Markov) 모델에서 계수(coefficient) 또는 설계(design) 행렬
B	조건방정식 모델에서 계수행렬
$\boldsymbol{c}$	정규방정식 $N\hat{\boldsymbol{\xi}} = \boldsymbol{c}$에서 오른쪽 벡터
$C\{\cdot\}$	공분산 연산자
$D\{\cdot\}$	분산 연산자
$\mathrm{diag}(\cdot)$	일련의 요소 또는 열벡터를 나타내는 $(\cdot)$를 대각요소로 가지는 대각행렬
dim	행렬 차원(dimension)
$\boldsymbol{e}$	관측에서 미지 확률오차 벡터
$\tilde{\boldsymbol{e}}$	관측에서 예측확률오차(잔차) 벡터
$\boldsymbol{e}_0$	확률제약조건과 연관된 미지 확률오차 벡터
$\tilde{\boldsymbol{e}}_0$	$\boldsymbol{e}_0$ 예측확률오차(잔차) 벡터
$E\{\cdot\}$	기댓값 연산자
H_0	귀무가설(null hypothesis)
H_A	대립가설(alternative hypothesis)
K	(확률)제약 가우스-마코프 모델에 사용하는 제약행렬
m	미지수 개수
$\mathrm{MSE}\{\cdot\}$	평균제곱오차(mean squared error) 연산자
n	관측값 개수
N	정규방정식 $N\hat{\boldsymbol{\xi}} = \boldsymbol{c}$에서 정규행렬
$\mathcal{N}(\cdot)$	행렬 영공간(nullspace) 또는 정규분포(normal distribution)
P	관측값 가중행렬
P_0	확률제약조건 가중행렬
q	계수(또는 설계)행렬 A 계수(rank)
Q	관측값 여인자행렬(cofactor matrix)

다음 쪽에 계속

기 호	설 명
$Q_{\tilde{e}}$	예측확률오차(잔차) 여인자행렬
r	데이터 모델 잉여도(redundancy)
$\mathbb{R}$	실수 공간
$\mathcal{R}(\cdot)$	행렬 열공간(range/column space)
rk	행렬 계수(rank)
tr	행렬 대각합(trace)
U	고유벡터 행렬(matrix of eigenvectors)
$\boldsymbol{w}$	조건방정식 모델에서 상수벡터
$\boldsymbol{y}$	관측값 벡터(선형화된 형태)
$\boldsymbol{z}$	확률제약 가우스-마코프 모델에서 제약조건 벡터
α	통계검정 유의수준(significance level)
$\boldsymbol{\alpha}$	직접관측식 모델에서 관측 계수(coefficient) 벡터
β	통계검정력과 연관된 값
χ^2	카이제곱분포
δ	작은 편차 또는 비확률오차(예를 들어, 행렬 P에서 비확률오차를 나타내는 δP)
Φ	라그랑지 목적함수(Lagrange target function)
$\boldsymbol{\eta}$	이상값 검출 모델에서 단위벡터
$\boldsymbol{\kappa}_0$	제약조건 가우스-마코프 모델에서 상수벡터
$\boldsymbol{\lambda}$	미지 라그랑지 승수(Lagrange multipliers) 벡터
$\hat{\boldsymbol{\lambda}}$	추정한 라그랑지 승수벡터
μ, $\boldsymbol{\mu}$	비확률변수 기댓값(스칼라 μ 또는 벡터 $\boldsymbol{\mu}$)
$\hat{\mu}$, $\hat{\boldsymbol{\mu}}$	비확률변수 추정값
$\hat{\boldsymbol{\mu}}_y$	조정관측값 벡터
ν	통계적 자유도(degrees of freedom)
θ	신뢰타원(confidence ellipse) 방향
σ_0^2	미지 분산요소
$\hat{\sigma}_0^2$	분산요소 추정값

다음 쪽에 계속

기 호	설 명
Σ	관측값에 대한 분산(또는 공분산)행렬
$\boldsymbol{\tau}$	모든 요소가 1인 벡터(합벡터)
Ω	(가중)잔차제곱합(제약조건 없을 때)
$\boldsymbol{\xi}$	미지수 벡터
$\hat{\boldsymbol{\xi}}$	미지수 벡터 추정값
:= =:	특정 기호에 대한 정의. 콜론(:)에 가까운 항이 정의할 대상

이전 쪽에서 계속

표 2: 약어 목록

약 어	의 미
BLUUE	Best Linear Uniformly Unbiased Estimate
BLIP	최적선형예측(Best LInear Prediction)
cdf	누적분포함수(cumulative distribution function)
GHM	가우스-헬머트 모델(Gauss-Helmert Model)
GMM	가우스-마코프 모델(Gauss-Markov Model)
LESS	최소제곱해(LEast-Squares Solution)
MSE	평균제곱오차(Mean Squared Error)
pdf	확률밀도함수(probability density function)
rms	평균제곱근(root mean square)

제 1 장

조정계산 기초

1.1 관측값과 미지수

측지학에서는 GNSS 기준점 좌표나 수준점 높이 등 미지 양을 추정하기 위해 일반적으로 관측(observations/measurements)을 수행한다. 미지 양은 관측모델에서 미지수로 표현하고, 직접 관측할 때도 있으나 대부분 각 또는 거리 관측처럼 간접 방법을 사용한다. 어느 상황이든 미지값을 확률변수가 아닌 고정값 미지수로 간주한다. 확률 미지수로 가정하는 문제는 <고급조정계산>에서 다룬다. “고정” 또는 “확률”이라는 용어는 미지수의 통계적인 성질을 가리키며, 고정 미지수는 시공간에 따라 물리적으로 (적어도 일정 시간 동안은) 변하지 않는다고 간주한다.

일부 관측은 맨눈으로 실시할 수도 있지만(예를 들어, 측점 사이 거리를 재기 위해 줄자 눈금을 읽을 때), 일반적인 관측은 복잡한 기기를 이용하여 실시한다. 전통적으로 측량에서 사용하는 기기는 대부분 광학장비(정밀레벨 또는 데오도라이트)이며, 망원경과 접안렌즈를 이용하여 눈금을 읽는다. 광파거리측정기 역시 수평/수직각은 광학적인 방법으로 관측하였으나, 이후 토탈스테이션 등장으로 각과 거리 모두 전자적인 방법으로 측정하고 심지어 자동으로 결과를 기록할 수 있다. 현재는 대부분의 장치(자동토탈스테이션, 자동레벨,

GNSS 수신기, 레이저스캐너, 드론, LiDAR 등)에서 기존 방식과 달리 사람이 개입하지 않고 관측할 수 있다. 그러나 여전히 장비가 측정하고 기록한 값을 관측값으로 간주한다.

관측값과 관련하여 중요한 사실은 자동화된 관측과 기록 여부와 관계없이 "모든 관측은 반드시 어느 정도 미지 오차를 포함하고 있다"는 점이다. 관측값 오차는 종류(성질)에 따라 구분하는데, 주요 관심 대상인 확률오차(random errors), 계통오차(systematic errors, bias), 그리고 통계적으로 이상값(outliers)에 해당하는 실수(blunders/mistakes)에 의한 오차다. 오차 범주에 대해서는 다음 장에서 상세히 기술하고, 여기서는 간단하게 다음과 같이 가정한다.

- 모든 관측값은 확률오차를 포함한다.
- (존재하는지 알고 있고, 숫자로 나타낼 수 있다면) 계통오차는 대개 처리할 수 있다.
- 실수는 반드시 확인해서 제거해야 한다.

이 개념을 요약하여 간략하게 정의할 수 있다.

관측값 수치와 단위를 가진 관측한 양. 관측값은 항상 미지 확률오차를 포함하고 있으며, 계통오차(바이어스)나 실수로 왜곡될 수 있다. 확률 성분으로 인해 관측값은 확률변수로 간주한다.[1]

미지수 추정할 미지 양. 미지수는 관측모델의 구성요소이고, 관측값을 미지수의 함수로 모델링한다. 여기서는 통계적으로 변하지 않는 고정 미지수만을 다룬다.

[1] Koch (1999, p. 82)에 따르면, 실수값이나 화면에 수치로 표시하는 장비로 결과를 기록하는 실험에서, 수치로 저장하면 개별 사건 집합을 실수 집합으로 대응할 수 있다. 이와 같이 정의한 확률변수를 관측값(measurement/observation)이라고 부른다.

1.2 조정계산 목적

바이어스나 실수가 없다고 가정하더라도 관측값에는 여전히 미지 확률오차가 포함되어 있다. 일반적으로 관측모델 미지수를 결정하기 위해 필요한 숫자보다 더 많은 관측값이 존재한다. 따라서 여분의 관측값과 확률오차를 어떻게 다룰지가 조정계산 주제라고 할 수 있다.

조정계산 목적은 관측값을 적절한 방법으로 조정함으로써 설정한 기준에 따라 관측값과 조정값 차이("잔차")를 최소화하는데 있다. 최소제곱조정은 이를 위한 방법의 하나이며, 이 책에서 설명할 핵심 주제다. "최소제곱"은 이 방법에 적용할 기준으로서 "가중잔차제곱합을 최소화한다"는 문장으로 요약할 수 있다.

1.3 함수관계와 확률 성질

앞에서 설명한 바와 같이, 관심 대상인 미지 양을 결정하기 위해 일반적으로 관측을 수행한다. 관측값과 미지 양은 수학 함수로 연결되어 있고, 함수는 관측값과 미지수 관계의 복잡성에 따라 선형 또는 비선형으로 표현할 수 있다. 미지 양을 직접 관측할 수 있는 상황에서는 단순 선형함수가 적절하지만, 그렇지 않으면 복잡한 비선형식으로 표현해야 할 수도 있다.

예를 들어, 평면에서 두 점 p_1과 p_2 좌표를 결정하기 위해 거리를 측정할 때, 측정거리 y는 관측값이고 미지 양은 두 점 좌표쌍 (x_1, y_1)과 (x_2, y_2)이다. 측정거리와 미지 좌표 함수관계는 다음과 같이 나타낼 수 있다.

$$y(x_1, y_1, x_2, y_2) \approx \sqrt{(x_2 - x_1)^2 + (y_2 - y_1)^2} \tag{1.1a}$$

이 함수는 미지수 x_1, y_1, x_2, y_2에 관한 비선형식이고, 관측변수 y는 독립변수인 미지 좌표에 대해 종속이다. 등호 대신 근사값으로 표현한 이유는 관측값이 확률오차를 포함하기 때문이며, 따라서 관측변수는 미지 양만으로는 충분히 설명되지 않는다. 앞에서 설명한 대로 미지 양은 비확률("고정")로 간주한다.

수식을 등호로 변경하기 위해서는 별도 항을 함수에 추가하여 확률요소가 양변에 포함되어야 한다(마찬가지로 좌변에서 확률요소를 빼는 방법도 가능하다). 확률요소 e는 관측값에 포함된 미지 확률오차를 나타낸다. 식 (1.1a)에 e를 추가하면 다음과 같이 수정할 수 있다(좌변 함수 인자는 편의상 생략).

$$y = \sqrt{(x_2 - x_1)^2 + (y_2 - y_1)^2} + e \tag{1.1b}$$

확률오차 e를 좌변에 양수로 표현할 수도 있지만 단지 관례와 관점의 차이이다. 좌변에 e를 "더하는" 연산은 관측값과 확률오차 합이 미지수에 관한 함수와 같다는 의미다. 그러나 이 책에서는 관측값에서 확률오차를 "빼는" 방식을 선호하며, 최근 문헌은 대부분 이 관례를 채택하고 있다. 관례 문제 이외에도, 확률오차 e를 우변에 더해서 확률 성질을 양변에 표현하면 보다 일관된 수식을 만들 수 있다.

식 (1.1b)는 "(비선형) 관측방정식"이며, 관측값을 추정할 미지 양에 의존하는 확률변수로 표현하는 방정식이다. 따라서 식 (1.1b)는 미지수에 관한 함수로 "관측값을 모델링"하며, 미지수를 모델 "매개변수"(parameters)라고 한다. 최종 목표는 매개변수를 가장 적합한 방식으로 결정하면 된다. 나중에 살펴보겠지만, 매개변수 값을 절대적인 정확도로 결정할 수는 없으므로 "추정"(estimation)이라는 통계 용어를 사용한다.

식 (1.1b)는 관측모델이지만 미지수를 추정할 때 확률성질을 이용하기 위해서는 확률오차 e에 관한 통계 특성 정보가 필요하다. 다음 절에서 확률오차 통계 특성을 더 상세히 설명하므로, 여기서는 최소제곱조정을 위해 오차 "기댓값"과 "분산"이 모델에 명시되어야 한다는 내용만 언급한다.

기댓값은 (적어도 평균 개념에서) 확률 변수가 가지리라고 예상하는 값을 가리키는 통계 용어다. 분산은 확률변수 기댓값에 대한 불확실성을 나타내며, 확률변수(확률관측오차) 기댓값을 중심으로 하는 영역을 나타낸다. 특별히 명시하지 않으면 확률오차 기댓값은 항상 0으로 간주한다. 확률오차 e 기댓값과 분산은 수학적으로 $e \sim (0, \sigma^2)$로 표기하며, "e는 기댓값 0, 분산 σ^2인 분포를 따른다"라고 읽는다.

따라서 관측모델 식 (1.1b)를 확장하여 완전한 모델로 나타내면 다음과 같다.

$$y = \sqrt{(x_2 - x_1)^2 + (y_2 - y_1)^2} + e, \quad e \sim (0, \sigma^2) \tag{1.1c}$$

때로는 관측방정식을 함수모델(functional model), $e \sim (0, \sigma^2)$를 확률모델(stochastic model)로 표현하고, 분산 역수를 관측에 대한 가중값이라고 부른다(가중값은 다음 장에서 상세히 설명). 확률오차 e 단위는 관측값 y와 같으며, 분산 σ^2 단위는 관측값 단위를 제곱하면 된다.

관측모델 식 (1.1c)는 거리 관측과 두 점 좌표로 이루어진 특정한 문제를 나타낸다. 그러나 다양한 측지학 조정계산 문제에 적용하기 위해서는 이를 일반화할 필요가 있다. 이 책에서는 m개 미지수를 $m \times 1$ 벡터 $\boldsymbol{\xi}$로 나타낸다. 또한 식 (1.1c)와 달리, 여러 관측값을 다루기 위해서는 행렬과 벡터를 사용하여 일반화해야 하며, 이때 모든 관측값은 고유한 분산을 가질 수 있다.

단일 관측값 y 대신 $n \times 1$ 관측벡터 $\boldsymbol{y} = [y_1, \cdots, y_n]^T$로 나타내면 연관된 미지 확률오차 벡터는 $\boldsymbol{e} = [e_1, \cdots, e_n]^T$이다. 일반 모델은 개별 확률오차가 고유한 분산을 가질 수 있고, 확률오차 사이 공분산도 가능하다(공분산은 1.6.2절에서 정의). 따라서 $n \times n$ 여인자행렬(cofactor matrix) Q와 가중행렬(weight matrix) $P := Q^{-1}$를 도입한다. Q에 미지 분산요소(variance component) σ_0^2(스칼라)를 곱하면 공분산행렬(covariance matrix)이 되고, 이를 Σ 기호로 표시한다(다시 말해서, $\Sigma := \sigma_0^2 Q = \sigma_0^2 P^{-1}$). 분산행렬을 분산-공분산행렬(variance-covariance matrix), 분산요소를 단위가중분산(variance of unit weight)으로 표현하기도 한다. 이 요소를 결합하면 일반 모델로 표현할 수 있다.

$$\underset{n\times 1}{\boldsymbol{y}} = \underset{\mathbb{R}^m \to \mathbb{R}^n}{\boldsymbol{f}(\boldsymbol{\xi})} + \underset{n\times 1}{\boldsymbol{e}}, \quad \boldsymbol{e} \sim (\underset{n\times 1}{\boldsymbol{0}}, \sigma_0^2 \underset{n\times n}{P^{-1}}) \tag{1.2a}$$

$\mathbb{R}^m$에서 $\mathbb{R}^n$으로의 함수 벡터 $\boldsymbol{f}$는 수학적으로 $\boldsymbol{f} : \mathbb{R}^m \to \mathbb{R}^n$으로 표시한다.

함수 벡터 $\boldsymbol{f}$가 미지수 $\boldsymbol{\xi}$에 대해서 비선형이면 축약 테일러 전개식을 이용하여 선형화할 수 있다(Appendix B 참고). 선형식 $\boldsymbol{f}(\boldsymbol{\xi})$에 대해(선형식이 아니면 미리 선형화), $n \times m$ 계수행렬(coefficient matrix) A를 이용하여 모델 식 (1.2a)를 다시 쓸 수 있다.

$$\underset{n\times 1}{\boldsymbol{y}} = \underset{n\times m}{A}\,\boldsymbol{\xi} + \underset{n\times 1}{\boldsymbol{e}}, \quad \boldsymbol{e} \sim (\underset{n\times 1}{\boldsymbol{0}}, \sigma_0^2 \underset{n\times n}{P^{-1}}) \tag{1.2b}$$

모델 식 (1.2b)는 가우스-마코프 형태로서 관측값, 미지수, 확률오차 관계를 이해하는데 매우 중요하다. 측지학에서 중요한 이 모델은 3장에서 자세히 다루며, 이를 확장하여 5장과 6장에 적용한다. 확률오차, 공분산, 가중값에 대해서는 이 장에서 상세하게 설명하고, 모델 식 (1.2b) 유용성은 다음 장에서 좀 더 명확해진다. 모델 개별 요소를 요약해서 설명하면 다음과 같다.

$\boldsymbol{y}$: $n \times 1$ 관측값 벡터(**주어진 값**)

A : $n \times m$ 완전열계수(full column rank)를 가지는($\operatorname{rk} A = m$) 계수행렬(**주어진 값**)

$\boldsymbol{\xi}$: $m \times 1$ 미지수 벡터(**미지 값**)

$\boldsymbol{e}$: 관측값과 연관된 $n \times 1$ 확률오차 벡터(**미지 값**)

σ_0^2 : 단위가 없는 스칼라 분산요소(**미지 값**)

P : $n \times n$ 가중행렬로서 여인자행렬 Q(**주어진 값**)에 대해서 $P^{-1} := Q$로 정의. 공분산행렬은 $\Sigma := \sigma_0^2 P^{-1}$이며, 행렬 Q 대각선 요소 단위는 해당 관측값 단위 제곱과 동일

1.4 행렬대수학 기초

행렬대수학(또는 선형대수학)은 조정계산을 위한 기초 수학이며, 이 책에서 자주 사용하는 행렬대수학 기본 개념은 대부분 기초 선형대수학 과목에서 다루는 내용이다. 이 외에도 행렬합 또는 행렬곱의 역행렬을 포함하여 행렬 관계나 행렬항등식(matrix identity)을 이용하는 수식이 많이 포함되어 있다. 이를 통해 복잡한 공식을 단순한 형태로 표현하거나 동등한 대체 수식으로 나타낼 수 있다. 동일한 문제를 서로 다른 형태의 수식으로 표현하면 문제에 대한 통찰력을 높일 수 있고, 때에 따라서는 더 효과적이다.

이 책에서 사용하는 행렬항등식은 Appendix A에서 설명하고 있으며, 한 줄로 간단히 표현한 수식은 암기하면 유용하다. 복잡한 수식을 암기할 필요는 없지만, 적용하는 수식을 인지하거나 쉽게 참조할 수 있으면 이 책에서 설명하는 수식 유도과정을 이해하기에 편리하다. 본문에서는 찾아보기 용이하도록 필요한 곳에 수식번호를 명시했다.

1.4.1 주요 개념

이 책에서 설명하는 내용을 이해하기 위해서는 적어도 아래 선형대수학 항목은 미리 살펴볼 필요가 있으며, 더욱 상세한 설명은 Strang (2006)이나 Strang and Borre (1997) 등을 참고한다.

- Gauss 소거법(Gaussian elimination)과 역대입법(back substitution)
- Gauss-Jordan 소거법
- 행렬 열공간(column space)
- 행렬 영공간(nullspace)
- 벡터공간 기저(basis)와 차원(dimension)
- 행렬 계수(rank)
- 연립방정식 일관성(consistency)과 모순(inconsistency)
- 고유값(eigenvalues)과 고유벡터(eigenvectors)
- 역행렬 성질
- 양의정부호(positive definite)와 양의준정부호(positive semidefinite)
- 멱등원(idempotent)
- Choleskey 분해(decomposition)
- 그 외 용어는 Appendix A 참고[2]

벡터공간(vector spaces) 공간 $\mathbb{R}^n$은 n개 요소를 가지는 모든 벡터로 이루어져 있다. 조정계산에서 중요한 두 개 벡터공간은 행렬 열공간(column space)과 영공간(nullspace)이다.

[2] 선형대수학 용어 중 적절한 한글 단어가 없거나 익숙하지 않으면 영어 표현을 그대로 사용한다.

기저(basis) 벡터공간 기저는 선형독립이며, 공간을 스팬(span)하는 일련의 벡터다. 벡터공간은 다수 기저를 가질 수 있지만, 주어진 기저에 대해 공간에 속하는 벡터를 나타내는 선형결합은 유일하다.

벡터공간에서 모든 기저는 동일한 개수의 벡터를 가지며, 이를 공간의 차원(dimension)이라고 한다. 역행렬이 존재하는 $m \times m$ 행렬에서 열(columns)은 $\mathbb{R}^m$ 기저가 될 수 있다.

열공간(column space) 행렬 A 열공간은 열(column)로 구성된 모든 선형결합으로 이루어져 있다($\mathcal{R}(A)$로 표기하며 A의 range라고도 함). 열공간 차원은 A 계수(rank)와 동일하며, 선형독립인 열 개수를 나타낸다. 또한 A 열이 열공간을 스팬(span)한다고 표현한다. 행렬곱 AB 열공간은 A 열공간에 포함되므로 행렬곱 AB의 모든 열은 행렬 A 열을 선형조합하여 표현할 수 있다.

$$\mathcal{R}(AB) \subset \mathcal{R}(A) \tag{1.3}$$

영공간(nullspace) 행렬 A 영공간은 $A\boldsymbol{x} = \mathbf{0}$ 모든 해로 이루어진다. 영공간은 $\mathcal{N}(A)$로 나타내며, A 커널(kernel)이라고도 한다. 영공간의 차원(dimension)은 0이 아닌 벡터 개수이며, 이를 영공간차원(nullity)이라고 한다.

$$\dim \mathcal{N}(A) = m - \operatorname{rk} A \quad (m\text{은 } A \text{ 열 개수}) \tag{1.4}$$

행렬 A가 정방행렬이고 역행렬이 존재하면 영공간의 유일한 벡터는 $\boldsymbol{x} = \mathbf{0}$이므로 영공간의 차원은 0이다. 열공간(column space)과 영공간(nullspace) 차원은 다음 관계식으로 나타낼 수 있다.

$$\dim \mathcal{R}(A) + \dim \mathcal{N}(A) = \dim \mathbb{R}^m = m \quad (A \text{ 크기는 } n \times m) \tag{1.5}$$

행렬 계수(rank) 행렬 A 계수(rank)는 독립인 행 개수이며, 이는 독립 열 개수와 같다.

일관방정식과 모순방정식(consistent/inconsistent) 연립방정식을 풀 수 있을 때 일관방정식(consistent systems of equations)이라고 표현한

다. 식 $A\boldsymbol{x} = \boldsymbol{b}$가 일관방정식이 되기 위해서는 $\boldsymbol{b}$가 A 열공간에 있어야 한다. 예를 들어, 식 (1.2b)에서 관측벡터 $\boldsymbol{y}$는 계수행렬 A 열공간에 존재하지 않으므로 확률오차 벡터 $\boldsymbol{e}$가 없으면 이 식은 모순방정식 (inconsistent systems of equations)이다.

1.4.2 가역행렬 성질

다음을 만족하는 A^{-1}가 존재할 때 행렬 A는 가역(invertible)이라고 한다.

$$A^{-1}A = I \text{ 그리고 } AA^{-1} = I \tag{1.6}$$

역행렬은 정방행렬(square matrix)만 가능하며, 행렬 A 역행렬이 존재하면 다음 성질을 만족한다.

- 비특이행렬(nonsingular/regular)이다.
- 역행렬은 유일하다.
- 행렬 계수(rank)는 차원(dimension)과 동일하다($m \times m$ 행렬 A는 $\operatorname{rk} A = m$).
- 행렬 계수는 열공간(column space) 차원과 동일하다($\operatorname{rk} A = \dim \mathcal{R}(A)$).
- 벡터 $\boldsymbol{x} = \boldsymbol{0}$은 영공간(nullspace)에서 유일한 벡터이므로 $\dim \mathcal{N}(A) = 0$이다.
- 모든 고유값은 0이 아닌 값이다.

1.4.3 양의정부호 행렬

0이 아닌 모든 벡터 $\boldsymbol{x}$에 대하여 $\boldsymbol{x}^T A\boldsymbol{x} > 0$이면 행렬 A는 양의정부호(positive definite)이다. 행렬이 양의정부호면 비특이행렬(nonsingular)이고, 모든 고유값은 0보다 큰 양수 값을 가진다. 또한 양의정부호 행렬이 대칭이면 Cholesky 분해법(decomposition)을 적용할 수 있다. 양의정부호 행렬 성질은 31쪽을 참고한다.

반면, 0이 아닌 모든 벡터 $\boldsymbol{x}$에 대하여 $\boldsymbol{x}^T A \boldsymbol{x} \geq 0$이면 행렬 A는 양의준정부호(positive semidefinite)다. 행렬이 양의준정부호면 특이행렬(singular)이 되고, 적어도 하나의 고유값은 0이다(나머지는 모두 양수).

1.4.4 멱등행렬

멱등행렬(idempotent matrices)은 제곱한 결과와 같은 행렬이다. 멱등행렬이 되기 위해서는 정방행렬이어야 하며, 단위행렬을 제외하면 특이행렬이다.

$PP = P$이면 $n \times n$ 행렬 P는 멱등행렬이다. (1.7a)

$n \times n$ 행렬 P가 멱등행렬이면 $I_n - P$도 멱등행렬이다. (1.7b)

P가 멱등행렬이면 대각합은 계수(rank)와 같다($\operatorname{tr} P = \operatorname{rk} P$). (1.7c)

멱등행렬의 고유값은 0 또는 1이다. (1.7d)

사영행렬(projection matrices)은 멱등행렬이다. (1.7e)

1.4.5 연습문제

이 책을 이해하기 위해서는 아래 문제를 풀 수 있어야 한다.

1. Gauss 소거법과 역대입법(back substitution)을 이용하여 연립방정식 해를 구하시오.

$$\begin{aligned}
x_1 + 3x_2 - 2x_3 + 2x_5 &= 0 \\
2x_1 + 6x_2 - 5x_3 - 2x_4 + 4x_5 - 3x_6 &= -1 \\
5x_3 + 10x_4 + 15x_6 &= 5 \\
2x_1 + 6x_2 + 8x_4 + 4x_5 + 18x_6 &= 6
\end{aligned}$$

2. 위 연립방정식을 Gauss-Jordan 소거법으로 구하시오.

3. 행렬 A 열공간(column space) 기저(basis)를 구하시오.

$$A = \begin{bmatrix} 1 & 0 & 1 & 1 \\ 3 & 2 & 5 & 1 \\ 0 & 4 & 4 & -4 \end{bmatrix}$$

4. 행렬 B 행공간(row space) 기저를 구하시오.

$$B = \begin{bmatrix} 1 & -2 & 0 & 0 & 3 \\ 2 & -5 & -3 & -2 & 0 \\ 0 & 5 & 15 & 10 & 0 \\ 2 & 6 & 18 & 8 & 6 \end{bmatrix}$$

5. 행렬 A^T와 행렬 B 영공간(nullspace) 기저(basis)를 각각 구하시오. 영공간 기저 벡터가 각각 A 열공간과 B 행공간에 직교(orthogonal) 함을 보이시오. **Hint** 식 (A.45a)–(A.45d) 참고

6. 행렬 A와 B 계수(rank)를 구하시오.

7. 다음 행렬 고유값과 고유벡터를 구하시오.

$$C = \begin{bmatrix} 3 & 4 & 2 \\ 0 & 1 & 2 \\ 0 & 0 & 0 \end{bmatrix}, \qquad D = \begin{bmatrix} 0 & 0 & 2 \\ 0 & 2 & 0 \\ 2 & 0 & 0 \end{bmatrix}$$

각 행렬에서 고유값 합이 대각합(trace)과 동일하고, 고유값 곱은 행렬식(determinant)과 동일한지 확인하시오.

8. 행렬 N Cholesky 인자(factor)를 계산하고, 이를 이용하여 행렬 N 역행렬을 구하시오.

$$N = \begin{bmatrix} 2 & 0 & 0 & -1 & 0 \\ 0 & 2 & 0 & -1 & -1 \\ 0 & 0 & 1 & 0 & 0 \\ -1 & -1 & 0 & 2 & 1 \\ 0 & -1 & 0 & 1 & 2 \end{bmatrix}$$

9. 분할행렬 자체와 부분행렬 N_{11}과 N_{22} 모두 비특이행렬(nonsingular)이라고 할 때, Appendix A를 참조하지 않고 기본행연산(elementary row operations)을 이용하여 역행렬을 구하시오.

$$\begin{bmatrix} N_{11} & N_{12} \\ N_{21} & N_{22} \end{bmatrix}$$

10. N이 $m \times m$ 비특이행렬이고, $l \times m$ (단, $l < m$) 행렬 K에 대해서 $\text{rk}[N \mid K^T] = m$이면,

$$\begin{bmatrix} N & K^T \\ K & 0 \end{bmatrix}$$

이 행렬은 비특이행렬이고 행렬 $(N + K^T K)$도 역행렬이 존재한다. 여기서 0은 $l \times l$ 영행렬이다. 5장을 참고하지 않고, 기본 행연산을 이용하여 역행렬을 구하시오.

Hint 2행 왼쪽에 K^T를 곱해서 1행에 더한다.

11. Appendix A를 참고하여 식 (A.6a)와 (A.6b)를 유도하시오.

12. $N := A^T PA$로 정의한 행렬 N이 비특이행렬이면 단위행렬 I에 대해서 $I - AN^{-1}A^T P$는 멱등행렬임을 보이시오(식 (1.7a) 참고).

13. 행렬 P가 멱등행렬이면 $I - P$도 멱등행렬임을 보이시오.

14. 직사각행렬 영공간 차원은 0이 될 수 있는가? 그 이유는?

1.5 확률변수

이 절에서부터 1.6절 시작 부분까지는 쉽게 비교할 수 있도록 통계학 교과서와 동일한 용어를 사용한다. 따라서 X는 확률변수, x는 확률변수가 가질 수 있는 값을 가리킨다. 그 이후는 Prof. Burkhard Schaffrin이 조정계산에서 오랫동안 사용한 기호를 다시 채택한다.

1.5.1 통계학 복습

Mikhail and Ackermann (1982)에 따르면 확률은 통계적인 실험 결과인 사건과 연관되어 있다. 한 사건에서 여러 결과가 가능하다면, 확률변수(stochastic/random variable) X는 서로 다른 값 x를 가질 수 있다. 확률변수와 연관된 통계 사건에서 가능한 결과 전체를 모집단(population)이라고 한다. 그러나 모집단은 규모가 커서 모든 요소를 평가하기에는 실용적이지 않고 심지어 불가능한 상황도 있다. 따라서 모집단 중에서 관측을 통해 일부만 선택하는데 이를 표본(sample)이라고 부른다.

추상적인 통계 용어를 측지학에서 다루는 구체적인 사례를 통해 설명하기 위해 측지망 좌표가 GNSS 데이터로부터 결정된다고 가정하자. 데이터를 수집하고 처리하는 행위는 시행(experiment), 그 결과인 측점 간 좌표 차이는 관측값이 된다. 좌표 차이는 서로 다른 값을 가질 수 있고(즉 두 시행이 완전히 똑같은 값을 만들어낼 가능성은 높지 않다), 따라서 관측한 개별 좌표차는 확률변수 실현으로 간주한다. 측점 좌표차 관측값 전체 모집단 개수는 무한대이므로 시행으로부터 취득할 관측값(표본) 개수를 정해야 한다.

Mikhail and Ackermann (1982)을 인용하면, "확률변수 X가 가질 수 있는 값 전체 집합과 확률은 확률변수와 연관된 확률분포(probability distribution)를 구성"한다. 따라서 확률분포는 확률변수가 가질 수 있는 모든 값에 확률을 대응시키는 함수를 수반한다. 누적분포함수(cumulative distribution function)와 확률밀도함수(probability density function)는 대표적인 확률분포함수이며, 다음 절에서 단일 확률변수에 대한 두 분포함수를 정의한다.

일반적으로 누적분포함수 성질은 이산확률변수와 연속확률변수에 동일하게 적용된다. 그러나 확률밀도함수는 연속함수와 관련되어 있고, 이산형은 확률질량함수(probability mass function)에 해당한다. 이 절에서는 연속확률변수에 대해서만 다룬다. 연속확률변수에서 중요한 성질은 확률변수가 특정 값을 가질 확률은 0이라는 점이다. 따라서 X가 연속확률변수라면 모든 x에 대해서 다음 식이 성립한다.

$$P\{X = x\} = 0 \tag{1.8}$$

1.5.2 누적분포함수

모든 x에 대해서 사건 $\{X \le x\}$ 확률을 나타내는 누적분포함수(cumulative distribution function) $F(x)$[3]는 다음과 같이 나타낼 수 있다.

$$F(x) = P\{X \le x\} = P\{-\infty < X \le x\} \tag{1.9}$$

다시 말하면, 식 (1.9)는 확률변수 X가 x보다 같거나 작을 확률이 함수 $F(x)$임을 나타낸다. 정의에 의해 확률은 0에서 1 사이 값을 가지므로 아래 수식으로 표현할 수 있다.

$$0 \le P \le 1, \text{ 즉 } \lim_{x\to-\infty} F(x) = 0 \text{ 이고 } \lim_{x\to\infty} F(x) = 1 \tag{1.10}$$

결과적으로 모든 x에 대해서 다음 관계식이 성립한다.

$$P\{x < X\} = 1 - F(x) \tag{1.11}$$

1.5.3 확률밀도함수

연속확률변수 X의 확률밀도함수(probability density function) $f(x)$를 이용하면 어떤 "구간"에 포함될 확률을 계산할 수 있다. 그러나 식 (1.8)에서 언급했듯이, 모든 x에 대해서 $P\{X = x\} = 0$이므로 X가 특정 숫자 x가 될 확률은 구할 수 없다. X가 구간 $[a, b]$에 속할 확률은 적분기호를 이용하여 나타낼 수 있다.

$$P\{a \le X \le b\} = \int_a^b f(x)\,dx \tag{1.12}$$

이 확률은 그림 1.1과 같이 a와 b 사이 곡선 $f(x)$ 아래 면적을 나타낸다. 하한 a를 $-\infty$로 대체하면 누적분포함수 $F(x)$와 확률밀도함수 $f(x)$ 관계는 다음과 같이 쓸 수 있다.

$$F(x) = \int_{-\infty}^{x} f(t)\,dt \tag{1.13}$$

---

[3] 통계학 교과서에서 흔히 사용하는 아랫첨자 X(예를 들어 $F_X(x)$와 $f_X(x)$)를 여기서는 생략한다.

적분 기본정리를 적용하면 모든 x에 대해서 아래 관계식으로 표현할 수 있다.

$$\frac{d}{dx}F(x) = \frac{d}{dx}\int_{-\infty}^{x} f(t)\,dt = f(x) \tag{1.14}$$

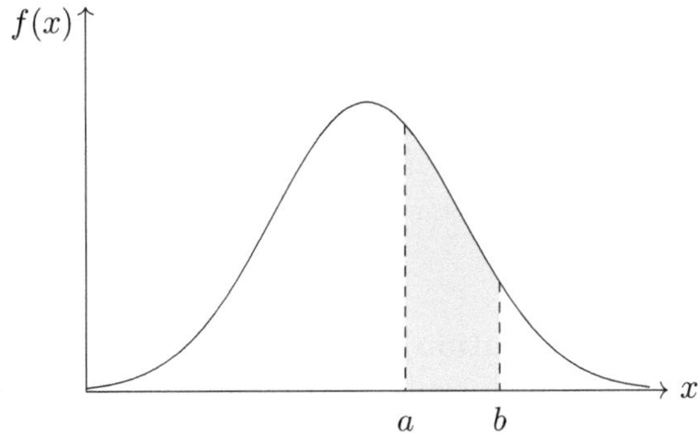

그림 1.1: 확률밀도함수 $f(x)$ 곡선 아래 음영 면적은 확률변수가 취하는 값이 구간 $[a,b]$에 속할 확률

확률밀도함수는 두 가지 성질을 만족해야 하며, 이를 만족하는 임의의 적분가능 함수는 확률변수 X의 확률밀도함수가 된다.

$$f(x) \geq 0 \quad (\text{모든 수 } x) \tag{1.15a}$$

$$\int_{-\infty}^{\infty} f(x)\,dx = 1 \tag{1.15b}$$

또한 식 (1.8)을 적용하면 $P\{X = a\} = 0$이고 $P\{X = b\} = 0$이므로, 아래 관계식이 성립한다.

$$\begin{aligned} P\{a \leq X \leq b\} &= P\{a < X \leq b\} \\ &= P\{a \leq X < b\} \\ &= P\{a < X < b\} \end{aligned} \tag{1.16}$$

1.5.4 조정계산에서의 분포

이 책에서는 다음 네 개 분포를 다룬다.

- 정규분포(Gaussian/normal distribution)

- t-분포(Student t-distribution)
- χ^2-분포(χ^2-distribution)
- F-분포(F(Fisher)-distribution)

이 분포는 다양한 조정계산 결과를 통계적으로 검정하기 위한 목적으로 가설검정에서 주로 사용한다. 각 분포에서 임계값은 통계학 교과서에 정리된 표를 참고할 수 있고, 일부는 이 책 부록에도 수록되어 있다. 자세한 설명은 9장에 기술되어 있으므로, 이 장에서는 (표준)정규분포만 간략히 소개한다.

정규분포(normal distribution) 정규분포 확률밀도함수 $f(x)$는 다음 식으로 정의한다.

$$f(x) = \frac{1}{\sqrt{2\pi\sigma^2}} e^{-\frac{(x-\mu)^2}{2\sigma^2}} \quad (-\infty < x < \infty) \tag{1.17}$$

함수 매개변수는 평균 μ와 분산 σ^2 ($\sigma^2 > 0$)이다. $f(x)$ 그래프는 μ에 대해 대칭이며 수평축 전체에 걸친 종모양 곡선이다. "확률변수 X가 평균 μ, 분산 σ^2인 정규분포를 따른다"를 간략하게 나타내면 다음과 같다.

$$X \sim \mathcal{N}(\mu, \sigma^2) \tag{1.18}$$

$f(x)$는 μ에 대해서 대칭이고 $x = \mu$에서 최대값을 가지므로, 정규분포 평균은 중앙값(median), 최빈값(mode)과 동일하다.

표준정규분포(standard normal distribution) 평균 μ와 표준편차 σ 모든 값에 대한 확률표를 생성하는 대신, 확률변수 X를 표준화된 형태로 변형할 수 있다.

$$Z = \frac{X - \mu}{\sigma} \tag{1.19}$$

표준화된 확률변수(standardized random variable)[4] Z는 평균(μ_Z) 0, 분산 (σ_Z^2) 1을 가지며, 그림 1.2와 같이 평균 μ로부터 X만큼 떨어져 있다는 의미

---

[4] Snedecor and Cochran (1980, p. 40)은 "Z는 *standard normal variate; standard normal deviate; normal variate in standard measure* ⋯ 등 여러 이름을 가진다"고 언급한다. Zar (1996, p. 73)는 "식 [(1.19)] 계산 과정을 [X]에 대한 *normalizing* 또는 *standardizing* ⋯" 라고 표현한다.

다(단위는 표준편차 σ와 동일). $Z \sim \mathcal{N}(0,1)$이므로 Z의 확률밀도함수 $f(z)$는 아래 식으로 정의할 수 있고,

$$f(z) = \frac{1}{\sqrt{2\pi}} e^{-\frac{1}{2}z^2} \tag{1.20}$$

이를 요약하면 다음과 같다.

> 확률변수 X가 평균 μ, 분산 σ^2인 정규분포를 따르면, 표준화된 확률변수 $Z = (X - \mu)/\sigma$는 표준정규분포를 따른다. 다시 말해서, $Z \sim \mathcal{N}(0,1)$.

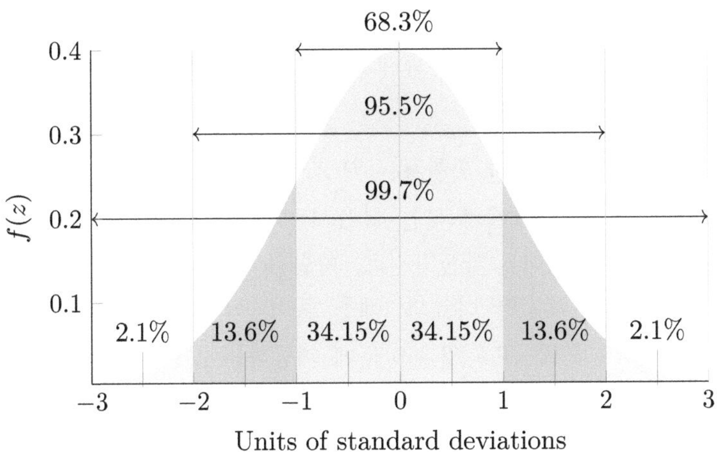

그림 1.2: 정규분포곡선(곡선 아래 면적 백분율은 확률을 나타냄). John Canning 교수(University of Brighton) Ti*k*Z 코드 인용(http://johncanning.net/wp/?p=1202)

그림 1.2에서 곡선 정점은 $f(z=0) = 1/\sqrt{2\pi} \approx 0.4$에 가깝다. 그림에서 백분율로 표시한 확률은 다음 식으로부터 구할 수 있다.

$$P(-1 < z < 1) = P(\mu - \sigma < x < \mu + \sigma) = 0.683 \tag{1.21a}$$

$$P(-2 < z < 2) = P(\mu - 2\sigma < x < \mu + 2\sigma) = 0.955 \tag{1.21b}$$

$$P(-3 < z < 3) = P(\mu - 3\sigma < x < \mu + 3\sigma) = 0.997 \tag{1.21c}$$

이 식에서 확률과 연관된 구간을 흔히 1-시그마(1-sigma, 1σ), 2-시그마(2σ), 3-시그마(3σ) 신뢰구간이라고 부른다. 이외에 50%, 90%, 95%, 99% 신뢰구

간도 자주 사용한다.

$$0.5 = P(-0.674 < z < 0.674) \tag{1.22a}$$

$$0.9 = P(-1.645 < z < 1.645) \tag{1.22b}$$

$$0.95 = P(-1.960 < z < 1.960) \tag{1.22c}$$

$$0.99 = P(-2.576 < z < 2.576) \tag{1.22d}$$

식 (1.22)와 연관된 확률은 표 C.1에서 확인할 수 있다. 예를 들어, 식 (1.21a)는 $F(1) = 0.8413$에서 $F(-1) = 0.1587$을 빼면 0.6827을 얻을 수 있고, MATLAB 코드 **`normcdf(1)-normcdf(-1)`**을 이용하여 구할 수도 있다. 또한 식 (1.22)에서 좌변 확률은 표에서 확인할 수 있고, 해당 z값은 표에서 찾거나 필요하면 내삽한다.

z가 구간에서 중심이지만 확률표는 $P(Z \leq z)$를 제공하므로, z 상한(upper limit)을 구하기 위해 표에서 찾는 값은 $1-(1-P)/2 = (1+P)/2$이다(여기서 P는 확률을 의미). 마찬가지로, 하한(lower limit)은 $(1-P)/2$이고 상한과 비교할 때 부호만 다르다. 예를 들어, 식 (1.22a)를 알기 위해서는 $(1+.5)/2 = 0.75$와 $(1-0.5)/2 = 0.25$에 해당하는 값을 표에서 찾아야 한다. 이 구간은 MATLAB 함수 **`norminv`**를 이용해서 계산할 수도 있다. 따라서 **`norminv(0.25)`**는 -0.6745를 반환하며, **`norminv(0.75)`**를 실행하면 0.6745를 얻을 수 있다. 표준정규분포와 관련한 더 상세한 설명은 9.3.1절에 기술되어 있다.

1.6 조정계산 확률변수

이 절에서는 확률변수(random variables)[5] 특성을 살펴보고, 특히 "우연오차"라고 부르는 확률관측오차를 나타내는 변수에 대해서 상세히 다룬다.

확률오차가 실제 어떤 값을 가질지는 알 수 없지만, 기대하는 값과 기댓값에서 편차(또는 분산) 수준에 대해서는 명시할 수 있다. 기댓값과 분산 개념은 다음 절에서 수학적으로 정의한다. 확률오차 한 개만 고려하는 일

[5] Bjerhammar (1973) 등 일부 저자는 stochastic variables라고도 한다.

변수(univariate)를 먼저 설명하고, n개 확률오차를 벡터로 다루는 다변수(multivariate)로 확장한다.

1.6.1 일변수

일변수는 벡터가 아닌 스칼라 양을 나타내는 1차원 확률변수를 다룬다. 이를 위해 확률밀도함수 $f(e_t)$를 가지는 연속확률변수 e를 도입하며, 여기서 e_t는 e가 실현된 값(e가 가질 수 있는 값)을 나타낸다.

기댓값(expectation) e의 확률 평균은 e가 가질 수 있다고 "기대"하는 값이며, e의 기댓값 μ_e를 다음과 같이 정의할 수 있다.

$$\mu_e := E\{e\} = \int_{-\infty}^{\infty} e_t\, f(e_t)\, de_t \tag{1.23}$$

여기서 E는 기댓값 연산자이고, 식 (1.23)을 e의 일차모멘트(first moment)라고도 한다. 확률변수 e가 관측오차를 나타낸다면 이상적인 값은 $E\{e\} = 0$이다. 만약 $E\{e\} \neq 0$라면 관측오차에 바이어스(bias)가 포함되어 있다고 말한다.

분산(dispersion) e의 분산(dispersion/variance)은 σ_e^2로 표기하며 다음과 같이 정의한다.

$$\sigma_e^2 := E\{(e - E\{e\})^2\} = \int_{-\infty}^{\infty} (e_t - \mu_e)^2 f(e_t)\, de_t \tag{1.24a}$$

만일 $E\{e\} = 0$이면 아래 관계식이 성립한다.

$$\sigma_e^2 = \int_{-\infty}^{\infty} e_t^2 f(e_t)\, de_t \tag{1.24b}$$

식 (1.24a)는 e의 이차(중심)모멘트(second centralized moment)라고 한다. e의 분산은 σ_e^2 뿐만 아니라 분산연산자 $D\{e\}$를 사용할 수도 있지만, 일반적으로 분산연산자는 다변수에 사용한다($n \times n$ 공분산행렬).[6] 분산의 양의제곱근을 표준편차(standard deviation)라고 한다.

분산은 확률변수 e 값이 기댓값에 얼마나 가까운가를 나타내는 지표로서 관측값 정밀도에 반비례한다. 따라서 분산이 작으면 정밀도가 높고, 반대로 분산이 크면 낮은 정밀도를 나타낸다. 확률변수 e를 바이어스가 없는 확률관측오차라고 가정할 때, 기댓값과 분산을 간결하게 표현할 수 있다.

$$e \sim (0, \sigma_e^2) \tag{1.25}$$

식 (1.25)는 "e는 평균 0, 분산은 시그마-e-스퀘어(σ_e^2)인 분포를 따른다"라고 읽는다. 여기서 주의할 점은, 식 (1.25)는 e에 대한 확률밀도함수를 명시하지 않고 기댓값과 분산(또는 일차, 이차모멘트)만을 제시한다.

기댓값과 분산 전파 관측값 y, 미지 관측대상 μ, 관측값에 포함된 확률오차를 e라고 하면, 관측방정식은 다음과 같이 나타낼 수 있다.

$$y = \mu + e, \quad e \sim (0, \sigma_e^2) \tag{1.26}$$

관측값 y의 기댓값과 분산을 구하기 위해서는 확률변수 e 기댓값과 분산이 확률변수 y로 어떻게 전파(propagate)되는지 이해해야 한다. μ는 상수 또는 "비확률" 변수이므로 상수 기댓값은 자신과 동일하다(다시 말해서 $E\{\mu\} = \mu$). 식 (1.23)을 적용하면 $y = \mu + e$ 기댓값을 다음과 같이 쓸 수 있다.

$$E\{y\} = \int_{-\infty}^{\infty} (\mu + e_t)\, f(e_t)\, de_t \tag{1.27a}$$

앞 절과 마찬가지로 e_t는 확률변수 e가 가질 수 있는 값으로 정의한다. 기댓값 연산자는 선형이므로 확률변수 덧셈에 대한 기댓값은 개별 기댓값을 합친 값과 같다. 이미 언급한 대로 μ는 상수 변수이므로 아래 식이 성립한다.

$$\begin{aligned} E\{y\} &= \mu \overbrace{\int_{-\infty}^{\infty} f(e_t)\, de_t}^{1} + \int_{-\infty}^{\infty} e_t\, f(e_t)\, de_t \\ &= \mu + E\{e\} = \mu + 0 = \mu \end{aligned} \tag{1.27b}$$

---

[6] 이 책에서는 분산을 나타내는 용어로서 dispersion과 variance를 혼용해서 사용한다.

첫 번째 적분은 식 (1.15b) 성질에 의해 1이고, 두 번째 적분은 식 (1.23) 정의에 따라 기댓값이 된다.

x와 y는 확률변수이고 c는 상수라고 할 때, 기댓값 연산자와 관련된 유용한 규칙은 아래와 같다.

$$E\{E\{x\}\} = E\{x\} \tag{1.28a}$$

$$E\{x+y\} = E\{x\} + E\{y\} \tag{1.28b}$$

$$E\{c\} = c \tag{1.28c}$$

$$E\{cx\} = c \cdot E\{x\} \tag{1.28d}$$

$$E\{x \cdot y\} = E\{x\} \cdot E\{y\} \quad (x,\ y \text{ 서로 독립}) \tag{1.28e}$$

$$E\{x^2\} \neq E\{x\}^2 \quad (\text{일반적으로}) \tag{1.28f}$$

이 규칙은 확률변수 x와 y를 각각 확률벡터 $\boldsymbol{x}$와 $\boldsymbol{y}$로 대체하고, 상수 c를 상수행렬 A로 변경하면 다변수(multivariate)로 확장할 수 있다.

e_t와 유사한 방식으로 적분변수 y_t에 적용하면, y 분산은 다음과 같이 정의할 수 있다.

$$\begin{aligned} D\{y\} &= \int_{-\infty}^{\infty} (y_t - E\{y\})^2 f(y_t)\, dy_t = \int_{-\infty}^{\infty} (\mu + e_t - \mu)^2 f(e_t)\, de_t \\ &= \int_{-\infty}^{\infty} e_t^2 f(e_t)\, de_t = \sigma_e^2 \end{aligned} \tag{1.29}$$

요약해서 정리하면, y 일차모멘트(평균)와 이차모멘트(분산)를 간략하게 $y \sim (\mu, \sigma_e^2)$로 나타낼 수 있다.

확률변수 y 분산을 제곱에 대한 기댓값($E\{y^2\}$)과 기댓값 제곱($E\{y\}^2$) 차이를 이용하여 표현할 수도 있다.

$$\begin{aligned} D\{y\} &= E\{(y - E\{y\})^2\} \\ &= E\{y^2\} - 2\mu E\{y\} + E\{\mu^2\} \\ &= E\{y^2\} - \mu^2 \end{aligned} \tag{1.30a}$$

$$D\{y\} = E\{y^2\} - E\{y\}^2 = \sigma_y^2 \tag{1.30b}$$

상수 α와 γ를 포함한 기댓값과 분산 공식은 다음과 같이 요약할 수 있다.

$$E\{\alpha y + \gamma\} = \alpha E\{y\} + \gamma \tag{1.31a}$$

$$D\{\alpha y + \gamma\} = \alpha^2 D\{y\} \tag{1.31b}$$

식 (1.31b)는 오차전파식(law of error/covariance propagation)을 간략하게 표현한 형태다. 기댓값 연산자와 달리 분산 연산자는 선형이 아니며, 분산은 상수 이격(offset)에 영향을 받지 않는다.

평균제곱오차 y 평균제곱오차(Mean Squared Error, MSE)는 참값 μ와 차이를 제곱한 후 기댓값 연산자를 적용한다(식 (1.30a)와 비교).

$$\mathrm{MSE}\{y\} = E\{(y-\mu)^2\} \tag{1.32}$$

평균제곱오차를 분산과 바이어스 제곱으로 표현하면 유용하다.

$$\begin{aligned}\mathrm{MSE}\{y\} &= E\{(y-\mu)^2\}\\ &= E\{[(y-E\{y\}) - (\mu - E\{y\})]^2\}\\ &= E\{(y-E\{y\})^2 - 2(y-E\{y\})(\mu-E\{y\}) + (\mu-E\{y\})^2\}\\ &= E\{(y-E\{y\})^2\} + E\{(\mu-E\{y\})^2\}\end{aligned} \tag{1.33}$$

한 가지 주의할 점은 y는 확률변수인 반면, $E\{y\}$는 확률변수가 아니므로 중간 전개과정에서 기댓값 연산자는 y에만 적용되어 아래 결과를 얻을 수 있다.

$$\begin{aligned}\mathrm{MSE}\{y\} &= D\{y\} - 2\underbrace{(E\{y\} - E\{y\})}_{=0}(\mu - E\{y\}) + (\mu - E\{y\})^2\\ &= D\{y\} + \beta^2\end{aligned} \tag{1.34}$$

바이어스(bias)는 공식적으로 다음과 같이 정의한다.

$$\beta := E\{y-\mu\} = E\{y\} - \mu \tag{1.35}$$

따라서 y 분산 $D\{y\}$와 $\mathrm{MSE}\{y\}$는 바이어스가 없으면, 다시 말해서 $\mu = E\{y\}$일 때만 같은 값을 가진다.

앞에서 설명한 바와 같이, 분산은 "정밀도"를 나타내는 지표인 반면, MSE는 "정확도" 척도라고 할 수 있으며 분산과 바이어스로 구성되어 있다. 일반적으로 정밀도 기준보다는 정확도 기준을 만족하기가 어렵다. 대개 시간과 장비에 비용을 추가하여 더 많은 관측을 수행하면 정밀도를 높일 수 있다. 그러나 이때도 바이어스를 줄이기는 어려우며, 바이어스 원인을 알아내기도 매우 힘들다.

끝으로 MSE 제곱근을 흔히 평균제곱근(root mean square, rms)이라고 하는데, 엄밀하게 말하면 표준편차와 rms는 바이어스가 없을 때만 동등하다.[7]

1.6.2 다변수

다변수는 열벡터로 표현한 다중 확률변수를 다룬다. 예를 들어, 식 (1.26)에서 관측대상 μ를 여러 번 관측하여 연립방정식으로 표현할 수 있다.

$$\boldsymbol{y} = \begin{bmatrix} y_1 \\ \vdots \\ y_n \end{bmatrix} = \boldsymbol{\tau}\mu + \boldsymbol{e} = \begin{bmatrix} 1 \\ \vdots \\ 1 \end{bmatrix} \mu + \begin{bmatrix} e_1 \\ \vdots \\ e_n \end{bmatrix} \tag{1.36}$$

여기서 $\boldsymbol{\tau}$는 "합벡터"(summation vector)로서 $\boldsymbol{\tau} := [1 \ \cdots \ 1]^T$로 정의한다.[8] 관측값에 바이어스가 없을 때, 즉 $E\{\boldsymbol{e}\} = \boldsymbol{0}$이면 확률오차 벡터 $\boldsymbol{e}$ 기댓값은 다음과 같이 표현할 수 있다.

$$E\left\{\begin{bmatrix} e_1 \\ \vdots \\ e_n \end{bmatrix}\right\} = \begin{bmatrix} E\{e_1\} \\ \vdots \\ E\{e_n\} \end{bmatrix} = \begin{bmatrix} 0 \\ \vdots \\ 0 \end{bmatrix} \tag{1.37}$$

---

[7] 관심 있는 독자는 논문 *Useful Statistics for Land Surveyors* (Urho Uotila, 2006)를 읽어보길 권한다. Urho Uotila는 Burkhard Schaffrin에 앞서 오하이오주립대학교에서 조정계산을 가르쳤다.

[8] "합벡터"라는 표현은 다른 벡터와 내적(dot product)하면 해당 벡터 모든 요소 합이 되기 때문이다.

벡터 기댓값은 모든 요소에 기댓값 연산자를 취해서 구할 수 있다. 마찬가지로 벡터 $\boldsymbol{e}$ 개별 요소 e_j에 대한 분산은 다음과 같다.

$$D\{e_j\} = E\{(e_j - \cancelto{0}{E\{e_j\}})^2\} = E\{e_j^2\} \tag{1.38}$$

다변수에서는 확률변수 간 변화 유사성을 나타내는 척도인 공분산 개념을 도입해야 한다. 예를 들어, 벡터 $\boldsymbol{e}$ 개별 요소 e_j와 e_k 공분산(covariance)은 다음과 같이 정의한다.

$$C\{e_j, e_k\} = \sigma_{jk} := E\Big\{\big(e_j - E\{e_j\}\big)\big(e_k - E\{e_k\}\big)\Big\} \tag{1.39}$$

따라서 순서와 관계없이 공분산은 동일하므로 아래 관계식도 성립한다.

$$C\{e_j, e_k\} = C\{e_k, e_j\} \tag{1.40}$$

게다가 $E\{\boldsymbol{e}\} = \boldsymbol{0}$이면 $E\{e_j\} = E\{e_k\} = 0$이므로 두 요소의 공분산을 단순하게 표현할 수 있다.

$$C\{e_j, e_k\} = E\{e_j e_k\} \tag{1.41}$$

식 (1.39)에서 공분산은 바이어스에 의존하지 않지만, 실제로는 바이어스가 양의 상관계수[9]로 나타날 때가 있다.

두 확률변수 결합확률분포(joint probability distribution)가 개별 확률분포 곱과 같을 때 독립이라고 표현하고, 수학적으로는 아래와 같이 나타낸다.

$$f\{e_j, e_k\} = f(e_j) \cdot f(e_k) \;\Leftrightarrow\; e_j\text{와 } e_k\text{는 독립} \tag{1.42}$$

두 확률변수가 독립이면 공분산은 0이지만, 그 역은 결합정규분포를 따르는 상황에만 성립한다.

공분산 개념을 적용하면 확률변수 벡터 분산을 행렬로 표현할 수 있다. 행렬 j번째 대각요소는 σ_j^2 또는 σ_{jj}^2이며, j, k에 해당하는 비대각 요소는 σ_{jk}로 나타낼 수 있다. 이 행렬을 공분산행렬(covariance matrix)이라고 부르며

---

[9] 상관계수 정의에 대해서는 식 (1.51)을 참고한다.

Σ로 나타낸다. 식 (1.40)에 따라 공분산행렬은 대칭이고, 공분산행렬 Σ를 명시적으로 표현하면 아래와 같다.

$$D\{\underset{n\times 1}{\boldsymbol{e}}\} = \begin{bmatrix} D\{e_1\} & C\{e_1, e_2\} & \dots & C\{e_1, e_n\} \\ C\{e_2, e_1\} & D\{e_2\} & \dots & C\{e_2, e_n\} \\ \vdots & \vdots & \ddots & \vdots \\ C\{e_n, e_1\} & C\{e_n, e_2\} & \dots & D\{e_n\} \end{bmatrix}$$
$$=: \underset{n\times n}{\Sigma} = \begin{bmatrix} \sigma_1^2 & \sigma_{12} & \dots & \sigma_{1n} \\ \sigma_{21} & \sigma_2^2 & \dots & \sigma_{2n} \\ \vdots & \vdots & \ddots & \vdots \\ \sigma_{n1} & \sigma_{n2} & \dots & \sigma_n^2 \end{bmatrix} \tag{1.43}$$

만약 확률변수가 서로 상관성이 없으면 공분산행렬은 당연히 대각행렬이 된다.

공분산행렬에서 중요한 성질 중 하나는 적어도 양의준정부호(positive semi-definite)가 되어야 하며,[10] 따라서 모든 고유값(eigenvalues)은 음수가 아닌 값이다. 측지학 문제는 공분산행렬의 모든 고유값이 양수인 양의정부호(positive definite)일 때가 많다. 모든 양의정부호 행렬 Σ에 대해서 아래 표현이 성립한다.

- $\boldsymbol{\alpha}^T\Sigma\boldsymbol{\alpha} = 0$이면 $\boldsymbol{\alpha} = \boldsymbol{0}$이다
- Σ는 비특이행렬(nonsingular/regular matrix)이다
- Σ 모든 고유값은 0이 아닌 양수다
- Σ 모든 주요 부분행렬 역시 양의정부호다

공분산행렬 관측모델을 다루기 위해서는 공분산행렬 Σ를 분산요소(variance component)인 스칼라 σ_0^2와 여인자행렬(cofactor matrix)로 분해한다. 여인

[10] Searle and Khuri (2017) p. 202

자행렬은 Q로 표시하며 가중행렬 P 역행렬이고, 이 관계를 수학식으로 표현할 수 있다.

$$\Sigma = \sigma_0^2 Q = \sigma_0^2 P^{-1} \tag{1.44}$$

공분산행렬 Σ에서 가장 단순한 형태는 여인자행렬 Q가 단위행렬(I_n)일 때다. 실제로 Q가 단위행렬의 배수이면 데이터가 균질분포(homogeneous distribution) 또는 독립동일분포(independent and identically distributed, iid)라고 부른다. 공분산행렬이 대각행렬이더라도 대각요소가 동일하지 않으면 비균질분포(heteroscedastic distribution)가 된다.

- 균질분포

$$D\{\boldsymbol{e}\} = \sigma_0^2 Q = \sigma_0^2 \begin{bmatrix} q & 0 & \cdots & 0 \\ 0 & q & 0 & \vdots \\ \vdots & 0 & \ddots & \vdots \\ 0 & \cdots & \cdots & q \end{bmatrix}$$

$$P = \begin{bmatrix} 1/q & 0 & \cdots & 0 \\ 0 & 1/q & 0 & \vdots \\ \vdots & 0 & \ddots & \vdots \\ 0 & \cdots & \cdots & 1/q \end{bmatrix} = \frac{1}{q} \cdot I_n \tag{1.45a}$$

- 비균질분포

$$D\{\boldsymbol{e}\} = \sigma_0^2 Q = \sigma_0^2 \begin{bmatrix} q_{11} & 0 & \cdots & 0 \\ 0 & q_{22} & 0 & \vdots \\ \vdots & 0 & \ddots & \vdots \\ 0 & \cdots & \cdots & q_{nn} \end{bmatrix}$$

$$P = \begin{bmatrix} 1/q_{11} & 0 & \cdots & 0 \\ 0 & 1/q_{22} & 0 & \vdots \\ \vdots & 0 & \ddots & \vdots \\ 0 & \cdots & \cdots & 1/q_{nn} \end{bmatrix} \tag{1.45b}$$

- 일반적 상황

$$D\{e\} = \sigma_0^2 Q = \sigma_0^2 \begin{bmatrix} q_{11} & q_{12} & \cdots & q_{1n} \\ q_{21} & q_{22} & q_{23} & \vdots \\ \vdots & \vdots & \ddots & \vdots \\ q_{n1} & \cdots & \cdots & q_{nn} \end{bmatrix} \quad (q_{ij} = q_{ji} \text{이면 } P = Q^{-1}) \tag{1.45c}$$

$P = [p_{ij}]$에서 $p_{ii} \neq 1/q_{ii}$이므로 이 상황에는 Q 대각요소 역수는 가중값이 아니다.

다변수 오차전파 식 (1.31a), (1.31b), (1.34) 유도 과정은 다변수에도 쉽게 확장할 수 있다. 여기서는 유도과정 없이 동일한 행렬 수식으로 표현한다(일부 식은 예제 문제에서 유도).

확률벡터 $\boldsymbol{y}$, 상수 행렬 A, 상수벡터 γ에 대해, 기댓값과 분산(오차 또는 공분산) 전파 공식을 다음과 같이 요약할 수 있다.

- 기댓값

$$E\{A\boldsymbol{y} + \gamma\} = A{\cdot}E\{\boldsymbol{y}\} + \gamma \tag{1.46a}$$

- 분산("오차전파식")

$$D\{A\boldsymbol{y} + \gamma\} = A{\cdot}D\{\boldsymbol{y}\}{\cdot}A^T \tag{1.46b}$$

또한 식 (1.30a), (1.30b)와 유사한 식으로 나타낼 수 있다.

$$\begin{aligned} D\{\boldsymbol{y}\} &= E\{(\boldsymbol{y} - E\{\boldsymbol{y}\})(\boldsymbol{y} - E\{\boldsymbol{y}\})^T\} \\ &= E\{\boldsymbol{y}\boldsymbol{y}^T\} - E\{\boldsymbol{y}\}E\{\boldsymbol{y}\}^T \end{aligned} \tag{1.47}$$

- 공분산 : 두 확률벡터 $\boldsymbol{y}$와 $\boldsymbol{z}$ 공분산은 다음과 같이 쓸 수 있다.

$$C\{\boldsymbol{z}, \boldsymbol{y}\} = E\{(\boldsymbol{z} - \boldsymbol{\mu}_z)(\boldsymbol{y} - \boldsymbol{\mu}_y)^T\} = E\{\boldsymbol{z}\boldsymbol{y}^T\} - \boldsymbol{\mu}_z\boldsymbol{\mu}_y^T \tag{1.48}$$

- 평균제곱오차 : 만약 $\boldsymbol{y}$가 참값 $\boldsymbol{\mu}$를 가지는 확률벡터라면 $\boldsymbol{y}$의 MSE는 아래와 같다.

$$\mathrm{MSE}\{\boldsymbol{y}\} = D\{\boldsymbol{y}\} + \boldsymbol{\beta}\boldsymbol{\beta}^T \tag{1.49a}$$

  여기서 바이어스 벡터 $\boldsymbol{\beta}$는 다음과 같이 정의한다.

$$\boldsymbol{\beta} := E\{\boldsymbol{y} - \boldsymbol{\mu}\} = E\{\boldsymbol{y}\} - \boldsymbol{\mu} \tag{1.49b}$$

앞에서 설명한 대로, 확률벡터 평균제곱오차 행렬은 바이어스가 없을 때만 분산행렬과 동일하다(즉 $\boldsymbol{\mu} = E\{\boldsymbol{y}\}$이면 $\boldsymbol{\beta} = \mathbf{0}$).

상관행렬 상관성에 대한 척도는 Cauchy-Schwartz 부등식으로부터 유도할 수 있다.

$$\begin{aligned} C\{e_j, e_k\} &= \sigma_{jk} \\ &= \iint (e_t)_j \cdot (e_t)_k \cdot f((e_t)_j, (e_t)_k)\, d(e_t)_j\, d(e_t)_k \\ &\le \sqrt{\int (e_t)_j^2 \cdot f\big((e_t)_j\big)\, d(e_t)_j \cdot \int (e_t)_k^2 \cdot f\big((e_t)_k\big)\, d(e_t)_k} \\ &= \sqrt{\sigma_j^2 \sigma_k^2} \end{aligned} \tag{1.50}$$

σ_{jk}는 양수 또는 음수값을 가질 수 있으므로 이 부등식으로부터 상관계수(correlation coefficient)를 정의할 수 있다.

$$\rho_{jk} := \frac{\sigma_{jk}}{\sqrt{\sigma_j^2 \sigma_k^2}} \quad (-1 \le \rho_{jk} \le 1) \tag{1.51}$$

공분산행렬과 마찬가지로 상관계수 행렬인 상관행렬(correlation matrix)을 정의하면 아래와 같다.

$$\underset{n\times n}{R} := \begin{bmatrix} 1 & \rho_{12} & \dots & \rho_{1n} \\ \rho_{21} & 1 & \dots & \rho_{2n} \\ \vdots & \vdots & \ddots & \vdots \\ \rho_{n1} & \rho_{n2} & \dots & 1 \end{bmatrix} = R^T \tag{1.52}$$

따라서 공분산행렬 Σ로부터 상관행렬을 쉽게 유도할 수 있다.

$$R = \mathrm{diag}\big(1/\sigma_1, \cdots, 1/\sigma_n\big) \cdot \Sigma \cdot \mathrm{diag}\big(1/\sigma_1, \cdots, 1/\sigma_n\big) \tag{1.53}$$

참고로 공분산행렬에서는 단위(units)를 정확히 명시해야 하며, 관련 항목 단위를 구체적으로 나타내면 다음과 같다.

- σ_0^2 : 단위 없음(unitless)
- ρ_{jk} : 단위 없음(unitless)
- σ_j^2 : 관측값 y_j 단위 제곱
- σ_{jk} : 관측값 y_j와 y_k 단위 곱

관측값과 확률오차는 2.1.1절에서 데이터 모델과 최소제곱조정을 다룰 때 상세히 설명한다.

1.6.3 공분산 전파 예제

1. $n \times 1$ 관측값 벡터 $\boldsymbol{y}$와 $m \times 1$ 비선형 함수 벡터 $\boldsymbol{z} = \boldsymbol{f}(\boldsymbol{y})$가 주어져 있다고 하자. $m \times n$ 공분산행렬 $C\{\boldsymbol{z}, \boldsymbol{y}\}$를 구하시오.

   Solution $\boldsymbol{y}$ 참값을 $\boldsymbol{\mu}$라 하고, 참조점 $\boldsymbol{\mu}_0$에서 선형화하면 $\boldsymbol{z} = \boldsymbol{\alpha}_0 + A(\boldsymbol{y} - \boldsymbol{\mu}_0)$가 된다. 여기서 $\boldsymbol{\alpha}_0 := \boldsymbol{f}(\boldsymbol{\mu}_0)$이고 A는 $\boldsymbol{z} = \boldsymbol{f}(\boldsymbol{y})$의 Jacobian 행렬을 나타낸다. 공분산행렬을 구하기 위해 오차전파식을 적용하면 다음과 같다.

$$\begin{aligned}
\underset{m\times n}{C\{\boldsymbol{z}, \boldsymbol{y}\}} &= E\{\boldsymbol{z}\boldsymbol{y}^T\} - E\{\boldsymbol{z}\}E\{\boldsymbol{y}\}^T \\
&= E\{\big[\boldsymbol{\alpha}_0 + A(\boldsymbol{y} - \boldsymbol{\mu}_0)\big]\,\boldsymbol{y}^T\} - E\{\boldsymbol{\alpha}_0 + A(\boldsymbol{y} - \boldsymbol{\mu}_0)\} \cdot E\{\boldsymbol{y}\}^T \\
&= \boldsymbol{\alpha}_0 \cdot E\{\boldsymbol{y}\}^T + A \cdot E\{\boldsymbol{y}\boldsymbol{y}^T\} - A\boldsymbol{\mu}_0 \cdot E\{\boldsymbol{y}\}^T \\
&\quad - \boldsymbol{\alpha}_0 \cdot E\{\boldsymbol{y}\}^T - A \cdot E\{\boldsymbol{y}\} \cdot E\{\boldsymbol{y}\}^T + A\boldsymbol{\mu}_0 \cdot E\{\boldsymbol{y}\}^T \\
&= A\big[E\{\boldsymbol{y}\boldsymbol{y}^T\} - E\{\boldsymbol{y}\}E\{\boldsymbol{y}\}^T\big] = A \cdot D\{\boldsymbol{y}\} \\
C\{\boldsymbol{z}, \boldsymbol{y}\} &= A \cdot D\{\boldsymbol{y}\}
\end{aligned}$$

2. 위 문제에서 변수 $\boldsymbol{z}$ 대신, $m_1 \times 1$ 차원 $\boldsymbol{z}_1$과 $m_2 \times 1$ 차원 $\boldsymbol{z}_2$에 대해서 $m_1 \times m_2$ 공분산행렬 $C\{\boldsymbol{z}_1, \boldsymbol{z}_2\}$를 구하시오.

Solution 선형화 후 공분산 전파법칙을 적용한다.

$$C\{\boldsymbol{z}_1 = \boldsymbol{\alpha}_1^0 + A_1\boldsymbol{y},\ \boldsymbol{z}_2 = \boldsymbol{\alpha}_2^0 + A_2\boldsymbol{y}\} = \underset{m_1\times n}{A_1} \cdot \underset{n\times n}{D\{\boldsymbol{y}\}} \cdot \underset{n\times m_2}{A_2^T}$$

3. $m_1 \times 1$ 확률벡터 $\boldsymbol{z}_1$, $m_2 \times 1$ 확률벡터 $\boldsymbol{z}_2$, 상수벡터 $\boldsymbol{\beta}_1(l_1 \times 1)$, $\boldsymbol{\beta}_2(l_2 \times 1)$, 상수행렬 $B_1(l_1 \times m_1)$, $B_2(l_2 \times m_2)$가 주어져 있을 때, $\boldsymbol{x}_1 = \boldsymbol{\beta}_1 + B_1\boldsymbol{z}_1$과 $\boldsymbol{x}_2 = \boldsymbol{\beta}_2 + B_2\boldsymbol{z}_2$ 공분산행렬을 구하시오.

Solution

$$C\{\boldsymbol{x}_1 = \boldsymbol{\beta}_1 + B_1\boldsymbol{z}_1,\ \boldsymbol{x}_2 = \boldsymbol{\beta}_2 + B_2\boldsymbol{z}_2\} = \underset{l_1\times m_1}{B_1} \cdot \underset{m_1\times m_2}{C\{\boldsymbol{z}_1, \boldsymbol{z}_2\}} \cdot \underset{m_2\times l_2}{B_2^T}$$

참고로 행렬 $C\{\boldsymbol{z}_1, \boldsymbol{z}_2\}$가 대칭행렬일 필요는 없다.

4. 확률변수 $\boldsymbol{y}$에 대해서 자신과의 공분산을 구하시오.

Solution

$$C\{\boldsymbol{y}, \boldsymbol{y}\} = E\{\boldsymbol{y}\boldsymbol{y}^T\} - E\{\boldsymbol{y}\}E\{\boldsymbol{y}\}^T = D\{\boldsymbol{y}\}$$

5. $n \times 1$ 벡터 $\boldsymbol{y} = \boldsymbol{\mu} + \boldsymbol{e}$에서 $E\{\boldsymbol{e}\} = \boldsymbol{0}$이면 $E\{\boldsymbol{y}\} = \boldsymbol{\mu}$, $D\{\boldsymbol{e}\} = E\{\boldsymbol{e}\boldsymbol{e}^T\}$가 성립한다. 분산행렬 $D\{\boldsymbol{y}\}$를 구하시오.

Solution

$$\begin{aligned} D\{\boldsymbol{y}\} &= E\{(\boldsymbol{y} - E\{\boldsymbol{y}\})(\boldsymbol{y} - E\{\boldsymbol{y}\})^T\} \\ &= E\{\boldsymbol{y}\boldsymbol{y}^T\} - \boldsymbol{\mu}\boldsymbol{\mu}^T - \boldsymbol{\mu}\boldsymbol{\mu}^T + \boldsymbol{\mu}\boldsymbol{\mu}^T \\ D\{\boldsymbol{y}\} &= E\{\boldsymbol{y}\boldsymbol{y}^T\} - \boldsymbol{\mu}\boldsymbol{\mu}^T \end{aligned}$$

6. 기댓값이 각각 $E\{\boldsymbol{y}\} = \boldsymbol{\mu}_y$, $E\{\boldsymbol{z}\} = \boldsymbol{\mu}_z$인 확률벡터 $\boldsymbol{y}$와 $\boldsymbol{z}$에 대해서 공분산행렬 $C\{\boldsymbol{z}, \boldsymbol{y}\}$를 구하시오.

Solution

$$\begin{aligned} C\{\boldsymbol{z}, \boldsymbol{y}\} &= E\{(\boldsymbol{z} - \boldsymbol{\mu}_z)(\boldsymbol{y} - \boldsymbol{\mu}_y)^T\} \\ &= E\{\boldsymbol{z}\boldsymbol{y}^T\} - \boldsymbol{\mu}_z\boldsymbol{\mu}_y^T - \boldsymbol{\mu}_z\boldsymbol{\mu}_y^T + \boldsymbol{\mu}_z\boldsymbol{\mu}_y^T \\ &= E\{\boldsymbol{z}\boldsymbol{y}^T\} - \boldsymbol{\mu}_z\boldsymbol{\mu}_y^T \end{aligned}$$

7. 관측값 y_1, y_2, y_3가 서로 독립이고 표준편차가 각각 $\sqrt{2}\,\text{cm}$, $2\,\text{cm}$, $1\,\text{cm}$일 때, x_1과 x_2는 관측값으로부터 아래와 같이 계산할 수 있다.

$$x_1 = 2y_1 + \ y_2 + 2y_3$$
$$x_2 = \ y_1 - 2y_2$$

확률벡터 $\boldsymbol{x} = [x_1,\ x_2]^T$ 공분산행렬을 구하시오.

Solution 주어진 식을 아래 행렬식으로 나타낼 수 있고,

$$\boldsymbol{x} = \begin{bmatrix} x_1 \\ x_2 \end{bmatrix} = \begin{bmatrix} 2 & 1 & 2 \\ 1 & -2 & 0 \end{bmatrix} \begin{bmatrix} y_1 \\ y_2 \\ y_3 \end{bmatrix} = A\boldsymbol{y}$$

$$D\{\boldsymbol{y}\} = \begin{bmatrix} 2 & 0 & 0 \\ 0 & 4 & 0 \\ 0 & 0 & 1 \end{bmatrix} \text{cm}^2 = \Sigma_{yy}$$

오차전파식 식 (1.46b)를 적용하여 공분산행렬을 구할 수 있다.

$$D\{\boldsymbol{x}\} = A{\cdot}D\{\boldsymbol{y}\}{\cdot}A^T = \begin{bmatrix} 2 & 1 & 2 \\ 1 & -2 & 0 \end{bmatrix} \begin{bmatrix} 2 & 0 & 0 \\ 0 & 4 & 0 \\ 0 & 0 & 1 \end{bmatrix} \begin{bmatrix} 2 & 1 \\ 1 & -2 \\ 2 & 0 \end{bmatrix} \text{cm}^2$$
$$= \begin{bmatrix} 16 & -4 \\ -4 & 18 \end{bmatrix} \text{cm}^2 = \Sigma_{xx}$$

$$\sigma_{x_1} = 4\,\text{cm},\ \sigma_{x_2} = 3\sqrt{2}\,\text{cm},\ \sigma_{x_1x_2} = -4\,\text{cm}^2$$

$$\rho_{x_1x_2} = \frac{\sigma_{x_1x_2}}{\sigma_{x_1}\sigma_{x_2}} = \frac{-4\,\text{cm}^2}{4\,\text{cm}\cdot 3\sqrt{2}\,\text{cm}} = -0.2357$$

상관행렬은 다음과 같이 구할 수 있다.

$$R = \begin{bmatrix} \frac{1}{4\,\text{cm}} & 0 \\ 0 & \frac{1}{3\sqrt{2}\,\text{cm}} \end{bmatrix} \begin{bmatrix} 16 & -4 \\ -4 & 18 \end{bmatrix} \text{cm}^2 \begin{bmatrix} \frac{1}{4\,\text{cm}} & 0 \\ 0 & \frac{1}{3\sqrt{2}\,\text{cm}} \end{bmatrix}$$
$$= \begin{bmatrix} 1 & -0.2357 \\ -0.2357 & 1 \end{bmatrix}$$

8. 점 D 좌표를 결정하기 위해 기지점 C로부터 방위각 α와 거리 s를 측정했다(그림 1.3 참고). 주어진 데이터를 이용하여 점 D 좌표, 공분산행렬, 상관행렬을 구하시오.

$$\begin{aligned} x_c &= 2000.0\,\mathrm{m}, & \sigma_{x_c} &= 1\,\mathrm{cm} \\ y_c &= 3000.0\,\mathrm{m}, & \sigma_{y_c} &= 1\,\mathrm{cm} \\ \alpha &= 120°00'00'', & \sigma_\alpha &= 10'' \\ s &= 1600.00\,\mathrm{m}, & \sigma_s &= 5\,\mathrm{cm} \end{aligned}$$

Solution 공분산 전파식 $D\{A\boldsymbol{y}+\gamma\} = A{\cdot}D\{\boldsymbol{y}\}{\cdot}A^T$를 적용하기 위해 확률변수 $\boldsymbol{y} := [x_c, y_c, \alpha, s]^T$와 $\boldsymbol{x} := [x_D, y_D]^T$를 정의하면 아래 함수 관계가 성립한다.

$$\begin{aligned} x_D &= x_C + s \cdot \sin\alpha \\ y_D &= y_C + s \cdot \cos\alpha \end{aligned}$$

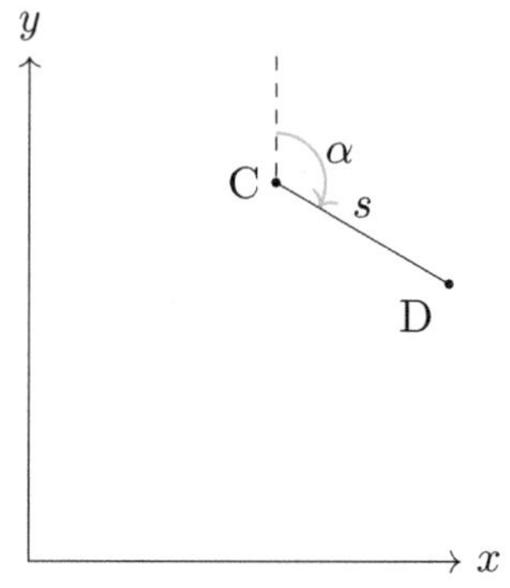

그림 1.3: 점 D 좌표를 결정하기 위해 점 C로부터 점 D까지 방위각 α와 거리 s를 측정

$\boldsymbol{x} = \boldsymbol{f}(\boldsymbol{y})$에서 $\boldsymbol{x}$는 $\boldsymbol{y}$의 비선형 함수이므로 선형화한다.

$$\boldsymbol{x} \approx \boldsymbol{f}(\boldsymbol{y}_0) + \left.\frac{\partial \boldsymbol{f}(\boldsymbol{y})}{\partial \boldsymbol{y}^T}\right|_{\boldsymbol{y}_0} (\boldsymbol{y} - \boldsymbol{y}_0)$$

$\boldsymbol{y}_0$에 관측값을 사용하면 $\boldsymbol{f}(\boldsymbol{y}_0)$를 계산할 수 있다.

$$x_D = 3385.64\,\mathrm{m}, \quad y_D = 2200.00\,\mathrm{m}$$

$$\frac{\partial x_D}{\partial x_C}=1,\ \frac{\partial x_D}{\partial y_C}=0,\quad \frac{\partial x_D}{\partial \alpha}=s\cdot\cos\alpha,\ \frac{\partial x_D}{\partial s}=\sin\alpha$$
$$\frac{\partial y_D}{\partial x_C}=0,\ \frac{\partial y_D}{\partial y_C}=1,\ \frac{\partial y_D}{\partial \alpha}=-s\cdot\sin\alpha,\ \frac{\partial y_D}{\partial s}=\cos\alpha$$
$$A=\begin{bmatrix}1 & 0 & s\cdot\cos\alpha & \sin\alpha\\ 0 & 1 & -s\cdot\sin\alpha & \cos\alpha\end{bmatrix}=\begin{bmatrix}1 & 0 & -800.0 & 0.866\\ 0 & 1 & -1385.64 & -0.5\end{bmatrix}$$

주어진 데이터에 대한 공분산행렬은 아래와 같고,

$$\Sigma_{yy}=\begin{bmatrix}(0.01\,\mathrm{m})^2 & 0 & 0 & 0\\ 0 & (0.01\,\mathrm{m})^2 & 0 & 0\\ 0 & 0 & \left(\frac{10''}{3600''/1^\circ}\frac{\pi}{180^\circ}\right)^2 & 0\\ 0 & 0 & 0 & (0.05\,\mathrm{m})^2\end{bmatrix}$$

공분산 전파식을 적용하면 점 D 좌표값에 대한 공분산행렬을 구할 수 있다.

$$D\left\{\begin{bmatrix}x_D\\ y_D\end{bmatrix}\right\}=A\cdot\Sigma_{yy}\cdot A^T=\begin{bmatrix}0.0035 & 0.0015\\ 0.0015 & 0.0052\end{bmatrix}\mathrm{m}^2=\Sigma_{xx}$$

따라서 점 D 좌표값에 대한 표준편차와 상관행렬을 구할 수 있다.

$$\sigma_{x_D}=6\,\mathrm{cm},\quad \sigma_{y_D}=7\,\mathrm{cm}$$

$$R=\begin{bmatrix}1/\sigma_{x_D} & 0\\ 0 & 1/\sigma_{y_D}\end{bmatrix}\cdot\Sigma_{xx}\cdot\begin{bmatrix}1/\sigma_{x_D} & 0\\ 0 & 1/\sigma_{y_D}\end{bmatrix}=\begin{bmatrix}1 & 0.3568\\ 0.3568 & 1\end{bmatrix}$$

1.7 연습문제

1. 확률변수 X의 확률밀도함수가 다음과 같이 주어져 있을 때,

$$f(x)=\begin{cases}\frac{1}{8}(x-1) & (1<x<5)\\ 0 & (\text{그 외})\end{cases}$$

X의 누적분포함수를 구하고, $P[X < 2]$, $P[X > 4]$, $P[1.5 < X < 4.5]$ 값을 계산하시오.

2. 확률변수 X의 확률밀도가 아래와 같을 때,

$$f(x) = \frac{\sin x}{2} \quad (0 < x < \pi)$$

X의 누적분포함수를 구하고, $P[X < \pi/4]$, $P[X > \pi/2]$, $P[\pi/4 < X < \pi/2]$ 값을 구하시오. 세 확률을 더하고 그 결과에 대해 설명하시오.

3. 위 문제에서 확률변수 평균과 분산을 구하시오.
Hint 부분적분을 사용한다.

4. 두 관측값이 각각 표준편차 0.55 m, 0.35 m인 정규분포를 따른다. 두 관측값 상관계수가 (a) 0.5, (b) 0, (c) −0.5, (d) 1.0 일 때, 두 관측값 합과 차에 대한 표준편차를 구하시오.

5. 측점의 X, Y 좌표 표준편차는 각각 $\sigma_x = 0.045\,\text{m}$와 $\sigma_y = 0.025\,\text{m}$이다. (a) X와 Y 공분산이 $0.00012\,\text{m}^2$일 때, X와 Y 상관계수를 구하시오. (b) X와 Y 상관계수가 0.333 일 때, X와 Y 공분산을 계산하시오.

6. 확률변수 X가 정규분포를 따를 때, 즉 $X \sim \mathcal{N}(\mu_X, \sigma_X^2)$, 선형식 $Y = a + bX$ 기댓값과 분산이 각각 $E\{Y\} = a + b{\cdot}\mu_X$와 $\sigma_Y^2 = b^2{\cdot}\sigma_X^2$임을 보이시오. 또한

$$Z = \frac{X - \mu_X}{\sqrt{\sigma_X^2}}$$

는 평균이 0이고 표준편차가 1임을 보이시오.

7. 연립방정식이 아래와 같이 주어져 있고,

$$\begin{bmatrix} y_1 \\ y_2 \\ y_3 \\ y_4 \end{bmatrix} = \begin{bmatrix} 1 & -2 & 1 & 2 \\ -1 & 3 & 2 & -1 \\ 1 & -1 & 6 & 7 \\ 2 & -2 & 14 & 20 \end{bmatrix} \begin{bmatrix} x_1 \\ x_2 \\ x_3 \\ x_4 \end{bmatrix} = \boldsymbol{y} = A\boldsymbol{x}$$

y_1, y_2, y_3, y_4는 평균 0, 분산 σ^2인 독립동일분포(iid)라고 하자.

(a) x_1, x_2, x_3, x_4를 y_1, y_2, y_3, y_4를 이용하여 나타내시오.

(b) $\boldsymbol{x}$ 공분산행렬을 계산하시오.

(c) $\boldsymbol{y}$ 분산이 다음 행렬과 같이 주어질 때 (b)에 대해 답하시오.

$$\begin{bmatrix} \sigma^2 & \rho\sigma^2 & 0 & 0 \\ \rho\sigma^2 & \sigma^2 & \rho\sigma^2 & 0 \\ 0 & \rho\sigma^2 & \sigma^2 & \rho\sigma^2 \\ 0 & 0 & \rho\sigma^2 & \sigma^2 \end{bmatrix}$$

8. 세 점 A, B, C가 직선 위에 순차적으로 위치하고 있다고 가정한다(그림 1.4). A와 C 사이 거리를 추정하기 위해 토탈스테이션을 이용하여 두 점 사이 거리를 측정했고, 그 결과는 표 1.1과 같다.

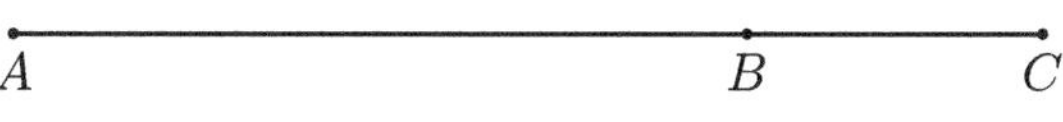

그림 1.4: 직선 위 점 A, B, C

표 1.1: 구간 관측값

y_i	구간	관측값[m]
y_1	$\overline{AB}$	$52.154 + 0.025 = 52.179$
y_2	$\overline{AB}$	$52.157 + 0.025 = 52.182$
y_3	$\overline{AB}$	$52.155 + 0.025 = 52.180$
y_4	$\overline{AC}$	$70.180 + 0.025 = 70.205$
y_5	$\overline{AC}$	$70.178 + 0.025 = 70.203$
y_6	$\overline{BC}$	$18.022 + 0.025 = 18.047$
y_7	$\overline{BC}$	$18.021 + 0.025 = 18.046$
y_8	$\overline{BC}$	$18.025 + 0.025 = 18.050$

개별 관측값 분산은 $\sigma^2 = (9\,\text{mm})^2 + (d/100)^2\,\text{mm}^2$이고, d는 거리(미터 단위)를 나타낸다. 관측자가 모르는 상수 바이어스 $\beta = 2.5\,\text{cm}$가 모든 관측값에 포함되어 있고, 이는 표 1.1에 $+0.025\,\text{m}$로 반영되어 있다.

관측자가 전체 거리 $\overline{AC}$를 다음 공식으로 계산했다고 가정한다.

$$\overline{AC} = z = \frac{1}{6}(y_1 + y_2 + y_3 + y_6 + y_7 + y_8) + \frac{1}{4}(y_4 + y_5)$$

(a) $\mu_{AC} = 70.179\,\text{m}$를 전체 거리 $\overline{AC}$ "참값"이라고 가정할 때, z 표준편차와 rms를 계산하시오.

(b) 이번에는 관측값에 포함된 2.5 cm 바이어스를 제거한 값에 같은 공식을 적용하여 z를 구한다고 할 때, 분산을 구하고 이를 (a) 결과와 비교하시오. 분산이 동일한가? 결과에 대해서 설명하시오.

(c) 관측값에 포함된 바이어스에 영향받지 않도록 전체 거리를 추정하는 방법을 설명하시오. 새로 추정한 값의 표준편차와 rms를 계산하시오(마찬가지로 $\mu_{AC} = 70.179\,\text{m}$를 참값으로 가정). 결과를 (a), (b)와 비교하여 설명하시오.

9. 확률변수 y는 기댓값 $E\{y\} = \mu_y$와 분산 σ_y^2를 가지고, f와 g는 y의 함수로서 각각 $f = e^y$, $g = y^3$로 정의한다.

(a) 테일러 전개식을 이용하여 f와 g 기댓값과 분산을 μ_y, σ_y^2, $\delta = (\mu - \mu_0)$를 이용하여 나타내시오(μ_0는 μ 근사값).

(b) $E\{y\}$가 y 참값 μ_y와 같다고 가정하면 바이어스는 테일러 전개식에서 축약(truncation)한 결과다. 전개식에서 축약에 의해 발생한 f와 g 바이어스를 구하시오. 어느 바이어스가 더 큰가?

(c) 근사값 μ_0가 y 기댓값 μ_y와 똑같을 때 기댓값과 분산을 구하시오.

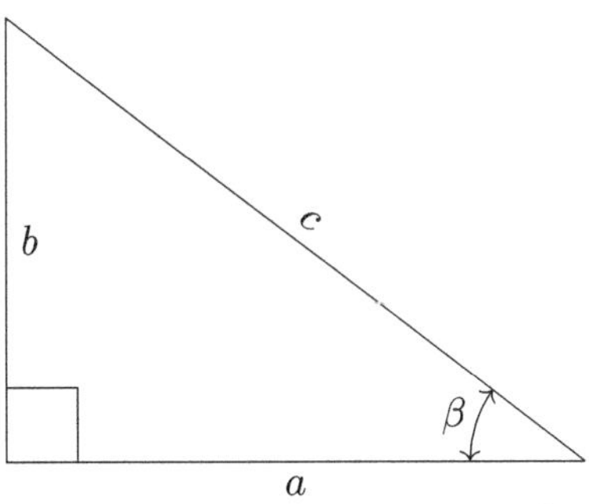

그림 1.5: 평면 직각삼각형에서 변 a와 b 측정

10. 그림 1.5에서 평면 직각삼각형 두 변 a와 b를 관측한 값이 각각 $a = 399.902\,\mathrm{m}$, $b = 300.098\,\mathrm{m}$, 분산은 $\sigma_a^2 = (0.015\,\mathrm{m})^2$, $\sigma_b^2 = (0.020\,\mathrm{m})^2$이다. 상관계수가 $\rho_{ab} = 0.2$일 때, 변 c와 각 β를 계산하고 표준편차를 구하시오. 또한 변 c와 각 β의 상관성을 계산하시오.

11. 사다리꼴 필지 면적을 다음 식을 이용해서 구한다고 하자.

$$A = \left(\frac{a_1 + a_2}{2}\right) b$$

독립적으로 측정한 관측값과 표준편차는 각각 $a_1 = 301.257\,\mathrm{m}\,(0.025\,\mathrm{m})$, $a_2 = 478.391\,\mathrm{m}\,(0.045\,\mathrm{m})$, $b = 503.782\,\mathrm{m}\,(0.030\,\mathrm{m})$이다. 필지 면적을 계산하고 그 표준편차를 구하시오.

제 2 장

직접관측모델

2.1 모델 정의

미지수 μ를 직접 측정하면 데이터를 직접관측모델로 표현할 수 있다.

$$\boldsymbol{y} = \begin{bmatrix} y_1 \\ \vdots \\ y_n \end{bmatrix} = \begin{bmatrix} \mu + e_1 \\ \vdots \\ \mu + e_n \end{bmatrix} = \boldsymbol{\tau}\mu + \boldsymbol{e} \tag{2.1a}$$

$$\boldsymbol{e} \sim \left(\boldsymbol{0}, \sigma_0^2 Q\right), \quad Q := P^{-1} \tag{2.1b}$$

데이터 모델 각 항은 다음과 같이 정의한다.

$\boldsymbol{y}$: 확률 성질을 가진 $n \times 1$ 관측값 벡터(**주어진 값**)

μ : 비확률 미지수(**추정**(estimate)**할 값**)

$\boldsymbol{\tau}$: 모든 요소가 1로 구성된 $n \times 1$ 벡터("합벡터"), 즉 $\boldsymbol{\tau} := [1, \cdots, 1]^T$

$\boldsymbol{e}$: 미지 $n \times 1$ 확률오차 벡터(**예측**(predict)**할 값**)

Q : $\boldsymbol{e}$와 연관된 $n \times n$ 여인자 행렬. 양의정부호(positive-definite)인 대칭행렬이고 비확률 성질을 가짐(**주어진 값**)

P : 양의정부호인 $n \times n$ 가중행렬이며 Q 역행렬(**주어진 값**)

σ_0^2 : 미지 비확률 분산요소(variance component)(**추정**(estimate)**할 값**)

식 (2.1a)는 관측방정식, 식 (2.1b)는 관측오차에 대한 확률모델이며, 두 식을 합치면 데이터 모델이 완성된다.

2.1.1 기본개념과 용어

관측값 벡터 $\boldsymbol{y}$는 일반적으로 현장에서 측정하고 기록한 관측값(measurements/observations)이므로 "주어진 값"이다. 관측값은 관측대상(observable)을 물리적으로 구현(관측하는 양)한다고 간주한다.

관측대상은 실제 객체 구성요소이거나 구성요소 간 관계가 될 수 있다. 예를 들어, 측지망에서 접근가능한 측점을 연결하는 두 기선 사이각, 또는 전자기파 위상처럼 비물질 객체 특성이 될 수도 있다. 다른 사례로는 바닥에 시점과 종점을 표시하고 토탈스테이션으로 측정한 교량 길이다. 관측대상을 측정하면 단위를 가진 수치값을 얻을 수 있다. 관측장비에 내재한 오차와 관측에 불가피한 우연오차(random errors)로 인해 주어진 관측값 벡터 $\boldsymbol{y}$는 확률 성질을 가진다.

확률오차는 미지(unknown) 양이며, 이는 식 (2.1a)에서 확률오차 벡터 $\boldsymbol{e}$로 표현한다. 따라서 관측값 자체는 존재해도 확률오차 구성성분은 알 수 없다. 그러나 앞에서 살펴본 대로 확률오차 기댓값을 짐작할 수 있고(예를 들어, $E\{\boldsymbol{e}\} = \boldsymbol{0}$), 마찬가지로 관측에 대한 기댓값도 수식으로 표현할 수 있다.

$$\boldsymbol{\mu}_y := E\{\boldsymbol{y}\} = E\{\boldsymbol{\tau}\mu + \boldsymbol{e}\} = \boldsymbol{\tau}\mu \tag{2.2a}$$

벡터 $\boldsymbol{\mu}_y$를 참값으로 간주하고 미지값을 추정할 수 있다.

$$\widehat{E\{\boldsymbol{y}\}} =: \hat{\boldsymbol{\mu}}_y = \boldsymbol{\tau}\hat{\mu} \tag{2.2b}$$

$\hat{\mu}$은 미지수 μ를 추정한 값이고, 벡터 $\hat{\boldsymbol{\mu}}_y$는 조정관측값(adjusted observations) 벡터라고 한다.

주어진 관측값 $\boldsymbol{y}$는 미지 확률오차 $\boldsymbol{e}$를 포함하고 있으므로 $\boldsymbol{y}$는 $\boldsymbol{\tau}\mu$와 같지 않다(일반적으로는 적어도 $\boldsymbol{y} \approx \boldsymbol{\tau}\mu$를 기대). $\boldsymbol{y}$와 달리 $\boldsymbol{\tau}\mu$는 확률변수가

아니므로 기호만 보더라도 부등식 $\boldsymbol{y} \neq \boldsymbol{\tau}\mu$는 명확하다(3쪽에서 설명한 대로 확률변수는 라틴 문자, 비확률변수는 그리스 문자 사용). 여기서는 식 좌우에서 확률성질이 동일해야 한다는 규칙이 누락되었다. $\boldsymbol{y} \neq \boldsymbol{\tau}\mu$에 반영된 불일치는 식 (2.1a)에서 우변에 $\boldsymbol{e}$을 추가하여 해소할 수 있다. 그러나 $\boldsymbol{e}$는 알 수 없는 값이므로 실제로는 도움되지 않는다. 이런 이유로 최소제곱조정 이론과 기법이 필요하다고 볼 수 있다.

모델에서 미지수보다 관측값이 많을 때는(예를 들어 모델 식 (2.1)에서 관측값이 두 개 이상인 상황) 최소제곱조정 원리로 유도한 예측자(predictor)를 잉여(redundant) 관측값에 적용하면 $\boldsymbol{e}$를 예측(predict)할 수 있다.[1] 독립인 잉여관측 수를 모델 잉여도(redundancy)라고 한다.[2] 예측확률오차 벡터는 $\tilde{\boldsymbol{e}}$로 표현하며 잔차(residuals) 벡터라고 부른다.

최소제곱조정 기본 아이디어는 가중값을 적용한 제곱합을 최소화하는 잔차를 예측하는데 식 (2.1a) 관계식 $\boldsymbol{y} = \boldsymbol{\tau}\mu + \boldsymbol{e}$를 만족한다. 그러나 조정계산 후에는 미지 "참값" 대신 예측확률오차 $\tilde{\boldsymbol{e}}$와 추정미지수 $\hat{\mu}$으로 표현한 식을 만족해야 한다.

$$\boldsymbol{y} = \boldsymbol{\tau}\hat{\mu} + \tilde{\boldsymbol{e}} \tag{2.3}$$

따라서 가중값을 적용한 잔차제곱합 $\Omega := \tilde{\boldsymbol{e}}^T P \tilde{\boldsymbol{e}}$를 최소로 만드는 과정이 최소제곱조정 목적이자 결과라고 할 수 있다.

최소제곱조정에서 조정할 대상은 데이터이며, 모순방정식(inconsistent equation) $\boldsymbol{y} \neq \boldsymbol{\tau}\mu$를 일관방정식(consistent equation) $\hat{\boldsymbol{\mu}}_y = \boldsymbol{\tau}\hat{\mu}$로 대체한다. 따라서 최소제곱해 결과로서 조정관측값, 예측잔차, 추정미지수를 다루며, 다음 절에서 자세히 유도한다.

---

[1] 예측자(predictor)와 추정자(estimator)에 대해서는 다음 절에 설명한다.

[2] 자유도(degrees of freedom)라고도 하며, 통계학 문헌에서는 df로 간략히 표현하기도 한다.

2.1.2 추정과 추정자

이 책에서는 추정(estimate)과 추정자(estimator)를 엄밀하게 구분하지 않는다. 두 용어를 혼용해서 사용할 때도 있지만 내용에 따라서는 동일한 기호를 사용하더라도 별다른 문제가 없기 때문이며, 이는 예측(predict)과 예측자(predictor)에도 똑같이 적용된다. 용어 차이에 대해 Tukey (1983, p. 633)를 인용하면 아래와 같다.

> 추정자(estimator)는 관측값 함수이며, 관측값을 구체적으로 결합하는 방법이다. $\bar{y} = \Sigma x_i/n$처럼 산술식으로 표현할 수도 있고, "순차배열해서 개수를 세어 표본 중앙값 찾기"처럼 말로 나타낼 수도 있다. 그러나 추정자와 실제 데이터로 계산한 추정값(estimate)은 구분한다. 분산추정자 $s^2 = \Sigma(x_i - \bar{x})^2/(n-1)$은 세 개 관측값 2, 3, 7로부터 추정값 7을 구할 수 있으며, 이때 s^2는 추정대상(estimand) σ^2에 대한 추정자라고 부른다.

2.2 최소제곱해

식 (2.3)을 만족하면서 $\Omega := \tilde{\boldsymbol{e}}^T P\tilde{\boldsymbol{e}}$를 최소화하기 위해 라그랑지 목적함수(Lagrange target function)를 정의한다.

$$\Phi(\boldsymbol{e}, \boldsymbol{\lambda}, \mu) := \boldsymbol{e}^T P\boldsymbol{e} + 2\boldsymbol{\lambda}^T(\boldsymbol{y} - \boldsymbol{\tau}\mu - \boldsymbol{e}) \tag{2.4}$$

이 식에서 $\boldsymbol{\lambda}$는 미지 $m \times 1$ 라그랑지 승수(Lagrange multipliers) 벡터를 나타낸다. 미지항 $\boldsymbol{e}$, $\boldsymbol{\lambda}$, μ에 대한 1차 편미분을 0으로 설정하면 목적함수는 고정상태(stationary)가 되고, 오일러-라그랑지 필요조건(Euler-Lagrange necessary condition)으로 표현할 수 있다.

$$\frac{1}{2}\frac{\partial\Phi}{\partial\boldsymbol{e}} = \frac{1}{2}\left[\frac{\partial\Phi}{\partial e_j}\right]_{n\times 1} = P\tilde{\boldsymbol{e}} - \hat{\boldsymbol{\lambda}} \doteq \boldsymbol{0} \tag{2.5a}$$

$$\frac{1}{2}\frac{\partial\Phi}{\partial\boldsymbol{\lambda}} = \frac{1}{2}\left[\frac{\partial\Phi}{\partial \lambda_j}\right]_{n\times 1} = \boldsymbol{y} - \boldsymbol{\tau}\hat{\mu} - \tilde{\boldsymbol{e}} \doteq \boldsymbol{0} \tag{2.5b}$$

$$\frac{1}{2}\frac{\partial\Phi}{\partial\mu} = \boldsymbol{\tau}^T\hat{\boldsymbol{\lambda}} \doteq 0 \tag{2.5c}$$

필요조건은 1차 편미분을 포함하고 있으므로 흔히 일차조건이라고 부른다. 목적함수 Φ를 2차 편미분하면 $\partial^2\Phi/(\partial \boldsymbol{e}\partial \boldsymbol{e}^T) = 2P$이므로 "최소화"를 위한 충분조건(sufficient condition)을 만족하며, 이때 가중값 행렬 P는 식 (2.1)에 의해 양의정부호(positive definite)다. 따라서 연립방정식 식 (2.5) 해는 Φ를 최소화하며, 가중잔차제곱합(weighted sum of squared residuals, weighted SSR) $\Omega = \tilde{\boldsymbol{e}}^T P \tilde{\boldsymbol{e}}$ 역시 최소가 된다.[3] 이차식 함수를 열벡터로 미분하는 방법은 Appendix A를 참고한다.

이 책에서 기호 ˆ(hat)은 비확률 변수 추정값을 나타내는 반면, 기호 ˜(tilde)는 확률변수 예측값을 의미한다. 필요조건을 만족하는 특정값을 목적함수 식 (2.4)에서 사용한 미지수와 구분하기 위해 식 (2.5)에는 두 기호(ˆ과 ˜)를 도입한다. 따라서 $\tilde{\boldsymbol{e}}$, $\hat{\lambda}$, $\hat{\mu}$은 특정한 값이 아니라, 목적함수 1차 편미분을 0으로 설정(≐ 기호로 표기)한 후 계산한 결과다. 그러므로 식 (2.4)에 두 기호를 사용하면 논리적으로 적절치 않다. 또한 벡터 $\tilde{\boldsymbol{e}}$에 대해서는 잔차(residual)와 예측확률오차(predicted random error)라는 용어를 동일한 의미로 사용한다.

최소제곱해(LESS)를 구하기 위해 연립방정식 식 (2.5)를 풀면

$$\hat{\boldsymbol{\lambda}} = P\tilde{\boldsymbol{e}} = P\big(\boldsymbol{y} - \boldsymbol{\tau}\hat{\mu}\big) \qquad \text{(식 (2.5a), (2.5b) 사용)} \tag{2.6a}$$

$$\boldsymbol{\tau}^T\hat{\boldsymbol{\lambda}} = \boldsymbol{\tau}^T P\boldsymbol{y} - \big(\boldsymbol{\tau}^T P\boldsymbol{\tau}\big)\hat{\mu} = 0 \qquad \text{(식 (2.6a), (2.5c) 사용)} \tag{2.6b}$$

식 (2.6b)로부터 미지수 μ 추정값을 구할 수 있다.

$$\hat{\mu} = \frac{\boldsymbol{\tau}^T P\boldsymbol{y}}{\boldsymbol{\tau}^T P\boldsymbol{\tau}} \tag{2.7}$$

또한 식 (2.5b)에서 확률오차 벡터 $\boldsymbol{e}$ 예측값을 구할 수 있으며, 앞에서 언급했듯이 예측값 $\tilde{\boldsymbol{e}}$를 잔차벡터라고 한다.

$$\tilde{\boldsymbol{e}} = \boldsymbol{y} - \boldsymbol{\tau}\hat{\mu} \tag{2.8a}$$

$$= \big[I_n - \boldsymbol{\tau}\big(\boldsymbol{\tau}^T P\boldsymbol{\tau}\big)^{-1}\boldsymbol{\tau}^T P\big]\boldsymbol{y} \tag{2.8b}$$

$\hat{\mu}$, $\tilde{\boldsymbol{e}}$, $\hat{\boldsymbol{\lambda}}$은 직접관측식 모델 식 (2.1) 최소제곱해(LESS)에 속한다라고 표

[3] 다변수(즉 미지수 벡터)에 대해 Ω가 최소임은 Koch (1999, Eq. (3.25)와 Theorem (3.26)) 증명을 참고한다.

현한다. $\hat{\mu}$이 μ의 불편추정자(unbiased estimator)임은 쉽게 확인할 수 있다.

$$\begin{aligned} E\{\hat{\mu}\} &= E\{(\boldsymbol{\tau}^T P\boldsymbol{\tau})^{-1}\boldsymbol{\tau}^T P\boldsymbol{y}\} \\ &= (\boldsymbol{\tau}^T P\boldsymbol{\tau})^{-1}\boldsymbol{\tau}^T P\cdot E\{\boldsymbol{y}\} \\ &= \mu \end{aligned} \tag{2.9}$$

마찬가지로 잔차벡터 $\tilde{\boldsymbol{e}}$는 확률오차 벡터 $\boldsymbol{e}$에 대한 불편예측자(unbiased predictor)임을 알 수 있다.

$$\begin{aligned} E\{\tilde{\boldsymbol{e}}\} &= \left[I_n - \boldsymbol{\tau}(\boldsymbol{\tau}^T P\boldsymbol{\tau})^{-1}\boldsymbol{\tau}^T P\right]\cdot E\{\boldsymbol{y}\} \\ &= \left[I_n - \boldsymbol{\tau}(\boldsymbol{\tau}^T P\boldsymbol{\tau})^{-1}\boldsymbol{\tau}^T P\right]\boldsymbol{\tau}\mu \\ &= \boldsymbol{\tau}\mu - \boldsymbol{\tau}\mu = \boldsymbol{0} \end{aligned} \tag{2.10}$$

직접관측식 모델에서 P-가중 잔차벡터 합은 0이므로 식 (2.11)에서 벡터 $\boldsymbol{\tau}$와 $\tilde{\boldsymbol{e}}$는 P-직교한다고 표현한다.

$$\begin{aligned} \boldsymbol{\tau}^T P\tilde{\boldsymbol{e}} &= \boldsymbol{\tau}^T P(\boldsymbol{y} - \boldsymbol{\tau}\hat{\mu}) \\ &= \boldsymbol{\tau}^T P\left[I_n - \boldsymbol{\tau}\left(\boldsymbol{\tau}^T P\boldsymbol{\tau}\right)^{-1}\boldsymbol{\tau}^T P\right]\boldsymbol{y} \\ &= \boldsymbol{\tau}^T P\boldsymbol{y} - \boldsymbol{\tau}^T P\boldsymbol{\tau}\left(\boldsymbol{\tau}^T P\boldsymbol{\tau}\right)^{-1}\boldsymbol{\tau}^T P\boldsymbol{y} = 0 \end{aligned} \tag{2.11}$$

식 (2.8a) 우변에서 조정관측값 $\boldsymbol{\tau}\hat{\mu}$은 다음과 같이 나타낼 수 있고,

$$\hat{\boldsymbol{\mu}}_y := \widehat{E\{\boldsymbol{y}\}} = \boldsymbol{\tau}\hat{\mu} = \boldsymbol{y} - \tilde{\boldsymbol{e}} \tag{2.12}$$

식 (2.11)로부터 $\boldsymbol{\tau}^T P\tilde{\boldsymbol{e}} = 0$이므로 아래 식도 성립한다.

$$\left(\boldsymbol{\tau}\hat{\mu}\right)^T P\tilde{\boldsymbol{e}} = \hat{\boldsymbol{\mu}}_y^T P\tilde{\boldsymbol{e}} = 0 \tag{2.13}$$

식 (2.13)은 최소제곱해의 중요한 특성으로서 조정관측값 벡터와 P-가중 잔차벡터는 서로 직교함을 보여준다.

그림 2.1에 도시한 대로 기하적인 관점에서 보자면, 두 벡터 직교 관계는 가중값 P를 감안할 때 관측값 벡터 $\boldsymbol{y}$와 조정관측값 벡터 $\hat{\boldsymbol{\mu}}_y$이 가장 가깝다는 의미다. 이는 “주어진 관측모델을 만족하도록 데이터를 최소 조정”한다는 최소제곱조정 목적과 정확하게 일치한다.

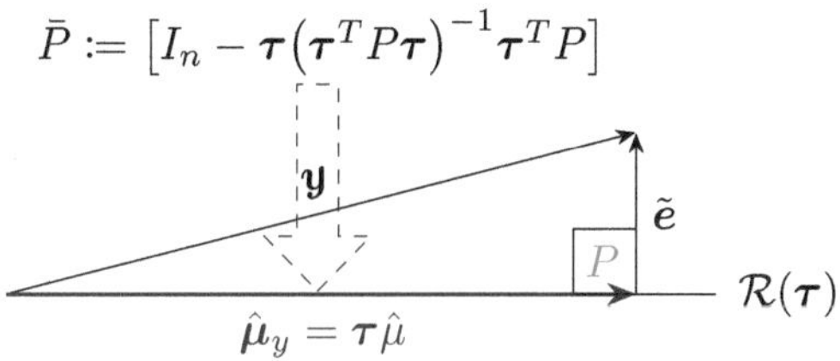

그림 2.1: 잔차벡터 $\tilde{\boldsymbol{e}}$와 조정관측값 벡터 $\boldsymbol{\tau}\hat{\mu}$의 P-직교성. 사각형 내부 P는 직교 관계에서의 역할을 나타내고, 큰 화살표로 표현한 사영행렬 $\bar{P}$의 영향은 관측값 벡터 $\boldsymbol{y}$를 $\boldsymbol{\tau}$의 (1차원) 열공간(range space)으로 사영한다. 당연히 벡터합 $\boldsymbol{y} = \boldsymbol{\tau}\hat{\mu} + \tilde{\boldsymbol{e}}$ 관계가 성립한다.

추정미지수 $\hat{\mu}$과 예측확률오차 벡터 $\tilde{\boldsymbol{e}}$ 이외에도, 일반적으로 정밀도를 나타내는 척도인 분산 역시 관심대상이다. 분산을 계산하기 위해서는 공분산 전파식을 적용할 수 있는데, 먼저 추정미지수 $\hat{\mu}$ 분산을 계산한다.

$$\begin{aligned} D\{\hat{\mu}\} &= \frac{\boldsymbol{\tau}^T P}{\boldsymbol{\tau}^T P \boldsymbol{\tau}} \cdot D\{\boldsymbol{y}\} \cdot \frac{P\boldsymbol{\tau}}{\boldsymbol{\tau}^T P \boldsymbol{\tau}} \\ &= \frac{\boldsymbol{\tau}^T P\left(\sigma_0^2 P^{-1}\right) P \boldsymbol{\tau}}{\boldsymbol{\tau}^T P \boldsymbol{\tau}\, \boldsymbol{\tau}^T P \boldsymbol{\tau}} = \frac{\sigma_0^2}{\boldsymbol{\tau}^T P \boldsymbol{\tau}} \end{aligned} \tag{2.14}$$

잔차벡터 $\tilde{\boldsymbol{e}}$의 $n \times n$ 분산행렬은 다음과 같이 유도할 수 있다.

$$\begin{aligned} D\{\tilde{\boldsymbol{e}}\} &= D\left\{\left[I_n - \boldsymbol{\tau}\left(\boldsymbol{\tau}^T P \boldsymbol{\tau}\right)^{-1} \boldsymbol{\tau}^T P\right] \boldsymbol{y}\right\} \\ &= \left[I_n - \boldsymbol{\tau}\left(\boldsymbol{\tau}^T P \boldsymbol{\tau}\right)^{-1} \boldsymbol{\tau}^T P\right] D\{\boldsymbol{y}\} \left[I_n - P\boldsymbol{\tau}\left(\boldsymbol{\tau}^T P \boldsymbol{\tau}\right)^{-1} \boldsymbol{\tau}^T\right] \\ &= \sigma_0^2 \left[P^{-1} - \boldsymbol{\tau}\left(\boldsymbol{\tau}^T P \boldsymbol{\tau}\right)^{-1} \boldsymbol{\tau}^T\right] \left[I_n - P\boldsymbol{\tau}\left(\boldsymbol{\tau}^T P \boldsymbol{\tau}\right)^{-1} \boldsymbol{\tau}^T\right] \\ &= \sigma_0^2 \left[P^{-1} - \boldsymbol{\tau}\left(\boldsymbol{\tau}^T P \boldsymbol{\tau}\right)^{-1} \boldsymbol{\tau}^T\right] \end{aligned} \tag{2.15}$$

식 (2.15)에서 마지막 행렬은 아래 조정관측값 분산을 포함한다.

$$D\{\hat{\boldsymbol{\mu}}_y\} = \boldsymbol{\tau} D\{\hat{\mu}\} \boldsymbol{\tau}^T = \sigma_0^2 \boldsymbol{\tau}\left(\boldsymbol{\tau}^T P \boldsymbol{\tau}\right)^{-1} \boldsymbol{\tau}^T \tag{2.16}$$

엄밀히 말하면 분산요소 σ_0^2는 미지 값이므로 식 (2.14)–(2.16)은 계산할 수 없고, 다만 식 (2.38) 추정값으로 대체할 수 있다. 식 (2.15)로부터 $\tilde{\boldsymbol{e}}$의 j번째 요소 분산은 다음과 같이 구할 수 있다.

$$\sigma_{\tilde{e}_j}^2 = \sigma_0^2 \left(\sigma_{jj}^2 - \frac{1}{\boldsymbol{\tau}^T P \boldsymbol{\tau}}\right) \tag{2.17}$$

σ_{jj}^2는 P^{-1}의 j번째 대각요소이며, σ_0^2는 모델 식 (2.1)에 있는 분산요소다. 따라서 잔차벡터 $\tilde{e}$의 j번째 요소 분산은 $\boldsymbol{e}$에서 대응하는 값보다 명백히 작다.

(가중)산술평균과의 동등성

확률오차가 iid(식 (1.45a) 참고)인 특별한 상황에서는 최소제곱해(식 (2.7))를 $\hat{\mu} = \boldsymbol{\tau}^T\boldsymbol{y}/(\boldsymbol{\tau}^T\boldsymbol{\tau})$로 간략히 표현할 수 있고, 이는 $\boldsymbol{\tau}^T\boldsymbol{y} = \sum_{i=1}^{n} y_i$, $\boldsymbol{\tau}^T\boldsymbol{\tau} = n$이므로 산술평균과 동일하다. 따라서 산술평균 공식으로 나타낼 수 있다.

$$\hat{\mu} = \frac{\sum y}{n} \quad (\text{단, } \boldsymbol{e} \sim (\boldsymbol{0}, \text{iid})) \tag{2.18}$$

확률오차가 비균질분포(heteroscedastic distribution), 즉 식 (1.45b)에서 가중행렬 P가 대각행렬이면 LESS는 가중산술평균과 동등하다.

$$\begin{aligned}\hat{\mu} &= \frac{\boldsymbol{\tau}^T \operatorname{diag}(p_i, \cdots, p_n)\boldsymbol{y}}{\boldsymbol{\tau}^T \operatorname{diag}(p_i, \cdots, p_n)\boldsymbol{\tau}} \\ &= \frac{\sum_{i=1}^{n} p_i y_i}{\sum_{i=1}^{n} p_i} \quad (\text{단, } \boldsymbol{e} \sim (\boldsymbol{0}, \sigma_0^2 \operatorname{diag}(1/p_i, \cdots, 1/p_n)))\end{aligned} \tag{2.19}$$

2.3 관측값 가중과 전파

관측값 가중과 전파방법은 예제를 먼저 설명하고, 일반적인 상황에서 정의와 규칙을 기술한다. 두 관측값 y_1과 y_2에 대해 (미지) 기댓값(μ)과 분산(σ^2)이 주어져 있다고 가정하자.

$$y_i \sim (\mu, \sigma^2) \quad (i = 1, 2) \tag{2.20}$$

관측으로 결정할 수 있는 μ에 대한 “가장 가능성 높은” 값 중 하나는 불편추정량인 산술평균이다.

$$\hat{\mu} := \frac{y_1 + y_2}{2} \tag{2.21a}$$

$$E\{\hat{\mu}\} = \frac{1}{2}\mu + \frac{1}{2}\mu = \mu \tag{2.21b}$$

일반적으로 분산은 다음과 같이 나타낼 수 있고($\sigma_{12} = \sigma_{21}$),

$$D\{\hat{\mu}\} = \begin{bmatrix} \frac{1}{2} & \frac{1}{2} \end{bmatrix} \begin{bmatrix} \sigma_1^2 & \sigma_{12} \\ \sigma_{21} & \sigma_2^2 \end{bmatrix} \begin{bmatrix} \frac{1}{2} \\ \frac{1}{2} \end{bmatrix} = \frac{\sigma_1^2}{4} + \frac{\sigma_{12}}{2} + \frac{\sigma_2^2}{4} \tag{2.21c}$$

특별한 조건에서는 더 간략하게 표현할 수 있다.

$$D\{\hat{\mu}\} = \frac{\sigma^2}{2} \quad (\sigma_{12} := 0,\ \sigma_1^2 = \sigma_2^2 =: \sigma^2\text{로 가정}) \tag{2.21d}$$

만약 결과가 충분히 정밀하지 않으면, 즉 분산($\sigma^2/2$)이 너무 크면 세 번째 관측 y_3를 수행해야 한다. 독립성($\sigma_{13} = 0 = \sigma_{23}$)과 동일분산($\sigma_3^2 = \sigma^2$)을 가정하면 새로운 산술평균을 구할 수 있다.

(i) 첫 번째 결과 $\hat{\mu}$을 새로운 관측값 y_3와 단순 평균한 값은 불편추정량이고, 같은 방법으로 분산도 구할 수 있다.

$$\bar{\hat{\mu}} := \frac{\hat{\mu} + y_3}{2} \tag{2.22a}$$

$$E\{\bar{\hat{\mu}}\} = \frac{1}{2}\mu + \frac{1}{2}\mu = \mu \tag{2.22b}$$

$$\begin{aligned} D\{\bar{\hat{\mu}}\} &= \begin{bmatrix} \frac{1}{4} & \frac{1}{4} & \frac{1}{2} \end{bmatrix} \begin{bmatrix} \sigma^2 & 0 & 0 \\ 0 & \sigma^2 & 0 \\ 0 & 0 & \sigma^2 \end{bmatrix} \begin{bmatrix} \frac{1}{4} \\ \frac{1}{4} \\ \frac{1}{2} \end{bmatrix} \\ &= \sigma^2 \left(\frac{1}{16} + \frac{1}{16} + \frac{1}{4} \right) = \frac{3\sigma^2}{8} \end{aligned} \tag{2.22c}$$

(ii) 다른 방법으로 세 관측값을 산술평균한 결과 역시 불편추정량이다.

$$\hat{\hat{\mu}} := \frac{y_1 + y_2 + y_3}{3} \tag{2.23a}$$

$$E\{\hat{\hat{\mu}}\} = \frac{1}{3}\mu + \frac{1}{3}\mu + \frac{1}{3}\mu = \mu \tag{2.23b}$$

$$\begin{aligned} D\{\hat{\hat{\mu}}\} &= \begin{bmatrix} \frac{1}{3} & \frac{1}{3} & \frac{1}{3} \end{bmatrix} \begin{bmatrix} \sigma^2 & 0 & 0 \\ 0 & \sigma^2 & 0 \\ 0 & 0 & \sigma^2 \end{bmatrix} \begin{bmatrix} \frac{1}{3} \\ \frac{1}{3} \\ \frac{1}{3} \end{bmatrix} \\ &= \sigma^2 \left(\frac{1}{9} + \frac{1}{9} + \frac{1}{9} \right) = \frac{\sigma^2}{3} \end{aligned} \tag{2.23c}$$

두 결과에서 분산을 비교하면

$$D\{\hat{\mu}\} = \frac{\sigma^2}{3} < \frac{3\sigma^2}{8} = D\{\bar{\mu}\} \tag{2.24}$$

추정값 $\hat{\mu}$이 더 정밀하므로(작은 분산) $\bar{\mu}$보다 선호한다(우수하다)고 할 수 있다. 그러나 $\hat{\mu}$과 y_3를 다른 형태로 선형결합하여 $\hat{\hat{\mu}}$을 구할 수도 있다.

$$\hat{\hat{\mu}} = \frac{2{\cdot}\hat{\mu} + 1{\cdot}y_3}{2+1} \tag{2.25a}$$

그러나 두 값의 분산을 구하면 아래와 같으므로

$$D\{\hat{\mu}\} = \frac{\sigma^2}{2},\ D\{y_3\} = \frac{\sigma^2}{1} \tag{2.25b}$$

최종적으로 $\hat{\mu}$과 y_3를 적절하게 가중(산술)평균한 식으로 나타낼 수 있다.

$$\hat{\hat{\mu}} = \frac{D\{\hat{\mu}\}^{-1}{\cdot}\hat{\mu} + D\{y_3\}^{-1}{\cdot}y_3}{D\{\hat{\mu}\}^{-1} + D\{y_3\}^{-1}} \tag{2.25c}$$

예제를 변형해서 세 번째 관측값 y_3를 이전에 비해 두 배 더 정밀하게 관측했다고 가정하자. $\sigma_{y_3} = \sigma/2$이므로 $y_3 \sim (\mu, \sigma^2/4)$가 성립하고, μ의 "가장 가능성 있는" 값은 가중산술평균이다.

$$\hat{\hat{\mu}} := \frac{2{\cdot}\hat{\mu} + 4{\cdot}y_3}{2+4} = \frac{y_1 + y_2 + 4y_3}{6} \tag{2.26a}$$

$$E\{\hat{\hat{\mu}}\} = \frac{1}{6}\mu + \frac{1}{6}\mu + \frac{4}{6}\mu = \mu \tag{2.26b}$$

따라서 $\hat{\hat{\mu}}$은 μ의 불편추정량이고, 분산은 다음과 같이 계산할 수 있다.

$$\begin{aligned} D\{\hat{\hat{\mu}}\} &= \begin{bmatrix} \frac{1}{6} & \frac{1}{6} & \frac{2}{3} \end{bmatrix} \begin{bmatrix} \sigma^2 & 0 & 0 \\ 0 & \sigma^2 & 0 \\ 0 & 0 & \sigma^2/4 \end{bmatrix} \begin{bmatrix} \frac{1}{6} \\ \frac{1}{6} \\ \frac{2}{3} \end{bmatrix} \\ &= \sigma^2\left(\frac{1}{36} + \frac{1}{36} + \frac{4}{9}{\cdot}\frac{1}{4}\right) = \frac{\sigma^2}{6} \end{aligned} \tag{2.26c}$$

정의 분산이 $\sigma_1^2, \cdots, \sigma_n^2$인 독립확률변수 $y_1, \cdots, y_n$ 집합에 대해서, 임의로 선정한 상수(고정값)를 이용하여 가중값을 정의할 수 있고,

$$p_j := \frac{\text{const}}{\sigma_j^2} \quad (j = 1, \cdots, n) \tag{2.27}$$

따라서 가중행렬은 대각행렬이 된다.

$$P := \text{diag}(p_1, \cdots, p_n) = \text{const}\cdot \text{diag}(\sigma_1^{-2}, \cdots, \sigma_n^{-2}) = \text{const}\cdot\Sigma^{-1} \tag{2.28}$$

정의 임의로 선정한 상수 σ_0^2를 분산요소(variance component)라고 하며,[4] $n \times n$ 여인자행렬(cofactor matrix) Q를 이용하여 관계를 표현할 수 있다.

$$\begin{aligned} P &:= \sigma_0^2\cdot\Sigma^{-1} =: Q^{-1} \\ \Sigma &= \sigma_0^2 Q = \sigma_0^2 P^{-1} \end{aligned} \tag{2.29}$$

[보충]

(i) 분산요소 σ_0^2는 단위가 없다고 정의한다.

(ii) 앞에서 정의한 식 (2.29)는 확률변수 $y_1, \cdots, y_n$이 서로 상관성을 가지는 상황, 즉 $\Sigma = D\{\boldsymbol{y}\}$가 대각행렬이 아닌 때에도 일반적으로 적용된다.

2.3.1 최적 가중값 선택

식 (2.29)에 따라 가중값을 선택하면 "최적"(best)이라고 할 수 있는가? 최적이 되기 위해서는 μ 추정값 분산이 최소가 되고, $\hat{\mu}$ 역시 불편추정량이 되어야 한다. 이 목적을 고려하면서 다음 수식을 살펴보자.

(i) 서로 독립인 $y_j \sim (\mu, \sigma_j^2)$에 대해서(즉 $C\{y_i, y_j\} = 0$) 가중(또는 일반적인) 산술평균은 불편추정량이다.

$$\bar{\mu} := \sum_{j=1}^{n} \gamma_j y_j, \quad \sum_{j=1}^{n} \gamma_j = 1 \tag{2.30a}$$

$$E\{\bar{\mu}\} = \sum_{j=1}^{n} \gamma_j E\{y_j\} = \mu\cdot \sum_{j=1}^{n} \gamma_j = \mu \tag{2.30b}$$

[4] 일부 저자는 단위가중분산(variance of unit weight)이라고도 한다.

> "모든" 가중평균은 불편추정량이며, 무수히 많은 관측값이 있으면 μ의 "참값"을 구할 수 있다.

(ii) 가중평균 "최적 분산"은 최소화 문제를 풀어서 결정한다.

$$D\{\bar{\mu}\} = \sum_{j=1}^{n} \gamma_j^2 \sigma_j^2 = \min_{\gamma_j} \{\sum_{j=1}^{n} \gamma_j = 1\} \tag{2.31a}$$

라그랑지 승수(Lagrange multiplier) λ를 도입하여 Φ를 최소화하는 라그랑지 함수를 정의한다.

$$\Phi(\gamma_j, \lambda) := \sum_{j=1}^{n} \gamma_j^2 \sigma_j^2 - 2\lambda \cdot \Big(\sum_{j=1}^{n} \gamma_j - 1\Big) = \underset{\gamma_j, \lambda}{\text{stationary}} \tag{2.31b}$$

오일러-라그랑지 필요조건(Euler-Lagrange necessary conditions)은 아래 식과 같이 나타낼 수 있고,

$$\frac{1}{2}\frac{\partial \Phi}{\partial \gamma_j} = \sigma_j^2 \gamma_j - \lambda \doteq 0 \quad (\text{모든 } j) \tag{2.31c}$$

$$\frac{1}{2}\frac{\partial \Phi}{\partial \lambda} = -\sum_{j=1}^{n} \gamma_j + 1 \doteq 0 \tag{2.31d}$$

충분조건을 만족하므로 오일러-라그랑지 필요조건은 Φ를 최소화 한다.

$$\frac{1}{2}\frac{\partial^2 \Phi}{\partial \gamma_j^2} = \sigma_j^2 > 0 \tag{2.31e}$$

식 (2.31c)로부터 모든 $j = 1, \cdots, n$에 대해 아래 식이 성립하고,

$$\lambda = \sigma_j^2 \gamma_j \tag{2.31f}$$

추가로 개별 가중값으로 나타낼 수 있다.

$$\sigma_j^2 \gamma_j = \text{const} \quad \Rightarrow \quad \gamma_j = \frac{\text{const}}{\sigma_j^2} \tag{2.31g}$$

식 (2.31d)로부터 다음 관계식을 유도할 수 있고,

$$1 = \sum_{j=1}^{n} \gamma_j = \text{const} \cdot \sum_{j=1}^{n} \sigma_j^{-2} \quad \Rightarrow \quad \text{const} = \Big(\sum_{j=1}^{n} \sigma_j^{-2}\Big)^{-1} \tag{2.31h}$$

최종적으로 j번째 가중값 γ_j를 구할 수 있다.

$$\gamma_j = \frac{\sigma_j^{-2}}{\sum_{i=1}^{n} \sigma_i^{-2}} \tag{2.31i}$$

$$\gamma_j = \frac{p_j}{\sum p_i} \quad (p_j := \frac{1}{\sigma_j^2}) \tag{2.31j}$$

따라서 이 절 앞부분에서 제기한 질문에 아래와 같이 답할 수 있다.

> 규칙 식 (2.29)에 따라 가중값을 선택하면 최소분산 가중평균을 구할 수 있다. 다시 말하면, 관측값으로부터 "최적" 방식으로 정보를 도출한다.

2.3.2 가중값 예제

아래 예제는 조정계산에서 관측값과 다른 데이터를 결합할 때 분산 역수를 가중값으로 선택하는 문제에 대해 설명한다.

그림 2.2: P_0에서 P_n까지 단일 수준측량

(i) 수준측량

연속한 전환점(turning points) 중간에 레벨을 설치하는 작업 분산을 σ^2라고 할 때, 전체 수준측량 구간에 n회 설치가 필요하면 높이차는 다음과 같이 나타낼 수 있다.

$$\begin{aligned} H_n - H_0 &:= (H_n - H_{n-1}) + \cdots + (H_{j+1} - H_j) + \cdots + (H_1 - H_0) \\ &= \sum_{j=1}^{n} h_j \qquad (h_j := H_j - H_{j-1}) \end{aligned}$$

또한 $j = 1, \cdots, n$에 대해서 모든 관측값이 독립이고 분산이 $D\{h_j\} := \sigma^2$라고 가정하면, 오차전파식(law of error propagation)에 의해 다음 관계가 성립한다.

$$D\{H_n - H_0\} = \sigma^2 \cdot n$$

연속한 전환점 사이 거리가 동일하다면(에를 들어 s_0), 수준측량 구간 P_0에서 P_n까지 거리 S를 이용하여 동등한 관계식으로 나타낼 수 있다.

$$D\{H_n - H_0\} = (\sigma^2 s_0^{-1}) \cdot S$$

이 식에서 가중값은 전체 거리 S 역수로 정의한다.

$$p := S^{-1}$$

조정계산에서 결합할 모든 수준측량 구간 간격 s_0가 일정하다고 가정하면,[5] $\sigma^2 s_0^{-1}$ 항은 상수 "기준분산"이 되고 가중값은 수준측량 거리에만 의존한다. 이는 측량구간이 길면 짧은 구간에 비해 정밀도가 낮다(작은 가중값)는 경험과 직관에 부합한다.

(ii) 수평방향

φ_j는 타겟 j까지 방향 측정값 평균, n은 측정 횟수라고 하자. 개별 방향은 서로 독립이고 분산 σ^2를 가정하면 평균한 방향 분산과 가중값은 다음과 같다.

$$D\{\varphi_j\} = \sigma^2 \cdot n^{-1}$$

$$p_j := n$$

따라서 다른 데이터와 결합하는 조정계산에서 관측 횟수가 많아질수록 더 큰 가중값을 부여하는 경험과 직관에 일치한다. 그러나 기본적으로 방향각은 두 방향 차이로 표현되므로 동일한 회전에서 측정한 각은 서로 상관성이 있다는 점에 주의해야 한다.

(iii) 전자거리측정

[5] 측량표준을 적용할 때 흔히 일어나는 사례다.

S_j는 측정거리, ρ_1과 ρ_2를 기기 검교정에서 구한 계수라면($\rho_1 > 0$, $\rho_2 > 0$), S_j 분산과 가중값은 아래와 같이 나타낼 수 있다.

$$D\{S_j\} = \sigma_0^2(\rho_1 + \rho_2 \cdot S_j^2)$$
$$p_j := \frac{1}{\rho_1 + \rho_2 \cdot S_j^2}$$

2.4 분산요소 추정

모델 식 (2.1)에서 분산요소 σ_0^2는 미지 값이다. 그러나 분산요소는 잔차벡터($\tilde{\boldsymbol{e}}$) P-가중 norm 함수로 추정할 수 있으며, 9.4절에서 설명하는 "적합도 검정량"(goodness of fit statistic)으로 사용할 수 있다. 이 절에서는 분산요소 추정방법에 대해 살펴본다.

직접관측식 모델 최소제곱해(LESS)는 식 (2.7)에 제시되어 있고,

$$\hat{\mu} = \frac{\boldsymbol{\tau}^T P \boldsymbol{y}}{\boldsymbol{\tau}^T P \boldsymbol{\tau}} = \frac{\boldsymbol{\tau}^T \Sigma^{-1} \boldsymbol{y}}{\boldsymbol{\tau}^T \Sigma^{-1} \boldsymbol{\tau}} \tag{2.32a}$$

이때 잔차벡터 P-가중 norm은 확률변수가 된다.

$$\tilde{\boldsymbol{e}}^T P \tilde{\boldsymbol{e}} = \|\boldsymbol{y} - \boldsymbol{\tau} \cdot \hat{\mu}\|_P^2 = (\boldsymbol{y} - \boldsymbol{\tau} \cdot \hat{\mu})^T P (\boldsymbol{y} - \boldsymbol{\tau} \cdot \hat{\mu}) \tag{2.32b}$$

확률변수 기댓값을 계산하기 위해 $D\{\boldsymbol{y}\} = E\{\boldsymbol{y}\boldsymbol{y}^T\} - E\{\boldsymbol{y}\}E\{\boldsymbol{y}\}^T$, 기댓값 $E\{\boldsymbol{y}\} = \boldsymbol{\tau}\mu$와 분산 $D\{\boldsymbol{y}\} = \sigma_0^2 P^{-1}$ 관계식을 적용하여 아래와 같이 전개할 수 있다.

$$\begin{aligned}
E\{\tilde{\boldsymbol{e}}^T P \tilde{\boldsymbol{e}}\} &= E\{(\boldsymbol{y} - \boldsymbol{\tau} \cdot \hat{\mu})^T P (\boldsymbol{y} - \boldsymbol{\tau} \cdot \hat{\mu})\} \qquad (2.33a)\\
&= E\{\boldsymbol{y}^T P \boldsymbol{y}\} - E\{\boldsymbol{y}^T P \boldsymbol{\tau} \cdot \hat{\mu}\} \quad \left(\because\ \boldsymbol{\tau}^T P \tilde{\boldsymbol{e}} = 0\right)\\
&= \operatorname{tr}\left[P \cdot E\{\boldsymbol{y}\boldsymbol{y}^T\}\right] - (\boldsymbol{\tau}^T P \boldsymbol{\tau})^{-1} \cdot \operatorname{tr}\left[P \boldsymbol{\tau}\boldsymbol{\tau}^T P \cdot E\{\boldsymbol{y}\boldsymbol{y}^T\}\right]\\
&= \operatorname{tr}\left[P \cdot D\{\boldsymbol{y}\}\right] + \operatorname{tr}\left[P \cdot E\{\boldsymbol{y}\}E\{\boldsymbol{y}\}^T\right]\\
&\quad - \operatorname{tr}\left[P\boldsymbol{\tau}(\boldsymbol{\tau}^T P \boldsymbol{\tau})^{-1}\boldsymbol{\tau}^T P(\sigma_0^2 P^{-1})\right]\\
&\quad - \operatorname{tr}\left[P\boldsymbol{\tau}(\boldsymbol{\tau}^T P \boldsymbol{\tau})^{-1}\boldsymbol{\tau}^T P \boldsymbol{\tau}\mu^2\boldsymbol{\tau}^T\right]\\
&= \sigma_0^2 \operatorname{tr} I_n - \sigma_0^2 \operatorname{tr} I_1 = \sigma_0^2(n-1)
\end{aligned}$$

따라서 좌우변을 모델 잉여도(redundancy) 또는 자유도(degrees of freedom) $(n-1)$로 나누면 다음 식으로 표현할 수 있다.

$$E\{(n-1)^{-1}(\boldsymbol{y}-\boldsymbol{\tau}\cdot\hat{\mu})^T P(\boldsymbol{y}-\boldsymbol{\tau}\cdot\hat{\mu})\} = \sigma_0^2 \tag{2.33b}$$

식 (2.33b)에서 기댓값 연산자의 인자(argument)를 기호 $\hat{\sigma}_0^2$으로 설정하면 $E\{\hat{\sigma}_0^2\} = \sigma_0^2$이므로 이는 분산요소 σ_0^2의 불편추정량이 된다.

$$\hat{\sigma}_0^2 = (n-1)^{-1}(\boldsymbol{y}-\boldsymbol{\tau}\cdot\hat{\mu})^T P(\boldsymbol{y}-\boldsymbol{\tau}\cdot\hat{\mu}) \tag{2.34a}$$

$$= (n-1)^{-1}(\boldsymbol{y}^T P\boldsymbol{y} - \hat{\mu}\cdot\boldsymbol{\tau}^T P\boldsymbol{y}) \tag{2.34b}$$

$$= \frac{\tilde{\boldsymbol{e}}^T P\tilde{\boldsymbol{e}}}{n-1} \tag{2.34c}$$

[보충]

실제로 $\hat{\sigma}_0^2$은 σ_0^2의 이차형태 불편추정량(즉, μ 평행이동에 대해서 불변) 계열에서 "최적"이며, 정규분포를 가정하면 분산은 다음과 같다.

$$D\{\hat{\sigma}_0^2\} = 2(\sigma_0^2)^2(n-1)^{-1} = \text{MSE}\{\hat{\sigma}_0^2\} \tag{2.35}$$

흔히 말하는 잔차제곱합(SSR)과 모델 잉여도를 각각 정의하면,

$$\Omega := \tilde{\boldsymbol{e}}^T P\tilde{\boldsymbol{e}} \tag{2.36}$$

$$r := n-1 \tag{2.37}$$

최종 분산요소 추정 공식으로 표현할 수 있다.

$$\hat{\sigma}_0^2 := \frac{\tilde{\boldsymbol{e}}^T P\tilde{\boldsymbol{e}}}{r} \tag{2.38}$$

2.5 계산점검과 예제

2.5.1 잔차점검

다양한 조정계산 결과에 대한 통계분석은 9장에서 다루는데, 적합도 검정, 이상값 검출, 추정미지수가 특정값을 가지는지 여부를 점검하는 방법을 설명한다. 그러나 통계분석 이전에도 잔차가 합리적인지 또는 계산이 올바르게 이루어졌는가를 확인하기 위한 적절한 점검이 필요하다. 조정계산 후 반드시 수행해야 할 최소한의 점검항목은 다음과 같다.

(i) 잔차벡터 $\tilde{\boldsymbol{e}}$에서 개별 요소 적절성

일반적으로 잔차가 해당 관측값 표준편차 3배(3σ)보다 지나치게 크면 관측값 정확도나 분산에 의문이 생긴다. 이때는 해당 관측값을 임시로 제외하고 조정계산을 수행한 후, 제외한 관측값에 해당하는 잔차를 예측하고 결과를 분석하여 해당 관측을 유지할지 결정한다. 9.7절에서 설명하는 이상값 검출방법은 의심스러운 관측값의 정확도와 최종 조정계산 포함 여부를 결정하는데 유용하다.

(ii) 추정한 분산요소 $\hat{\sigma}_0^2$ 크기

분산요소 추정값이 예상하는 값(예를 들어 1)에 가까운지를 점검한다. 만약 예상한 값에서 많이 벗어나면, 일반적으로 ① 관측모델이 정확하지 않거나 ② 가중값(또는 분산)이 정확하게 설정되지 않은 상황이며, 두 가지 모두 해당할 수도 있다.

첫 번째 상황에서는 관측값을 더 정확하게 설명하기 위해 매개변수를 추가하여 모델을 수정할 수 있다. 이때 직접관측식 미지수는 당연히 두 개 이상이 된다. 또는, $E\{\boldsymbol{y}\} = \boldsymbol{\tau}\mu$라는 가정이 유효하도록 관측값에 포함된 계통오차(systematic errors)를 제거해야 한다.

두 번째 상황은 $\hat{\sigma}_0^2$이 상대적으로 작으면 설정한 관측값 분산(여인자 행렬 $Q = P^{-1}$에 반영)이 너무 크다는 의미다. 다시 말하면, 실제 관측값은 여인자 행렬에 반영된 값보다 더 정밀하다. 반대로 $\hat{\sigma}_0^2$이 상대적으로 크면 Q에 설정한 분산이 너무 작은 상황일 수 있다(즉, 실제 관측값은 여인자 행렬에 반영된 값보다 덜 정밀하다).

(iii) 잉여도

모델 잉여도가 충분히 크다면(예를 들어 10이나 20 이상) 잔차는 양수와 음수 개수가 대략 비슷하다고 기대할 수 있으며, 특히 확률관측오차가 정규분포를 따른다면 더욱 명백하다. 따라서 잔차에서 양수와 음수 비율을 확인하고, 그 비율이 1에서 많이 벗어나지 않는지 점검할 필요가 있다. 다만 이 방법은 4장에서 설명하는 조건방정식 모델 조정계산에는 적용되지 않는다.

확률오차가 근사적으로 정규분포를 따른다고 가정할 때, 잉여도가 충분히 크면 잔차 히스토그램이 정규분포 확률밀도함수와 유사한지 점검해야 한다.

(iv) 분산요소

식 (2.34b)와 (2.34c)를 이용하여 분산요소를 추정하고, 조정계산 정밀도 범위에서 두 결과가 동등한지 확인한다.

(v) 대각합

식 (9.85a)와 (9.85b)에 정의한 잉여수(redundancy numbers) 행렬 대각합을 계산하고, 이 값이 모델 잉여도 r과 동일한지 확인한다.

2.5.2 예제

아래 주어진 관측값 벡터 $\boldsymbol{y}$와 분산행렬 $D\{\boldsymbol{y}\}$를 이용하여 최소제곱해와 관련 항목을 구하시오.

$$\boldsymbol{y} = \begin{bmatrix} 100.02\,\mathrm{m} \\ 100.04\,\mathrm{m} \\ 99.97\,\mathrm{m} \end{bmatrix}, \quad D\{\boldsymbol{y}\} = \sigma_0^2 \begin{bmatrix} 1 & 1/2 & 0 \\ 1/2 & 1 & 0 \\ 0 & 0 & 9 \end{bmatrix} \mathrm{cm}^2$$

(i) 미지수 추정값 $\hat{\mu}$과 분산

(ii) 분산요소 추정값 $\hat{\sigma}_0^2$

(iii) 예측잔차벡터 $\tilde{\boldsymbol{e}}$와 분산

해답

문제를 단순화해서 관측값에서 100 m를 빼고, 미터 대신 센티미터 단위로 중간 단계 결과 $\delta\hat{\mu}$을 구한다. 따라서 수정 관측값 벡터는 $\boldsymbol{y} = [2\,\text{cm},\ 4\,\text{cm},\ -3\,\text{cm}]^T$가 되고, 가중값 행렬은 다음과 같이 쓸 수 있다.

$$P = \begin{bmatrix} 4/3 & -2/3 & 0 \\ -2/3 & 4/3 & 0 \\ 0 & 0 & 1/9 \end{bmatrix} \text{cm}^{-2} = \frac{1}{9}\begin{bmatrix} 12 & -6 & 0 \\ -6 & 12 & 0 \\ 0 & 0 & 1 \end{bmatrix} \text{cm}^{-2}$$

미지수 추정 과정과 분산은 아래와 같다.

$$\delta\hat{\mu} = \frac{\boldsymbol{\tau}^T P \boldsymbol{y}}{\boldsymbol{\tau}^T P \boldsymbol{\tau}} = \frac{\left[2/3 \mid 2/3 \mid 1/9\right]\boldsymbol{y}}{\left[2/3 \mid 2/3 \mid 1/9\right]\boldsymbol{\tau}} = \frac{(11/3)\,\text{cm}^{-1}}{(13/9)\,\text{cm}^{-2}} = \frac{33}{13}\text{cm}$$

$$\hat{\mu} = 100\,\text{m} + \delta\hat{\mu} = 100.0254\,\text{m}$$

$$D\{\hat{\mu}\} = \frac{\sigma_0^2}{\boldsymbol{\tau}^T P \boldsymbol{\tau}} = \frac{9}{13}\sigma_0^2\,\text{cm}^2$$

추정한 미지수 분산을 결정하기 위해서는 분산요소를 먼저 계산한다.

$$\boldsymbol{y}^T P \boldsymbol{y} = \left[0 \mid 12/3 \mid -1/3\right]\boldsymbol{y} = 17 = 221/13$$

$$\delta\hat{\mu}\cdot\boldsymbol{\tau}^T P \boldsymbol{y} = \left(\frac{33}{13}\right)\cdot\left(\frac{11}{3}\right) = \frac{121}{13}$$

$$\hat{\sigma}_0^2 = \frac{100/13}{2} = \frac{50}{13}$$

$$\hat{D}\{\hat{\mu}\} = \left(\frac{9}{13}\right)\cdot\left(\frac{50}{13}\right) = 2.66\,\text{cm}^2$$

최종적으로 미지수 추정값과 추정 정밀도를 결정할 수 있다.

$$\hat{\mu} = (100.025 \pm 0.016)\,\text{m}$$

미지수를 추정하면 관측값을 이용하여 예측잔차와 공분산행렬을 계산한다.

$$\tilde{\boldsymbol{e}} = \boldsymbol{y} - \boldsymbol{\tau}\hat{\mu} = \begin{bmatrix} -0.5385 \mid +1.4615 \mid -5.5385 \end{bmatrix}^T \text{ cm}$$

$$D\{\tilde{\boldsymbol{e}}\} = \sigma_0^2 \left\{ \begin{bmatrix} 1 & 1/2 & 0 \\ 1/2 & 1 & 0 \\ 0 & 0 & 9 \end{bmatrix} - \begin{bmatrix} 9/13 & 9/13 & 9/13 \\ 9/13 & 9/13 & 9/13 \\ 9/13 & 9/13 & 9/13 \end{bmatrix} \right\} \text{cm}^2$$

$$= \frac{\sigma_0^2}{13} \begin{bmatrix} 4 & -5/2 & -9 \\ -5/2 & 4 & -9 \\ -9 & -9 & 108 \end{bmatrix} \text{cm}^2$$

마지막으로 P-직교성, 가중잔차제곱합과 분산요소, 잔차 분산행렬 대각요소 합과 잉여수가 일치하는지를 점검한다.[6]

$$P\tilde{\boldsymbol{e}} = \begin{bmatrix} -1.6923 \mid +2.3077 \mid -0.6154 \end{bmatrix}^T$$

$$\boldsymbol{\tau}^T P\tilde{\boldsymbol{e}} = -0.00006 \checkmark$$

$$\tilde{\boldsymbol{e}}^T P\tilde{\boldsymbol{e}} = 7.69 \approx 100/13 = \hat{\sigma}_0^2 \cdot 2 \checkmark$$

$$D\{\tilde{\boldsymbol{e}}\} \cdot P = \frac{\sigma_0^2}{13} \begin{bmatrix} 7 & -6 & -1 \\ -6 & 7 & -1 \\ -6 & -6 & 12 \end{bmatrix}$$

$$\text{tr}(D\{\tilde{\boldsymbol{e}}\} \cdot P)/\sigma_0^2 = \frac{26}{13} = 2 = 3 - 1 = r \checkmark$$

[6] 잉여수에 대한 정의는 식 (9.85a)와 (9.85b)를 참고한다.

2.6 통계적 추정법

이 절에서는 미지수 μ를 통계적 접근 방법으로 추정한다. 이를 위해서는 데이터로부터 "최적" 정보를 얻을 수 있도록 관측값 $\boldsymbol{y}$ 선형결합으로 표현된 μ 추정값을 찾아야 한다. 추정값 $\hat{\mu}$은 μ의 BLUUE (Best Linear Uniformly Unbiased Estimate)이며, 다음 세 가지 요건을 만족한다.

1) 선형 (Linear)

추정된 미지수는 관측값 $\boldsymbol{y}$에 포함된 데이터 선형결합으로 표현되어야 하며, 여기서 $\boldsymbol{\alpha}$는 추정할 미지벡터를 나타낸다.

$$\hat{\mu} = \boldsymbol{\alpha}^T \boldsymbol{y} \tag{2.39a}$$

2) 균일불편 (Uniformly Unbiased)

불편추정자가 되기 위해서는 기댓값이 추정할 미지 참값과 동일해야 하며, 수학적으로 표현하면 다음과 같다.

$$\begin{aligned} \mu &= E\{\hat{\mu}\} = E\{\boldsymbol{\alpha}^T \boldsymbol{y}\} = \boldsymbol{\alpha}^T E\{\boldsymbol{y}\} \\ &= \boldsymbol{\alpha}^T E\{\boldsymbol{\tau}\mu + \boldsymbol{e}\} = \boldsymbol{\alpha}^T \boldsymbol{\tau}\mu \quad (\text{모든 } \mu \in \mathbb{R}) \end{aligned}$$

이 식을 만족하기 위해서는 아래 조건을 충족해야 한다.

$$\boldsymbol{\alpha}^T \boldsymbol{\tau} = 1 \tag{2.39b}$$

이 조건이 모든 $\mu \in \mathbb{R}$에 대해서 성립할 때 "균일"(uniform) 기준을 만족하고, 필요조건 $\boldsymbol{\alpha}^T \boldsymbol{\tau} = 1$으로 인해 "불편"(unbiased) 기준이 충족된다.

3) 최적 (Best)

최적 추정값이 되기 위해서는 평균제곱오차 MSE($\hat{\mu}$)이 최소이거나, 또는 $\hat{\mu}$이 불편추정량이므로 최소 분산을 가지면 된다. 이 기준을 수학적으로 표현하면 다음과 같다.

$$\min D\{\hat{\mu}\} = \min D\{\boldsymbol{\alpha}^T \boldsymbol{y}\} = \sigma_0^2 \boldsymbol{\alpha}^T Q \boldsymbol{\alpha} \quad (\text{단, } \boldsymbol{\tau}^T \boldsymbol{\alpha} = 1) \tag{2.39c}$$

따라서 라그랑지 목적함수는 다음과 같이 표현할 수 있고,

$$\Phi(\boldsymbol{\alpha}, \lambda) := \boldsymbol{\alpha}^T Q \boldsymbol{\alpha} + 2\lambda\big(\boldsymbol{\tau}^T \boldsymbol{\alpha} - 1\big) \tag{2.40}$$

“최적” 요건을 만족하기 위한 필요조건은 오일러-라그랑지 식으로 나타낸다.

$$\frac{1}{2}\frac{\partial \Phi}{\partial \boldsymbol{\alpha}} = Q\hat{\boldsymbol{\alpha}} + \boldsymbol{\tau}\hat{\lambda} \doteq 0 \tag{2.41a}$$

$$\frac{1}{2}\frac{\partial \Phi}{\partial \lambda} = \boldsymbol{\tau}^T \hat{\boldsymbol{\alpha}} - 1 \doteq 0 \tag{2.41b}$$

최소화를 위한 충분조건은 $\partial^2\Phi/(\partial\boldsymbol{\alpha}\partial\boldsymbol{\alpha}^T) = 2Q$이고, 행렬 Q는 식 (2.1)에 의해 양의정부호(positive-definite)이므로 충분조건이 성립한다. 식 (2.41a)와 식 (2.41b)를 연립하여 풀면 다음 식을 유도할 수 있다.

$$\hat{\boldsymbol{\alpha}} = -Q^{-1}\boldsymbol{\tau}\hat{\lambda} = -P\boldsymbol{\tau}\hat{\lambda} \qquad (\text{식 (2.41a)}) \tag{2.42a}$$

$$1 = \boldsymbol{\tau}^T \hat{\boldsymbol{\alpha}} = -\boldsymbol{\tau}^T P \boldsymbol{\tau}\hat{\lambda} \qquad (\text{식 (2.41b), (2.42a)})$$

$$\hat{\lambda} = \frac{-1}{\boldsymbol{\tau}^T P \boldsymbol{\tau}} \tag{2.42b}$$

식 (2.42b)를 (2.42a)에 대입하면 미지벡터를 구할 수 있다.

$$\hat{\boldsymbol{\alpha}} = (\boldsymbol{\tau}^T P \boldsymbol{\tau})^{-1} P \boldsymbol{\tau} \tag{2.42c}$$

식 (2.42c) 전치행렬을 선형조건인 $\hat{\mu} = \boldsymbol{\alpha}^T \boldsymbol{y}$에 대입하면 최종적으로 μ의 BLUUE를 구할 수 있다.

$$\hat{\mu} = \frac{\boldsymbol{\tau}^T P \boldsymbol{y}}{\boldsymbol{\tau}^T P \boldsymbol{\tau}} \tag{2.43}$$

식 (2.43)은 LESS에서 유도한 식 (2.7)과 일치하므로 직접관측식 모델에서 LESS와 BLUUE는 동등함을 알 수 있다.

식 (2.43)이 가중값을 적용한 LESS 원칙을 만족한다는 사실을 수학적으로 증명하기 위해서는 다른 해로부터 구한 P-가중 잔차 norm(즉, $\tilde{\boldsymbol{e}}^T P \tilde{\boldsymbol{e}}$)이 BLUUE에서 구한 결과보다 크다는 사실을 보여주면 된다. 만약 $\hat{\hat{\mu}}$을 μ의 다른 추정값이라고 하면 다음과 같이 증명할 수 있다.

$$\begin{aligned}
\tilde{\boldsymbol{e}}^T P \tilde{\boldsymbol{e}} &= \big(\boldsymbol{y} - \boldsymbol{\tau}\hat{\hat{\mu}}\big)^T P \big(\boldsymbol{y} - \boldsymbol{\tau}\hat{\hat{\mu}}\big) \\
&= \big[\big(\boldsymbol{y} - \boldsymbol{\tau}\hat{\mu}\big) - \boldsymbol{\tau}\big(\hat{\hat{\mu}} - \hat{\mu}\big)\big]^T P \big[\big(\boldsymbol{y} - \boldsymbol{\tau}\hat{\mu}\big) - \boldsymbol{\tau}\big(\hat{\hat{\mu}} - \hat{\mu}\big)\big]
\end{aligned}$$

$$
\begin{aligned}
&= \left(\boldsymbol{y}-\boldsymbol{\tau}\hat{\mu}\right)^T P\left(\boldsymbol{y}-\boldsymbol{\tau}\hat{\mu}\right) - 2\left(\hat{\hat{\mu}}-\hat{\mu}\right)\underbrace{\boldsymbol{\tau}^T P\left(\boldsymbol{y}-\boldsymbol{\tau}\hat{\mu}\right)}_{=0} + \left(\boldsymbol{\tau}^T P\boldsymbol{\tau}\right)\left(\hat{\hat{\mu}}-\hat{\mu}\right)^2 \\
&\geq \left(\boldsymbol{y}-\boldsymbol{\tau}\hat{\mu}\right)^T P\left(\boldsymbol{y}-\boldsymbol{\tau}\hat{\mu}\right) = \tilde{\boldsymbol{e}}^T P\tilde{\boldsymbol{e}} \quad \text{(Q.E.D.)}
\end{aligned}
$$

참고로 증명 수식 3번째 줄에서 P-직교 관계인 식 (2.11)을 적용하였다. 이 결과를 바탕으로 직접관측식 모델에서 미지수 μ 최소제곱해(LESS)에 대한 세 가지 중요한 성질을 간략하게 요약할 수 있다.

직접관측식 모델 LESS 또는 BLUUE에서 아래 값을 구할 수 있다.

(i) 미지수 μ에 대한 불편추정량 $\hat{\mu}$ (즉, $E\{\hat{\mu}\} = \mu$)

(ii) 잔차벡터 P-가중 norm 최소값 (즉, $\Omega := \|\tilde{\boldsymbol{e}}\|_P^2$가 최소화됨)

(iii) 최소분산 $D\{\hat{\mu}\}$

2.7 잘못된 가중값 영향

직접관측식 모델에서 가중행렬 P에 포함된 일부 오류가 최종 결과에 미치는 영향을 분석하기 위해, 크기가 작은 δP가 양의준정부호(positive semi-definite) 행렬이며 P와 상관성이 없다고 가정한다. 엄밀히 말하면 δP 자체가 양의준정부호 행렬이 될 필요는 없고, $(P + \delta P)$가 양의정부호(positive definite)를 만족하면 충분하다. 따라서 가중값 변화는 미지수 추정값과 분산행렬, 그리고 분산요소까지 순차적으로 영향을 미친다.

$$
\begin{aligned}
&P \rightarrow (P + \delta P) \\
&\therefore\ \hat{\mu} \rightarrow (\hat{\mu} + \delta\hat{\mu}),\quad D\{\hat{\mu}\} \rightarrow D\{\hat{\mu} + \delta\hat{\mu}\},\quad \hat{\sigma}_0^2 \rightarrow \hat{\sigma}_0^2 + \delta\hat{\sigma}_0^2
\end{aligned}
\tag{2.44}
$$

2.7.1 미지수 추정값

가중값 행렬에 포함된 오류가 추정미지수 $\hat{\mu}$에 미치는 영향은 아래 전개 과정으로 설명할 수 있다.

$$
\begin{aligned}
(\hat{\mu}+\delta\hat{\mu}) &= \frac{\boldsymbol{\tau}^T(P+\delta P)\boldsymbol{y}}{\boldsymbol{\tau}^T(P+\delta P)\boldsymbol{\tau}} \\
\delta\hat{\mu} &= \frac{\boldsymbol{\tau}^T(P+\delta P)\boldsymbol{y}}{\boldsymbol{\tau}^T(P+\delta P)\boldsymbol{\tau}} - \hat{\mu} \\
&= \frac{\boldsymbol{\tau}^T(P+\delta P)\boldsymbol{y}}{\boldsymbol{\tau}^T(P+\delta P)\boldsymbol{\tau}} \cdot \frac{\boldsymbol{\tau}^T P\boldsymbol{\tau}}{\boldsymbol{\tau}^T P\boldsymbol{\tau}} - \left(\frac{\boldsymbol{\tau}^T P\boldsymbol{y}}{\boldsymbol{\tau}^T P\boldsymbol{\tau}}\right) \cdot \frac{\boldsymbol{\tau}^T(P+\delta P)\boldsymbol{\tau}}{\boldsymbol{\tau}^T(P+\delta P)\boldsymbol{\tau}} \\
&= \frac{\boldsymbol{\tau}^T\delta P\boldsymbol{y}}{\boldsymbol{\tau}^T(P+\delta P)\boldsymbol{\tau}} - \frac{\boldsymbol{\tau}^T\delta P\boldsymbol{\tau}\hat{\mu}}{\boldsymbol{\tau}^T(P+\delta P)\boldsymbol{\tau}} = \frac{\boldsymbol{\tau}^T\delta P(\boldsymbol{y}-\boldsymbol{\tau}\hat{\mu})}{\boldsymbol{\tau}^T(P+\delta P)\boldsymbol{\tau}}
\end{aligned}
$$

최종적으로 미지수 추정값 변화량은 다음과 같이 나타낼 수 있다.

$$
\delta\hat{\mu} = \frac{\boldsymbol{\tau}^T\delta P}{\boldsymbol{\tau}^T(P+\delta P)\boldsymbol{\tau}}\tilde{\boldsymbol{e}} \tag{2.45}
$$

2.7.2 여인자 행렬

$D\{\hat{\mu}\} = \sigma_0^2 Q_{\hat{\mu}}$을 추정미지수 $\hat{\mu}$ 분산이라고 할 때, 가중값 행렬에 포함된 오류가 추정미지수 $\hat{\mu}$ 여인자 행렬 $Q_{\hat{\mu}}$에 미치는 영향은 아래와 같이 구할 수 있다.

$$
\begin{aligned}
\delta Q_{\hat{\mu}} &= (Q_{\hat{\mu}}+\delta Q_{\hat{\mu}}) - Q_{\hat{\mu}} \\
&= \frac{1}{\boldsymbol{\tau}^T(P+\delta P)\boldsymbol{\tau}} - \frac{1}{\boldsymbol{\tau}^T P\boldsymbol{\tau}} \\
&= \frac{-\boldsymbol{\tau}^T\delta P\boldsymbol{\tau}}{(\boldsymbol{\tau}^T P\boldsymbol{\tau})\boldsymbol{\tau}^T(P+\delta P)\boldsymbol{\tau}}
\end{aligned}
$$

따라서 추정미지수 여인자 행렬 변화량은 다음과 같다.

$$
\delta Q_{\hat{\mu}} = -\frac{\boldsymbol{\tau}^T\delta P\boldsymbol{\tau}}{\boldsymbol{\tau}^T(P+\delta P)\boldsymbol{\tau}}Q_{\hat{\mu}} \tag{2.46}
$$

2.7.3 분산요소 추정값

가중값 행렬에 포함된 오류가 분산요소 추정값에 미치는 영향을 구하기 위해서는 P-가중 잔차제곱합 형태를 약간 변형할 필요가 있다.

$$
\begin{aligned}
(n-1)\hat{\sigma}_0^2 = \tilde{\boldsymbol{e}}^T P \tilde{\boldsymbol{e}} &= \left(\boldsymbol{y}^T - \hat{\mu}\boldsymbol{\tau}^T\right)P\left(\boldsymbol{y} - \boldsymbol{\tau}\hat{\mu}\right) \\
&= \boldsymbol{y}^T P(\boldsymbol{y} - \boldsymbol{\tau}\hat{\mu}) \quad \left(\because \boldsymbol{\tau}^T P \tilde{\boldsymbol{e}} = 0\right) \\
&= \boldsymbol{y}^T P \boldsymbol{y} - \boldsymbol{\tau}^T P \boldsymbol{y}\hat{\mu}
\end{aligned}
$$

이 결과를 이용하여 분산요소 추정값 변화량을 나타내면 다음과 같다.

$$
\begin{aligned}
(n-1)\left(\hat{\sigma}_0^2 + \delta\hat{\sigma}_0^2\right) &= \boldsymbol{y}^T(P+\delta P)\boldsymbol{y} - \boldsymbol{\tau}^T(P+\delta P)\boldsymbol{y}\left(\hat{\mu} + \delta\hat{\mu}\right) \\
(n-1)\delta\hat{\sigma}_0^2 &= \boldsymbol{y}^T(P+\delta P)\boldsymbol{y} - \boldsymbol{\tau}^T(P+\delta P)\boldsymbol{y}(\hat{\mu} + \delta\hat{\mu}) \\
&\quad - \boldsymbol{y}^T P \boldsymbol{y} + (\boldsymbol{\tau}^T P \boldsymbol{y})\hat{\mu} \\
&= \boldsymbol{y}^T(\delta P)\boldsymbol{y} - \boldsymbol{\tau}^T \delta P \boldsymbol{y}\left(\hat{\mu} + \delta\hat{\mu}\right) - \left(\boldsymbol{\tau}^T P \boldsymbol{y}\right)\delta\hat{\mu} \\
&= \tilde{\boldsymbol{e}}^T(\delta P)\boldsymbol{y} - \frac{\boldsymbol{\tau}^T(P+\delta P)\boldsymbol{y}}{\boldsymbol{\tau}^T(P+\delta P)\boldsymbol{\tau}}\boldsymbol{\tau}^T(\delta P)\tilde{\boldsymbol{e}} \quad (\text{식 (2.45) 대입}) \\
&= \boldsymbol{y}^T(\delta P)\tilde{\boldsymbol{e}} - \left(\hat{\mu} + \delta\hat{\mu}\right)\boldsymbol{\tau}^T(\delta P)\tilde{\boldsymbol{e}}
\end{aligned}
$$

$\boldsymbol{y}^T(\delta P)\tilde{\boldsymbol{e}} = \left(\hat{\mu}\boldsymbol{\tau}^T + \tilde{\boldsymbol{e}}^T\right)\delta P \tilde{\boldsymbol{e}} = \tilde{\boldsymbol{e}}^T \delta P \tilde{\boldsymbol{e}} + \hat{\mu}\boldsymbol{\tau}^T \delta P \tilde{\boldsymbol{e}}$ 관계식을 이용해서 정리하면 최종적으로 분산요소 추정값 변화량을 구할 수 있다.

$$
\begin{aligned}
(n-1)\delta\hat{\sigma}_0^2 &= \tilde{\boldsymbol{e}}^T(\delta P)\tilde{\boldsymbol{e}} - \delta\hat{\mu}\boldsymbol{\tau}^T(\delta P)\tilde{\boldsymbol{e}} \\
&= \tilde{\boldsymbol{e}}^T(\delta P)\tilde{\boldsymbol{e}} - \left(\delta\hat{\mu}\right)^2\boldsymbol{\tau}^T(P+\delta P)\boldsymbol{\tau} \\
\delta\hat{\sigma}_0^2 &= \frac{1}{n-1}\left[\tilde{\boldsymbol{e}}^T(\delta P)\tilde{\boldsymbol{e}} - \left(\delta\hat{\mu}\right)^2\boldsymbol{\tau}^T(P+\delta P)\boldsymbol{\tau}\right] \qquad (2.47)
\end{aligned}
$$

2.7.4 추정분산

가중값 행렬 오류가 $\hat{\mu}$ 추정분산에 미치는 영향은 위에서 계산한 결과를 이용하여 쉽게 구할 수 있다.

$$
\begin{aligned}
\hat{D}\{\hat{\mu} + \delta\hat{\mu}\} &= \left(\hat{\sigma}_0^2 + \delta\hat{\sigma}_0^2\right)D\{\hat{\mu} + \delta\hat{\mu}\} \\
&= \left(\hat{\sigma}_0^2 + \delta\hat{\sigma}_0^2\right)\left(Q_{\hat{\mu}} + \delta Q_{\hat{\mu}}\right)
\end{aligned} \qquad (2.48)
$$

2.8 연습문제

1. 식 (2.7) 최소제곱해(LESS)는 μ의 불편추정량임을 보이시오.

2. 식 (2.8a) 잔차벡터는 $\boldsymbol{e}$의 불편예측량임을 보이시오.

3. 두 점 사이 미지거리 μ를 n회 직접관측하는 문제에서 관측값은 $\boldsymbol{y} = [y_1, y_2, \cdots, y_n]^T$이고, 확률오차 분포는 $\boldsymbol{e} \sim (\boldsymbol{0}, \sigma_0^2\sigma^2 I_n)$이므로 $E\{\boldsymbol{y}\} = \boldsymbol{\tau}\mu$가 성립한다.

   (a) 확률변수 z에 대해서 $z = (y_1 + y_2 + \cdots + y_n)/n$으로 정의할 때, 식 (2.7)에서 $E\{z\} = E\{\hat{\mu}\}$, 식 (2.14)로부터 $D\{z\} = D\{\hat{\mu}\}$임을 보이시오.

   (b) $\sigma_0^2 = 1$, $\sigma^2 = 1\,\text{cm}^2$라고 가정할 때, $\hat{\mu}$ 분산을 관측값 개수 $n\,(n = 2, \cdots, 100)$ 함수로 그리시오.

   (c) 인접 관측값 오차 사이에 아래와 같은 상관성이 있다고 가정하자.

   $$\rho_{e_i,e_{i+1}} = 0.001/\sigma^2, \quad \rho_{e_i,e_{i+2}} = 0.0008/\sigma^2$$
   $$\rho_{e_i,e_{i+3}} = -0.00006/\sigma^2 \quad (i = 1, \cdots, n-3)$$

   $\sigma_0^2 = 1$과 $\sigma^2 = 1\,\text{cm}^2$를 이용하여 $n = 100$일 때 $D\{\hat{\mu}\}$을 계산하시오.

   (d) (c)항 조건을 이용하여 (b)를 다시 수행하시오.

4. 하나의 미지수 μ에 대해서 12개 직접관측값이 표 2.1에 주어져 있다. 다섯 개 관측값(Set I)이 한 번에 관측되었고, 이때 관측값 분산은 $\sigma_I^2 = (0.05)^2$이다. 나중에 관측한 일곱 개의 두 번째 관측값(Set II) 분산은 $\sigma_{II}^2 = (0.10)^2$이다. 모든 확률관측오차는 서로 독립이며 단위는 없다.

   (a) 첫 번째 관측값 모음(Set I)만 사용하여 다음 값을 구하시오.

      i. BLUUE(또는 LESS) $\hat{\mu}$

      ii. 분산 $D\{\hat{\mu}\}$ **주의** $\hat{D}$ 아님

표 2.1: 미지수 μ에 대한 12개 직접관측값

Set I, $\sigma_I^2 = (0.05)^2$						
	y_1	y_2	y_3	y_4	y_5	
	9.99	10.04	9.93	9.88	9.93	
Set II, $\sigma_{II}^2 = (0.10)^2$						
y_6	y_7	y_8	y_9	y_{10}	y_{11}	y_{12}
10.03	10.04	10.05	9.99	10.02	9.95	10.09

iii. 잔차벡터 $\tilde{e}$

iv. 분산요소 추정값 $\hat{\sigma}_0^2$

(b) 이번에는 두 번째 관측값 모음(Set II)만을 이용하여 (a) i–iv를 계산하고, 기호는 각각 $\hat{\hat{\mu}}$, $D\{\hat{\hat{\mu}}\}$, $\tilde{\tilde{e}}$, $\hat{\hat{\sigma}}_0^2$을 사용하시오.

(c) 위에서 설명한 가중산술평균을 바탕으로 선형결합에 기반한 미지수를 추정하시오.

$$\hat{\hat{\hat{\mu}}} = \begin{bmatrix} \alpha_1 & \alpha_2 \end{bmatrix} \begin{bmatrix} \hat{\mu} \\ \hat{\hat{\mu}} \end{bmatrix}$$

"가중값" α_1과 α_2는 위에서 계산한 분산을 이용하고, i과 ii를 구하되 각각 $\hat{\hat{\hat{\mu}}}$, $D\{\hat{\hat{\hat{\mu}}}\}$ 기호를 사용하여 나타내시오.

(d) 전체 12개 관측값을 동시에 사용해서 i–iv를 계산하고 이전 항목에서 구한 결과와 비교해서 설명하시오.

5. 두 측지기준점 사이 천문방위각을 결정하기 위해 별 관측을 수행하였다. 모든 관측값은 서로 독립이라고 가정하고, 분, 초 결과는 표 2.2와 같다 (도(degree)는 126°). 첫 12개 관측값은 북극성을 시준하여 측정하였으며 정밀도는 $\sigma_1 = 05''$이다. 나머지 18개 관측값은 더 낮은 정밀도 $(\sigma_2 = 10'')$를 가진 장비로 태양을 시준하여 결정하였다.

(a) 직접관측식 모델 최소제곱해(LESS)를 계산하여 미지수 추정값 $\hat{\mu}$, 추정분산 $\hat{D}\{\hat{\mu}\}$, 분산요소 추정값 $\hat{\sigma}_0^2$을 계산하시오.

표 2.2: 두 측점 사이 천문방위각 관측값(분, 초 결과만 나타내었으며, 공통적으로 126°를 추가)

순번	방향	순번	방향	순번	방향
1	11′34″	11	11′34″	21	11′19″
2	11′30″	12	11′38″	22	11′22″
3	11′34″	13	11′35″	23	11′01″
4	11′29″	14	11′40″	24	11′44″
5	11′29″	15	11′37″	25	11′33″
6	11′37″	16	11′27″	26	11′23″
7	11′37″	17	11′33″	27	11′44″
8	11′37″	18	11′22″	28	11′13″
9	11′33″	19	11′39″	29	11′29″
10	11′24″	20	11′19″	30	10′38″

(b) 위 계산을 30회$(i = 1, \cdots, 30)$ 반복하되, i번째 해는 i번째 관측값을 제외한 29개 관측값으로 계산하시오. 결과를 표로 만들고, 삭제된 관측값(y_{removed})과 추정한 방위각$(\hat{\mu}_i)$ 차이를 표시하시오 $(e_{\text{predicted}} = y_{\text{removed}} - \hat{\mu}_i)$. $e_{\text{predicted}}$가 가장 큰 해를 표시하고, 이를 k해라고 명명한다.

(c) 30개 모든 관측값을 이용하여 (a)를 반복하되, 이번에는 (b)에서 k해 $e_{\text{predicted}}$ 값을 이용하여 $1/(e_{\text{predicted}})_k^2$를 새로운 가중값으로 적용한다. 결과를 (b) k해와 비교할 때 두 값이 유사한가? 만약 예상했다면 이유는 무엇인가? 전체 32개 중에서 최종적으로 채택할 해와 그 근거는 무엇인가?

6. 문제 5.a에 적용한 가중행렬 $P := P_{(5.a)}$에 오류가 있고, 반면 문제 5.c에 적용한 가중행렬이 적절하다고 가정하자. δP를 두 가중값 차이라고 할 때(즉 $P_{(5.c)} = P + \delta P$), 가중행렬 오류가 추정미지수 $\hat{\mu}$, 추정분산 $\hat{D}\{\hat{\mu}\}$, 분산요소 추정값 $\hat{\sigma}_0^2$에 미치는 영향을 계산하시오.

문제 5.a에서 근본 원인은 가중값 오류라기보다는 마지막 관측이 이상값(outlier)이기 때문이다. 그러나 식 (2.45), (2.46), (2.47)을 적용해서 의심스러운 관측값의 가중값을 적절히 낮추면 이 문제를 어느 정도 완화할 수 있다.

2.9 직접관측식 모델 공식 요약

직접관측식 모델은 다음과 같이 나타낼 수 있다.

$$\underset{n\times 1}{\boldsymbol{y}} = \begin{bmatrix} y_1 \\ \vdots \\ y_n \end{bmatrix} = \begin{bmatrix} \mu + e_1 \\ \vdots \\ \mu + e_n \end{bmatrix} = \boldsymbol{\tau}\mu + \boldsymbol{e}$$

$$\boldsymbol{e} \sim \left(\boldsymbol{0}, \sigma_0^2 Q\right), \quad Q := P^{-1}$$

표 2.3: 직접관측식 모델 공식

구분	공식	수식
모델 잉여도	$r = n - 1$	(2.37)
추정미지수	$\hat{\mu} = (\boldsymbol{\tau}^T P \boldsymbol{y})/(\boldsymbol{\tau}^T P \boldsymbol{\tau})$	(2.7)
추정미지수 분산	$D\{\hat{\mu}\} = \sigma_0^2/(\boldsymbol{\tau}^T P \boldsymbol{\tau})$	(2.14)
예측잔차벡터	$\tilde{\boldsymbol{e}} = \boldsymbol{y} - \boldsymbol{\tau}\hat{\mu}$	(2.8a)
잔차 분산행렬	$D\{\tilde{\boldsymbol{e}}\} = \sigma_0^2 \cdot \left[P^{-1} - \boldsymbol{\tau}\left(\boldsymbol{\tau}^T P \boldsymbol{\tau}\right)^{-1} \boldsymbol{\tau}^T\right]$	(2.15)
잔차제곱합(SSR)	$\Omega = \tilde{\boldsymbol{e}}^T P \tilde{\boldsymbol{e}}$	(2.36)
분산요소 추정값	$\hat{\sigma}_0^2 = (\tilde{\boldsymbol{e}}^T P \tilde{\boldsymbol{e}})/(n-1)$	(2.38)
조정관측값 벡터	$\widehat{E\{\boldsymbol{y}\}} =: \hat{\boldsymbol{\mu}}_y = \boldsymbol{y} - \tilde{\boldsymbol{e}}$	(2.12)
조정관측값 벡터 분산	$D\{\hat{\boldsymbol{\mu}}_y\} = \sigma_0^2 \cdot \boldsymbol{\tau}\left(\boldsymbol{\tau}^T P \boldsymbol{\tau}\right)^{-1} \boldsymbol{\tau}^T$	(2.16)

제 3 장

가우스-마코프 모델

3.1 모델 정의

가우스-마코프 모델(Gauss-Markov Model, GMM)은 앞으로 다룰 다양한 주제의 기반이 되는 데이터 모델이다. Koch는 모델 이름이 Gauss와 Markov로 이루어진 이유를 그의 탁월한 저서에서 언급한다.[1] GMM에서 관측방정식식 (3.1a)는 (필요하다면) 선형화되었다고 가정한다.

$$\boldsymbol{y} = \underset{n\times m}{A}\,\boldsymbol{\xi} + \boldsymbol{e}, \quad \operatorname{rk} A = m \tag{3.1a}$$

$$\boldsymbol{e} \sim \left(\boldsymbol{0}, \sigma_0^2 P^{-1}\right) \tag{3.1b}$$

좀 더 간결하게 아래와 같이 동등한 식으로 표현할 수 있다.

$$A\boldsymbol{\xi} = E\{\boldsymbol{y}\}, \quad D\{\boldsymbol{y}\} = \sigma_0^2 P^{-1} \tag{3.1c}$$

$$\text{또는 } \boldsymbol{y} \sim (A\boldsymbol{\xi}, \sigma_0^2 P^{-1}) \tag{3.1d}$$

선형식에서 각 항은 다음과 같다.

$\boldsymbol{y}$: 관측값과 상수항("0차항") 차이 벡터(관측값 증분)

---

[1] *Parameter Estimation and Hypothesis Testing in Linear Models* (Koch, 1999, p. 154)

A : $n \times m$ 계수행렬(설계행렬 또는 정보행렬, 편미분이면 Jacobian 행렬)로서 알고 있는 값이며, 관측값과 미지수를 연결함

$\boldsymbol{\xi}$: 추정할 미지수 벡터(선형화에서는 초기값에 대한 보정량)

$\boldsymbol{e}$: 확률관측오차 벡터로서 기댓값은 0

식 (3.1a)에서 $n \times m$ 계수행렬 A는 완전열계수(full column rank)를 가져야 한다. 따라서 이 모델을 "완전계수 가우스-마코프 모델"이라고도 한다.[2]

$n \times n$ 대칭행렬 P는 관측에 대한 가중값을 나타내며, 관측값 사이에 상관성이 존재할 수 있다. 식 (3.1)에서 P 역행렬은 P가 양의정부호(positive-definite) 행렬이라는 의미다. 이 역행렬을 기호 Q로 표시하고 여인자행렬(co-factor matrix)이라고 부른다. 기호 σ_0^2는 분산요소(variance component)이며, 미지값이지만 추정가능하다. 분산행렬 $D\{\boldsymbol{e}\} = \sigma_0^2 P^{-1}$를 분산-공분산행렬(variance-covariance matrix) 또는 간단히 공분산행렬이라고 하며 기호 Σ로 나타낸다. 분산, 가중값, 미지 확률오차 벡터 $\boldsymbol{e}$ 여인자 행렬 관계를 요약하면 다음과 같다.

$$D\{\boldsymbol{e}\} = \Sigma = \sigma_0^2 Q = \sigma_0^2 P^{-1} \tag{3.2}$$

만약 $Q = I$이면 $D\{\boldsymbol{e}\} = D\{\boldsymbol{y}\} = \sigma_0^2 I$ 관계가 성립한다.[3] 모델 식 (3.1a) 잉여도(redundancy) r은 아래와 같이 정의하는데, 9장에 서술하는 통계검정에서는 자유도(degrees of freedom)라고도 한다.

$$r := n - \operatorname{rk} A = n - m \tag{3.3}$$

식 (3.1)에서 GMM은 두 개 주요 요소로 구성되어 있다. 첫 번째 요소인 식 (3.1a)는 관측방정식 $\boldsymbol{y} = A\boldsymbol{\xi} + \boldsymbol{e}$이며, 관측값, 확률오차, 추정할 미지수 사이 함수관계를 보여준다. 두 번째 요소인 식 (3.1b)는 확률모델 $\boldsymbol{e} \sim (\boldsymbol{0}, \sigma_0^2 P^{-1})$로서 확률오차의 기댓값과 분산을 나타낸다. 이 값을 각각 확률오차 벡터 $\boldsymbol{e}$의 일차, 이차모멘트라고도 한다.

---

[2] Koch (1999), Eq. (3.7)

[3] σ_0^2를 단위가중분산(variance of unit weight)이라고 부르는 저자도 있지만 이 책에서는 이 용어 사용을 자제한다.

행렬 A 계수(rank)가 추정할 미지수 개수보다 적으면 이 문제는 계수부족(rank-deficient)이므로, 관측값만으로는 해결할 수 없고 미지수에 대한 추가 정보가 필요하다. 계수부족 문제는 3.5절에서 다루고, 더 상세한 설명은 <고급조정계산>을 참고한다.

3.2 최소제곱해

이 절에서는 계수행렬(coefficient matrix) A가 완전열계수라고 가정하고, 최소제곱해(LEast-Squares Solution, LESS)를 이용하여 미지수 추정값 $\hat{\boldsymbol{\xi}}$, 예측확률오차(잔차) 벡터 $\tilde{e}$, 해당 분산행렬을 계산한다. 편의상 $m \times m$ 행렬 N과 $m \times 1$ 벡터 $\boldsymbol{c}$를 다음과 같이 정의한다.

$$[N,\, \boldsymbol{c}] := A^T P [A,\, \boldsymbol{y}] \tag{3.4}$$

최소제곱조정 목적은 P-가중 잔차제곱합을 최소화하는데 있으며, 다른 말로 표현하면 모델 식 (3.1)에서 P-가중 확률오차를 가장 작게 만들어야 한다. 이를 위해 라그랑지 목적함수(Lagrange target function)를 최소화한다.

$$\Phi(\boldsymbol{\xi}) := (\boldsymbol{y} - A\boldsymbol{\xi})^T P (\boldsymbol{y} - A\boldsymbol{\xi}) = \text{stationary} \tag{3.5}$$

오일러-라그랑지 필요조건(Euler-Lagrange necessary conditions) 또는 1차 미분 조건을 적용하면 최소제곱 정규방정식을 바로 유도할 수 있다.

$$\frac{1}{2}\frac{\partial \Phi}{\partial \boldsymbol{\xi}} = \left(A^T P A\right)\hat{\boldsymbol{\xi}} - A^T P \boldsymbol{y} = N\hat{\boldsymbol{\xi}} - \boldsymbol{c} \doteq \mathbf{0} \tag{3.6}$$

식 (3.1a)로부터 행렬 A는 완전열계수를 가지므로 N 역시 양의정부호가 되고, $(1/2)\cdot(\partial^2\Phi/\partial\boldsymbol{\xi}\partial\boldsymbol{\xi}^T) = N$에 의해 충분조건을 만족한다. 식 (3.6)을 풀면 미지수 벡터 $\boldsymbol{\xi}$ 최소제곱해와 기댓값을 계산할 수 있다.

$$\hat{\boldsymbol{\xi}} = N^{-1}\boldsymbol{c} \tag{3.7}$$

$$\begin{aligned} E\{\hat{\boldsymbol{\xi}}\} &= N^{-1}E\{\boldsymbol{c}\} = N^{-1}A^T P E\{\boldsymbol{y}\} \\ &= N^{-1}A^T P A \boldsymbol{\xi} = \boldsymbol{\xi} \end{aligned} \tag{3.8}$$

예측확률오차 벡터(또는 "잔차벡터")와 기댓값은 다음과 같다.

$$\tilde{\boldsymbol{e}} = \boldsymbol{y} - A\hat{\boldsymbol{\xi}} = \big(I_n - AN^{-1}A^TP\big)\boldsymbol{y} \tag{3.9}$$

$$\begin{aligned} E\{\tilde{\boldsymbol{e}}\} &= \big(I_n - AN^{-1}A^TP\big)E\{\boldsymbol{y}\} \\ &= A\boldsymbol{\xi} - AN^{-1}A^TPA\boldsymbol{\xi} = \boldsymbol{0} \end{aligned} \tag{3.10}$$

Koch (1999)는 이차식 $\tilde{\boldsymbol{e}}^TP\tilde{\boldsymbol{e}}$가 최소임을 간단히 증명했다.[4] 따라서 $P = I$일 때 식 (3.5)를 최소화하면 잔차제곱합($\tilde{\boldsymbol{e}}^T\tilde{\boldsymbol{e}}$)이 최소가 된다.

관측값 벡터 기댓값은 $E\{\boldsymbol{y}\} = \boldsymbol{\mu}_y$로 표현하며, 여기서 $\boldsymbol{\mu}_y$는 관측대상의 미지 참값 벡터이다. 따라서 조정관측값 벡터와 기댓값은 다음과 같이 나타낼 수 있다.

$$\widehat{E\{\boldsymbol{y}\}} =: \hat{\boldsymbol{\mu}}_y = \boldsymbol{y} - \tilde{\boldsymbol{e}} = A\hat{\boldsymbol{\xi}} \tag{3.11}$$

$$E\{\hat{\boldsymbol{\mu}}_y\} = AE\{\hat{\boldsymbol{\xi}}\} = A\boldsymbol{\xi} \tag{3.12}$$

식 (3.8), (3.10), (3.12)는 각각 추정미지수, 잔차, 조정관측값이 모두 불편추정량임을 보여준다. 분산행렬은 공분산 전파법칙으로 계산할 수 있고, 추정미지수 분산은 아래와 같이 계산할 수 있다.

$$\begin{aligned} D\{\hat{\boldsymbol{\xi}}\} &= D\{N^{-1}A^TP\boldsymbol{y}\} = \big(N^{-1}A^TP\big)D\{\boldsymbol{y}\}\big(PAN^{-1}\big) \\ &= N^{-1}A^TP\big(\sigma_0^2P^{-1}\big)PAN^{-1} \\ &= \sigma_0^2N^{-1} \end{aligned} \tag{3.13}$$

잔차벡터 $\tilde{\boldsymbol{e}}$ 분산도 마찬가지로 계산할 수 있으며,

$$\begin{aligned} D\{\tilde{\boldsymbol{e}}\} &= \big(I_n - AN^{-1}A^TP\big)D\{\boldsymbol{y}\}\big(I_n - PAN^{-1}A^T\big) \\ &= \sigma_0^2\big(I_n - AN^{-1}A^TP\big)\big(P^{-1} - AN^{-1}A^T\big) \\ &= \sigma_0^2\big(P^{-1} - AN^{-1}A^T\big) \qquad (3.14\text{a}) \\ &= D\{\boldsymbol{y}\} - D\{A\hat{\boldsymbol{\xi}}\} =: \sigma_0^2Q_{\tilde{e}} \qquad (3.14\text{b}) \end{aligned}$$

여기서 잔차벡터 $\tilde{\boldsymbol{e}}$ 여인자행렬은 다음과 같이 정의한다.

$$Q_{\tilde{e}} := P^{-1} - AN^{-1}A^T \tag{3.14c}$$

---

[4] Eq. (3.25)와 Theorem (3.26)

식 (3.14a)–(3.14c)로부터 행렬곱 $AN^{-1}A^T$는 양의정부호이므로, 잔차 분산은 관측값 분산보다 작다는 사실을 알 수 있다. 마지막으로 조정관측값 벡터 분산은 다음과 같이 구할 수 있다.

$$D\{\hat{\boldsymbol{\mu}}_y\} = AD\{\hat{\boldsymbol{\xi}}\}A^T = \sigma_0^2 AN^{-1}A^T \tag{3.15}$$

추정미지수 벡터, 잔차벡터, 조정관측값 벡터 분산 공식을 간략하게 요약하면 다음과 같다.

$$\hat{\boldsymbol{\xi}} \sim \left(\boldsymbol{\xi},\, \sigma_0^2 N^{-1}\right) \tag{3.16a}$$

$$\tilde{\boldsymbol{e}} \sim \left(\boldsymbol{0}, \sigma_0^2\left[P^{-1} - AN^{-1}A^T\right] = D\{\boldsymbol{y}\} - D\{\hat{\boldsymbol{\mu}}_y\}\right) \tag{3.16b}$$

$$\hat{\boldsymbol{\mu}}_y \sim \left(A\boldsymbol{\xi},\, \sigma_0^2 AN^{-1}A^T\right) \tag{3.16c}$$

분산요소 σ_0^2는 미지수이므로 식 (3.16)에 기술한 분산을 계산하기 위해서는 σ_0^2를 추정하거나 값을 명시해야 한다. 미지 "참값" 대신 "추정" 분산요소를 사용할 때는 "추정분산행렬"(estimated dispersion matrix)이라고 부른다.

$$\hat{D}\{\hat{\boldsymbol{\xi}}\} = \hat{\sigma}_0^2 N^{-1} \tag{3.17}$$

마찬가지로 이를 확장해서 $\hat{D}\{\tilde{\boldsymbol{e}}\}$나 $\hat{D}\{\hat{\boldsymbol{\mu}}_y\}$에도 적용할 수 있다. 분산요소 추정값 $\hat{\sigma}_0^2$을 유도하는 과정은 3.3절을 참고하고, 관련 공식은 식 (3.30)에 주어져 있다.

3.2.1 예제 (포물선 접합)

2차원 평면에서 포물선 형상을 이루는 n개 데이터가 있다고 가정하자(그림 3.1). 측정값 y 좌표는 평균 0이고 독립동일분포(iid)를 따르는 확률오차를 가지며, x 좌표는 오차가 없다고 가정하면 일반적인 회귀문제(regression problem)가 된다.

가우스-마코프 모델(GMM) 관측방정식으로 표현하기 위해서는 i번째 관측방정식($i = 1, \cdots, n$)을 연립방정식으로 확장할 수 있다.

$$y_i = ax_i^2 + bx_i + c + e_i \tag{3.18}$$

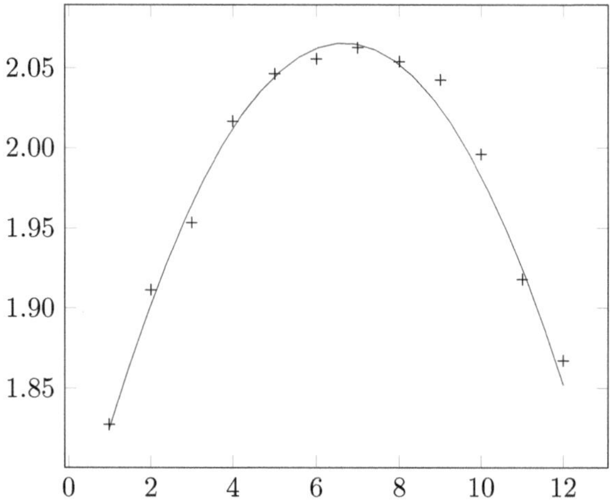

그림 3.1: 주어진 x 좌표와 측정한 y 좌표에 기반한 포물선 접합

$$\underbrace{\begin{bmatrix} y_1 \\ y_2 \\ \vdots \\ y_n \end{bmatrix}}_{\boldsymbol{y}} = \underbrace{\begin{bmatrix} x_1^2 & x_1 & 1 \\ x_2^2 & x_2 & 1 \\ \vdots & \vdots & \vdots \\ x_n^2 & x_n & 1 \end{bmatrix}}_{A} \underbrace{\begin{bmatrix} a \\ b \\ c \end{bmatrix}}_{\boldsymbol{\xi}} + \underbrace{\begin{bmatrix} e_1 \\ e_2 \\ \vdots \\ e_n \end{bmatrix}}_{\boldsymbol{e}} \tag{3.19}$$

$\boldsymbol{\xi} := [a, b, c]^T$는 미지수 벡터이며, 확률모델 $\boldsymbol{e} \sim (\mathbf{0}, \text{iid})$와 더불어 가우스-마코프 모델을 구성한다. 참고로 GMM 다른 예제에서는 확률관측오차가 비균질분포(heteroscedastic distribution)이거나 여인자행렬 Q가 비희소행렬(full matrix)일 수도 있다.

3.2.2 조정관측값과 예측잔차 상관성

식 (3.14b)는 조정관측값 벡터($\hat{\boldsymbol{\mu}}_y = A\hat{\boldsymbol{\xi}}$)와 잔차벡터 $\tilde{e}$ 사이 공분산이 0이라는 의미다. 식 (3.7)과 (3.9)에 의해 두 벡터는 확률벡터 $\boldsymbol{y}$ 함수이므로

공분산 전파식을 적용할 수 있다.

$$\begin{aligned} C\{A\hat{\boldsymbol{\xi}}, \tilde{\boldsymbol{e}}\} &= AN^{-1}A^TP \cdot D\{\boldsymbol{y}\} \cdot \big(I_n - AN^{-1}A^TP\big)^T \\ &= \sigma_0^2\big[AN^{-1}A^T - AN^{-1}\big(A^TPA\big)N^{-1}A^T\big] \\ &= \sigma_0^2\big[AN^{-1}A^T - AN^{-1}A^T\big] = 0 \end{aligned} \tag{3.20}$$

또한 조정관측값과 원래 관측값 사이 공분산 역시 쉽게 구할 수 있다.

$$\begin{aligned} C\{A\hat{\boldsymbol{\xi}}, \boldsymbol{y}\} &= AN^{-1}A^TPD\{\boldsymbol{y}\} = \sigma_0^2 AN^{-1}A^TPP^{-1} \\ &= \sigma_0^2 AN^{-1}A^T = D\{A\hat{\boldsymbol{\xi}}\} \end{aligned} \tag{3.21}$$

상관성이 0이라고 해서 반드시 통계적으로 독립이라는 의미는 아니다(역은 성립). 식 (9.9a)와 유사하게, 조정계산값과 예측잔차가 통계적 독립이 되기 위해서는 두 항을 곱해서 기댓값 연산자를 적용한 값과 개별 기댓값을 곱한 값이 동일해야 하지만 실제로는 이 조건을 만족하지 않는다. 이를 증명하기 위해서는, 스칼라곱 대각합(trace)은 스칼라곱 자체와 동일하고, 대각합은 순환변환에 대해서 불변(식 (A.5) 참고)이라는 성질을 이용한다.

$$\begin{aligned} E\{(A\hat{\boldsymbol{\xi}})^T\tilde{\boldsymbol{e}}\} &= E\{\operatorname{tr}\hat{\boldsymbol{\xi}}^TA^T\big(I_n - AN^{-1}A^TP\big)\boldsymbol{y}\} \\ &= E\{\operatorname{tr}\big(A^T - A^TAN^{-1}A^TP\big)\boldsymbol{y}\hat{\boldsymbol{\xi}}^T\} \\ &= \operatorname{tr}\big(A^T - A^TAN^{-1}A^TP\big)E\{\boldsymbol{y}\hat{\boldsymbol{\xi}}^T\} \\ &\neq 0 = E\{(A\hat{\boldsymbol{\xi}})^T\}E\{\tilde{\boldsymbol{e}}\} \quad (\because E\{\tilde{\boldsymbol{e}}\} = \mathbf{0}) \end{aligned}$$

3.2.3 잔차벡터 P-가중 norm

잔차벡터($\tilde{\boldsymbol{e}}$) P-가중 norm은 조정계산에서 전반적인 적합도를 점검할 수 있는 중요한 값으로서 아래와 같이 정의한다.

$$\Omega := \tilde{\boldsymbol{e}}^TP\tilde{\boldsymbol{e}} \tag{3.22}$$

$\tilde{\boldsymbol{e}}$는 $\boldsymbol{e}^TP\boldsymbol{e}$를 최소화한 결과이므로(식 (3.5) 참고) Ω는 당연히 최소가 된다. $P = I_n$인 특별한 상황에 대해, 통계학 문헌에서는 이차형식 Ω를 흔히 "잔차

제곱합”(sum of squared residuals, SSR)이라고 부른다. 이 책에서는 P가 단위행렬이 아니더라도 SSR이라는 용어를 사용한다.

식 (3.9)를 (3.22)에 대입하면 유용한 다른 형태로 Ω를 나타낼 수 있다.

$$
\begin{aligned}
\tilde{\boldsymbol{e}}^T P \tilde{\boldsymbol{e}} &= (\boldsymbol{y} - A\hat{\boldsymbol{\xi}})^T P (\boldsymbol{y} - A\hat{\boldsymbol{\xi}}) && (3.23\text{a}) \\
&= \boldsymbol{y}^T P \boldsymbol{y} - \boldsymbol{y}^T P A \hat{\boldsymbol{\xi}} - \hat{\boldsymbol{\xi}}^T A^T P \boldsymbol{y} + \hat{\boldsymbol{\xi}}^T A^T P A \hat{\boldsymbol{\xi}} \\
&= \boldsymbol{y}^T P \boldsymbol{y} - \boldsymbol{c}^T \hat{\boldsymbol{\xi}} && (3.23\text{b}) \\
&= \boldsymbol{y}^T P \boldsymbol{y} - \boldsymbol{c}^T N^{-1} \boldsymbol{c} && (3.23\text{c}) \\
&= \boldsymbol{y}^T P \boldsymbol{y} - \hat{\boldsymbol{\xi}}^T N \hat{\boldsymbol{\xi}} && (3.23\text{d}) \\
&= \boldsymbol{y}^T (P - PAN^{-1} A^T P) \boldsymbol{y} && (3.23\text{e})
\end{aligned}
$$

목적함수 식 (3.5)는 라그랑지 승수(Lagrange multipliers) 벡터 $\boldsymbol{\lambda}$를 도입하여 확률오차 벡터 $\boldsymbol{e}$ 함수로 명확하게 나타낼 수 있다.

$$
\Phi(\boldsymbol{e}, \boldsymbol{\xi}, \boldsymbol{\lambda}) = \boldsymbol{e}^T P \boldsymbol{e} + 2\boldsymbol{\lambda}^T (\boldsymbol{y} - A\boldsymbol{\xi} - \boldsymbol{e}) = \text{stationary} \tag{3.24}
$$

오일러-라그랑지 필요조건(또는 1차 미분 조건)은 다음과 같다.

$$
\begin{aligned}
\frac{1}{2}\frac{\partial \Phi}{\partial \boldsymbol{e}} &= P\tilde{\boldsymbol{e}} - \hat{\boldsymbol{\lambda}} \doteq \boldsymbol{0} && (3.25\text{a}) \\
\frac{1}{2}\frac{\partial \Phi}{\partial \boldsymbol{\xi}} &= A^T \hat{\boldsymbol{\lambda}} \doteq \boldsymbol{0} && (3.25\text{b}) \\
\frac{1}{2}\frac{\partial \Phi}{\partial \boldsymbol{\lambda}} &= \boldsymbol{y} - A\hat{\boldsymbol{\xi}} - \tilde{\boldsymbol{e}} \doteq \boldsymbol{0} && (3.25\text{c})
\end{aligned}
$$

식 (3.25a)로부터 미지 라그랑지 승수 추정값 $\hat{\boldsymbol{\lambda}} = P\tilde{\boldsymbol{e}}$를 구할 수 있고, 결과적으로 P-가중 norm을 다른 형태로 표현할 수 있다.

$$
\Omega = \tilde{\boldsymbol{e}}^T P \tilde{\boldsymbol{e}} = \tilde{\boldsymbol{e}}^T \hat{\boldsymbol{\lambda}} = \hat{\boldsymbol{\lambda}}^T P^{-1} \hat{\boldsymbol{\lambda}} \tag{3.26}
$$

또한 식 (3.25a)를 (3.25b)에 대입하면 식 (2.13)처럼 직교조건 $A^T P \tilde{\boldsymbol{e}} = \boldsymbol{0}$을 유도할 수 있고, 이는 조정관측값 벡터가 잔차벡터와 P-직교(P-orthogonal), 즉 $(A\hat{\boldsymbol{\xi}})^T P \tilde{\boldsymbol{e}} = \boldsymbol{0}$을 의미한다.

만약 $P = I$라면 직교조건은 $A^T \tilde{\boldsymbol{e}} = \boldsymbol{0}$이 되고, 잔차벡터 $\tilde{\boldsymbol{e}}$가 행렬 A 왼쪽영공간(left nullspace) 또는 A^T 영공간이 된다. 따라서 A에서 하나의 열

(column)이 모두 1 또는 임의의 상수값을 가지는 일반적인 최소제곱[5] 문제에서 잔차합은 0이 된다.[6]

3.3 분산요소 추정

2.4절에서 언급한 대로 분산요소 σ_0^2는 가우스-마코프 모델에서 미지값이므로 추정값 $\hat{\sigma}_0^2$을 구해야 한다. 식 (3.1)에서 정의한 바와 같이, 확률오차 벡터 $\boldsymbol{e}$ 분산행렬은 $D\{\boldsymbol{e}\} = \sigma_0^2 Q$이다. 분산 정의로부터 $D\{\boldsymbol{e}\} = E\{(\boldsymbol{e} - E\{\boldsymbol{e}\})(\boldsymbol{e} - E\{\boldsymbol{e}\})^T\}$이고, 오차벡터 기댓값은 0이므로 아래 식이 성립한다.

$$D\{\boldsymbol{e}\} = E\{\boldsymbol{e}\boldsymbol{e}^T\} = \sigma_0^2 Q = \sigma_0^2 P^{-1} \quad (\because E\{\boldsymbol{e}\} = \boldsymbol{0}) \tag{3.27}$$

이 식으로부터 몇 단계 과정을 거치면 분산요소 σ_0^2를 이차식 형태 $\boldsymbol{e}^T P \boldsymbol{e}$로 표현할 수 있다.

$$\operatorname{tr} PE\{\boldsymbol{e}\boldsymbol{e}^T\} = \sigma_0^2 \operatorname{tr} I_n = n\sigma_0^2$$
$$\therefore E\left\{\frac{\boldsymbol{e}^T P \boldsymbol{e}}{n}\right\} = \sigma_0^2$$

따라서 $(\boldsymbol{e}^T P \boldsymbol{e})/n$은 σ_0^2의 불편추정량으로 간주할 수 있다. 그러나 실제로는 참값 확률오차 벡터 $\boldsymbol{e}$를 알 수 없으므로 잔차벡터 $\tilde{\boldsymbol{e}}$를 이용해서 σ_0^2 불편추정량을 계산한다. 대각합(trace)과 기댓값 연산자는 선형이므로 순서를 교환할 수 있고, 대각합 연산자는 순환변환에 불변인 성질을 적용하면 위에서 설명한 식과 유사한 형태로 나타낼 수 있다.

$$E\{\tilde{\boldsymbol{e}}^T P \tilde{\boldsymbol{e}}\} = \operatorname{tr} E\{\tilde{\boldsymbol{e}}^T P \tilde{\boldsymbol{e}}\} = \operatorname{tr} E\{\tilde{\boldsymbol{e}}\tilde{\boldsymbol{e}}^T\} P = \operatorname{tr} D\{\tilde{\boldsymbol{e}}\} P \tag{3.28}$$

식 (3.14a)에 의해 잔차벡터 분산은 $D\{\tilde{\boldsymbol{e}}\} = \sigma_0^2 (P^{-1} - AN^{-1}A^T)$이고, 이를 식 (3.28)에 대입해서 정리한다.

$$E\{\tilde{\boldsymbol{e}}^T P \tilde{\boldsymbol{e}}\} = \operatorname{tr} \sigma_0^2 (P^{-1} - AN^{-1}A^T) P$$

---

[5] Harville (2000, p. 267) 등 일부 저자는 $P = I$일 때 “ordinary least-squares”라고 부른다.

[6] 예를 들어, 위에서 설명한 직선이나 포물선 접합 문제에 해당한다.

$$= \sigma_0^2\big(\operatorname{tr} I_n - \operatorname{tr} N^{-1}A^TPA\big) \qquad \text{(식 (A.5) 적용)}$$
$$= \sigma_0^2(n - \operatorname{rk} N) = \sigma_0^2(n - \operatorname{rk} A) \qquad \text{(식 (1.7c) 적용)}$$

양변을 $(n - \operatorname{rk} A)$로 나누면 아래 식으로 나타낼 수 있다.

$$E\left\{\frac{\tilde{\mathbf{e}}^TP\tilde{\mathbf{e}}}{n - \operatorname{rk} A}\right\} = \sigma_0^2 \tag{3.29}$$

식 (3.29) 좌변에서 기댓값 연산자 인자(argument)를 $\hat{\sigma}_0^2$으로 표현하면 분산요소 추정값이 된다.

$$\hat{\sigma}_0^2 = \frac{\tilde{\mathbf{e}}^TP\tilde{\mathbf{e}}}{n - \operatorname{rk} A} \tag{3.30}$$

$E\{\hat{\sigma}_0^2\} = \sigma_0^2$이므로 $\hat{\sigma}_0^2$은 분명히 σ_0^2 불편추정량이다. 직접관측식 모델에서는 A를 계수(rank) 1인 τ로 대치하므로 $\hat{\sigma}_0^2 := \tilde{\mathbf{e}}^TP\tilde{\mathbf{e}}/(n-1)$이고, 식 (2.38)과 동일함을 알 수 있다. 분산요소 $\hat{\sigma}_0^2$은 식 (3.23)과 (3.26)을 이용해서 다른 형태로 표현할 수도 있다.

유도한 공식으로부터 $E\{\mathbf{e}^TP\mathbf{e}\}$와 $E\{\tilde{\mathbf{e}}^TP\tilde{\mathbf{e}}\}$ 관계를 알 수 있다.

$$\frac{E\{\mathbf{e}^TP\mathbf{e}\}}{n} = \frac{E\{\tilde{\mathbf{e}}^TP\tilde{\mathbf{e}}\}}{n - \operatorname{rk} A} = \sigma_0^2 \tag{3.31a}$$

$$\therefore\ E\{\tilde{\mathbf{e}}^TP\tilde{\mathbf{e}}\} < E\{\mathbf{e}^TP\mathbf{e}\} \tag{3.31b}$$

Grafarend and Schaffrin (1993, p. 103)과 Schaffrin (1997b)에 따르면 $m = \operatorname{rk} A$라고 가정할 때 $\hat{\sigma}_0^2$ 분산과 추정분산을 각각 표현할 수 있다.[7]

$$D\{\hat{\sigma}_0^2\} = (n-m)^{-1} \cdot 2\big(\sigma_0^2\big)^2 \tag{3.32}$$

$$\hat{D}\{\hat{\sigma}_0^2\} = (n-m)^{-1} \cdot 2\big(\hat{\sigma}_0^2\big)^2 \tag{3.33}$$

최소제곱조정을 수행한 후, 분산요소 추정값이 명시한 값(예를 들어 1)과 통계적으로 일치하는지 여부는 9.4.2절에 기술한 가설검정 방법을 이용하여 검증할 수 있다.

[7] Searle and Khuri (2017) Eq. (10.35)

3.4 선형 관측방정식과 알고리즘

관측값 $\boldsymbol{y}$가 미지수 $\boldsymbol{\xi}$에 대한 비선형 함수라면 관측방정식과 분산행렬을 아래 두 식으로 표현할 수 있고,

$$E\{\boldsymbol{y}\} = \boldsymbol{a}(\boldsymbol{\xi}) \tag{3.34a}$$

$$D\{\boldsymbol{y}\} = \sigma_0^2 P^{-1} = D\{\boldsymbol{e}\}, \ \ \boldsymbol{e} := \boldsymbol{y} - E\{\boldsymbol{y}\} \tag{3.34b}$$

두 식을 합쳐서 하나로 표현할 수도 있다.

$$\boldsymbol{y} = \boldsymbol{a}(\boldsymbol{\xi}) + \boldsymbol{e} \tag{3.34c}$$

여기서 $\boldsymbol{a}(\boldsymbol{\xi})$는 $\mathbb{R}^m$에서 $\mathbb{R}^n$으로의 함수벡터이고, σ_0^2와 $\boldsymbol{e}$는 동일하게 정의한다. 미지수 근사값 벡터 $\boldsymbol{\xi}_{(0)}$에 대해 테일러 전개식을 이용하여 식 (3.34b)를 다시 쓸 수 있다.

$$E\{\boldsymbol{y}\} = \boldsymbol{a}(\boldsymbol{\xi}_{(0)}) + \left.\frac{\partial \boldsymbol{a}}{\partial \boldsymbol{\xi}^T}\right|_{\boldsymbol{\xi}=\boldsymbol{\xi}_{(0)}} \cdot (\boldsymbol{\xi} - \boldsymbol{\xi}_{(0)}) + \cdots \tag{3.35a}$$

$$\therefore \ E\{\boldsymbol{y} - \boldsymbol{a}(\boldsymbol{\xi}_{(0)})\} = A\cdot(\boldsymbol{\xi} - \boldsymbol{\xi}_{(0)}) + \text{고차항} \tag{3.35b}$$

A는 $n \times m$ 계수행렬(coefficient matrix)로서 $\boldsymbol{\xi}_{(0)}$에서 계산한 편미분으로 이루어져 있고, Jacobian 행렬(Jacobian matrix)이라고도 한다.

테일러 전개식을 축약(즉, 고차항 생략)하고, 관측값 "증분"(increments) $\boldsymbol{y} - \boldsymbol{a}(\boldsymbol{\xi}_{(0)})$와 미지수 증분 $\boldsymbol{\xi} - \boldsymbol{\xi}_{(0)}$를 이용하여 최소제곱 정규방정식(normal equations)으로 표현할 수 있고,

$$(A^T PA)(\hat{\boldsymbol{\xi}} - \boldsymbol{\xi}_{(0)}) = A^T P(\boldsymbol{y} - \boldsymbol{a}(\boldsymbol{\xi}_{(0)})) \tag{3.36}$$

따라서 $\boldsymbol{\xi}$ 추정값과 분산행렬을 각각 구할 수 있다.

$$\hat{\boldsymbol{\xi}} = \boldsymbol{\xi}_{(0)} + (A^T PA)^{-1} A^T P(\boldsymbol{y} - \boldsymbol{a}(\boldsymbol{\xi}_{(0)})) \tag{3.37a}$$

$$D\{\hat{\boldsymbol{\xi}}\} = D\{\hat{\boldsymbol{\xi}} - \boldsymbol{\xi}_{(0)}\} = \sigma_0^2 (A^T PA)^{-1} \tag{3.37b}$$

선택한 근사값 $\boldsymbol{\xi}_{(0)}$ 정밀도가 생각보다 낮으면 계산한 $\hat{\boldsymbol{\xi}}$ 정확도와 정밀도에 영향을 미칠 수 있다. 실제로 관측방정식에서 최소 부분집합만으로(즉 m개만 선택) 계산한 해를 $\boldsymbol{\xi}_{(0)}$로 사용하여 $\hat{\boldsymbol{\xi}}$을 계산하고, 이를 다시 근사값으로 설

정하여 근사값 정밀도를 향상시킬 수 있다. 연립방정식을 풀면 더 정밀한 $\hat{\boldsymbol{\xi}}$을 구할 수 있는데, 이 과정은 $\hat{\boldsymbol{\xi}}$과 $\boldsymbol{\xi}_{(0)}$ 차이가 임의의 작은 값이 될 때까지 계속한다. 이 접근 방법을 반복최소제곱해(iterative least-squares solution)라고 한다.

반복계산 알고리즘 j번째 단계($j > 0$)에서 미지수 벡터 근사값 $\boldsymbol{\xi}_{(j)}$는 다음과 같이 정의한다.

$$\boldsymbol{\xi}_{(j)} := \hat{\boldsymbol{\xi}}_{j-1} - \underset{\sim}{\mathbf{0}} \tag{3.38a}$$

"확률영벡터"(random zero vector) $\underset{\sim}{\mathbf{0}}$를 빼는 절차는 근사값 벡터 $\boldsymbol{\xi}_{(j)}$가 비확률변수임을 보장하기 위한 형식적인 과정이다. 따라서 $\hat{\boldsymbol{\xi}}_{j-1}$에서 $\underset{\sim}{\mathbf{0}}$을 제외하면 무작위성(randomness)을 제거할 수 있고, 확률 0을 빼더라도 $\hat{\boldsymbol{\xi}}_{j-1}$ 수치값은 변하지 않는다. 반복계산은 임의로 선택한 작은 값 ϵ에 대해서 아래 조건을 만족할 때까지 계속한다.

$$\left\| \hat{\boldsymbol{\xi}}_j - \hat{\boldsymbol{\xi}}_{(j-1)} \right\| < \epsilon \tag{3.38b}$$

이 반복계산을 가우스-뉴튼 알고리즘(Gauss-Newton algorithm)이라고 한다. 기호를 다시 요약하면, 반복계산 단계 j에서 기호 $\boldsymbol{\xi}_{(j)}$는 테일러 전개식 참조점 근사값, $\boldsymbol{\xi}$는 미지 참값 벡터, $\hat{\boldsymbol{\xi}}_j$은 추정한 미지수 벡터를 가리킨다.

[선형정규방정식 반복계산 알고리즘]

1. 초기화

   초기값 $\boldsymbol{\xi}_{(0)}$를 설정한다(예를 들어, 최소 관측값을 이용하여 계산한 값). $\boldsymbol{a}(\boldsymbol{\xi}_{(0)})$를 계산하여 행렬 $(A)_0$를 만들고, 반복계산 인덱스를 $j = 1$로 설정한다.

2. j번째 해 계산

   $$\hat{\boldsymbol{\xi}}_j = \boldsymbol{\xi}_{(j-1)} + \left[A_{(j-1)}^T P A_{(j-1)}\right]^{-1} A_{(j-1)}^T P \left[\boldsymbol{y} - \boldsymbol{a}(\boldsymbol{\xi}_{(j-1)})\right] \tag{3.39a}$$

   임의로 선정한 값 ϵ에 대해서 아래 부등식이 성립하면 수렴하였으므로 단계 4로 이동한다.

   $$\left\| \hat{\boldsymbol{\xi}}_j - \boldsymbol{\xi}_{(j-1)} \right\| < \epsilon \tag{3.39b}$$

3. 참조점 갱신
   반복계산 인덱스 j를 1만큼 증가시키고, 식 (3.38a)에 따라 참조점 $\boldsymbol{\xi}_{(j-1)}$을 갱신한다. Jacobian 행렬 $A_{(j-1)}$ 편미분값을 수정하고 단계 2를 반복한다.

4. 수렴완료
   수렴하면 추정미지수 분산행렬, 잔차벡터, 조정관측값 벡터, 분산요소 추정값을 계산한다(반복계산 인덱스 j 제외).

$$D\{\hat{\boldsymbol{\xi}}\} = (A^T PA)^{-1} \tag{3.39c}$$

$$\tilde{\boldsymbol{e}} = \boldsymbol{y} - \boldsymbol{a}(\hat{\boldsymbol{\xi}}) \tag{3.39d}$$

$$\boldsymbol{y} - \tilde{\boldsymbol{e}} = \boldsymbol{a}(\hat{\boldsymbol{\xi}}) \tag{3.39e}$$

$$\hat{\sigma}_0^2 = (\tilde{\boldsymbol{e}}^T P\tilde{\boldsymbol{e}})/r \tag{3.39f}$$

계산한 값에 대해 2.5.1절과 유사한 점검이 이루어져야 한다.

3.5 계수부족과 데이텀

계수부족(rank-deficient) 가우스-마코프 모델은 행렬 A 계수(rank)가 열(columns) 숫자보다 작다. 다른 말로 표현하면, 행렬 A 열 중에서 적어도 하나는 다른 열에 상수를 곱하거나 여러 열을 선형결합하여 표현할 수 있다. 행렬 A 열 개수가 m이라면 계수부족은 수학적으로 $\operatorname{rk} A < m$으로 표시한다. 또한 $\operatorname{rk} N = \operatorname{rk} A^T PA < m$이므로 미지수는 식 (3.7)로 추정할 수 없다. 달리 말하면, 계수부족 모델에서는 데이터로부터 추정할 수 있는 개수보다 더 많은 미지수가 존재하며, 실제로 계수는 모델에서 "추정가능한 미지수" 개수를 가리킨다.

계수부족은 측점 좌표를 추정하는 망조정 문제에서 흔히 발생하는데, 관측값은 좌표계를 정의하기에 충분한 정보("데이텀"이라고 함)를 포함하고 있지 않다. 따라서 이 절에서는 데이텀부족 망조정 문제를 다룬다. 5장에서 설명한 대로, 각과 거리만 측정한 2-D 망은 원점과 방향을 알 수 없으므로 3개 데이텀이 부족한 사례다. 그러나 필요한 미지수에 대해서 “어떤 값”(또는 이미 알고 있는 값)이 있다면 이 데이텀 정보를 이용하여 모델 계수부족을 해소할 수 있다.

(선형화된) GMM에 대해서 행렬 A가 계수부족이라고 가정하자.

$$\boldsymbol{y} = A\boldsymbol{\xi} + \boldsymbol{e}, \quad \boldsymbol{e} \sim \left(\boldsymbol{0}, \sigma_0^2 P^{-1}\right), \quad \operatorname{rk} A =: q < m \tag{3.40a}$$

행렬 A_1이 완전열계수(full column rank)를 가지도록 행렬 A를 분할하고, 미지수 벡터 $\boldsymbol{\xi}$도 순서를 적절히 조정한다.

$$\underset{n\times m}{A} = \left[\begin{array}{c|c} \underset{n\times q}{A_1} & \underset{n\times(m-q)}{A_2} \end{array}\right] \quad (\operatorname{rk} A_1 = q := \operatorname{rk} A) \tag{3.40b}$$

$$\boldsymbol{\xi} = \begin{bmatrix} \underset{q\times 1}{\boldsymbol{\xi}_1} \\ \underset{(m-q)\times 1}{\boldsymbol{\xi}_2} \end{bmatrix} \tag{3.40c}$$

따라서 최종 분할정규방정식은 아래와 같이 나타낼 수 있다.

$$\begin{bmatrix} A_1^T \\ A_2^T \end{bmatrix} P \begin{bmatrix} A_1, & A_2 \end{bmatrix} \begin{bmatrix} \hat{\boldsymbol{\xi}}_1 \\ \hat{\boldsymbol{\xi}}_2 \end{bmatrix} = \begin{bmatrix} A_1^T \\ A_2^T \end{bmatrix} P\boldsymbol{y}$$

$$\begin{bmatrix} N_{11} & N_{12} \\ N_{21} & N_{22} \end{bmatrix} \begin{bmatrix} \hat{\boldsymbol{\xi}}_1 \\ \hat{\boldsymbol{\xi}}_2 \end{bmatrix} = \begin{bmatrix} \boldsymbol{c}_1 \\ \boldsymbol{c}_2 \end{bmatrix} \tag{3.41}$$

식 (3.41)에서 아래첨자를 포함한 항은 좀 더 간결하게 정의할 수 있다.

$$\left[N_{ij}, \boldsymbol{c}_i\right] := A_i^T P \left[A_j, \boldsymbol{y}\right] \quad (i, j \in \{1, 2\}) \tag{3.42}$$

$(m-q)$개 미지수에 데이텀을 정의하기 위해서는 해당 미지수에 값을 명시하면 된다. 수학적으로 표현하면 알고 있는 값 $\boldsymbol{\xi}_2^0$에 대해서 $\hat{\boldsymbol{\xi}}_2 \to \boldsymbol{\xi}_2^0$로 데이텀을 정의한다. 식 (3.40b)에 주어진 A_1 계수(rank) 조건으로부터 $q \times q$

행렬 N_{11} 역행렬이 존재함을 알 수 있다. 따라서 식 (3.41) 첫 행에서 $\hat{\boldsymbol{\xi}}_2$을 "주어진 데이텀" $\boldsymbol{\xi}_2^0$로 대체하면 다음 식을 얻을 수 있다.

$$N_{11}\hat{\boldsymbol{\xi}}_1 = \boldsymbol{c}_1 - N_{12}\boldsymbol{\xi}_2^0 \tag{3.43a}$$

$$\hat{\boldsymbol{\xi}}_1 = N_{11}^{-1}\left(\boldsymbol{c}_1 - N_{12}\boldsymbol{\xi}_2^0\right) \tag{3.43b}$$

식 (3.43b)에서 알 수 있듯이, 관측을 수행하고 행렬 N_{11} 역행렬을 구한 이후에도 데이텀을 지정하거나 수정할 수 있다. 여기에 더해서, 식 (3.43b)에서 확률성질을 가지는 유일한 요소는 $\boldsymbol{c}_1$이므로 미지수 추정벡터 $\hat{\boldsymbol{\xi}}_1$ 분산을 구할 수 있다.

$$D\{\hat{\boldsymbol{\xi}}_1\} = \sigma_0^2 N_{11}^{-1} \tag{3.44}$$

따라서 예측확률오차(잔차) 벡터와 분산은 다음과 같이 구할 수 있다.

$$\tilde{\boldsymbol{e}} = \boldsymbol{y} - A\hat{\boldsymbol{\xi}} = \boldsymbol{y} - \left[\begin{array}{c|c} A_1 & A_2 \end{array}\right] \begin{bmatrix} \hat{\boldsymbol{\xi}}_1 \\ \boldsymbol{\xi}_2^0 \end{bmatrix} \tag{3.45a}$$

$$\begin{aligned} &= \boldsymbol{y} - A_1\hat{\boldsymbol{\xi}}_1 - A_2\boldsymbol{\xi}_2^0 \\ D\{\tilde{\boldsymbol{e}}\} &= D\{\boldsymbol{y}\} - D\{A_1\hat{\boldsymbol{\xi}}_1\} \\ &= \sigma_0^2\left(P^{-1} - A_1 N_{11}^{-1} A_1^T\right) \end{aligned} \tag{3.45b}$$

식 (3.45b)로부터 $C\{\boldsymbol{y}, A_1\hat{\boldsymbol{\xi}}_1\} = 0$임을 알 수 있다. 잔차를 계산하면 조정관측값 벡터와 분산행렬은 간단히 계산할 수 있다.

$$\widehat{E\{\boldsymbol{y}\}} =: \hat{\boldsymbol{\mu}}_y = \boldsymbol{y} - \tilde{\boldsymbol{e}} = A_1\hat{\boldsymbol{\xi}}_1 + A_2\boldsymbol{\xi}_2^0 \tag{3.46a}$$

$$D\{\hat{\boldsymbol{\mu}}_y\} = D\{A_1\hat{\boldsymbol{\xi}}_1\} = \sigma_0^2 \cdot A_1 N_{11}^{-1} A_1^T \tag{3.46b}$$

$\hat{\boldsymbol{\mu}}_y$은 미지 참값 관측대상 벡터 $\boldsymbol{\mu}_y$ 추정값이므로 $E\{\boldsymbol{y}\} = \boldsymbol{\mu}_y$ 관계가 성립한다. 잔차제곱합(SSR)과 모델 잉여도는 다음과 같다.

$$\Omega = \tilde{\boldsymbol{e}}^T P \tilde{\boldsymbol{e}} \tag{3.47}$$

$$r = n - \operatorname{rk} A = n - q \tag{3.48}$$

식 (3.45a)를 (3.47)에 대입하고, 식 (3.43a)를 이용하면 미지 분산요소 σ_0^2 추정값을 구할 수 있다.

$$\hat{\sigma}_0^2 = \frac{\tilde{\boldsymbol{e}}^T P \tilde{\boldsymbol{e}}}{r} = \frac{\boldsymbol{y}^T P \boldsymbol{y} - \boldsymbol{c}_1^T \hat{\boldsymbol{\xi}}_1 - \boldsymbol{c}_2^T \boldsymbol{\xi}_2^0}{n-q} \tag{3.49}$$

이 식에서는 수식을 간략하게 표현하기 위해 $\hat{\boldsymbol{\xi}}_1^T N_{11} \hat{\boldsymbol{\xi}}_1 + \hat{\boldsymbol{\xi}}_1^T N_{12} \hat{\boldsymbol{\xi}}_2 = \hat{\boldsymbol{\xi}}_1^T \boldsymbol{c}_1$ 관계를 이용했다. 그러나 $\operatorname{rk} A_1 = \operatorname{rk} A = q$에 의해 $n \times (m-q)$ 부분행렬 A_2는 $n \times q$ 행렬 A_1 열공간(column space)에 있어야 하므로 아래 관계식을 만족하는 $q \times (m-q)$ 행렬 L이 존재한다.

$$A_2 = A_1 L \tag{3.50a}$$

행렬 L은 다음과 같이 구할 수 있고,

$$N_{12} = A_1^T P A_2 = A_1^T P A_1 L = N_{11} L \tag{3.50b}$$

$$\therefore\ N_{11}^{-1} N_{12} = L \tag{3.50c}$$

이 결과와 식 (3.43b)를 이용하면 더 간략한 식으로 표현할 수 있다.

$$\begin{aligned} \boldsymbol{c}_1^T \hat{\boldsymbol{\xi}}_1 + \boldsymbol{c}_2^T \boldsymbol{\xi}_2^0 &= \boldsymbol{y}^T P A_1 \big(N_{11}^{-1} \boldsymbol{c}_1 - N_{11}^{-1} N_{12} \boldsymbol{\xi}_2^0\big) + \boldsymbol{y}^T P A_2 \boldsymbol{\xi}_2^0 \\ &= \boldsymbol{y}^T P A_1 N_{11}^{-1} \boldsymbol{c}_1 - \boldsymbol{y}^T P \big(A_1 L\big) \boldsymbol{\xi}_2^0 + \boldsymbol{y}^T P A_2 \boldsymbol{\xi}_2^0 \\ &= \boldsymbol{y}^T P A_1 N_{11}^{-1} \boldsymbol{c}_1 = \boldsymbol{c}_1^T N_{11}^{-1} \boldsymbol{c}_1 \end{aligned} \tag{3.51}$$

이를 식 (3.49)에 대입하면 분산요소 추정값을 다른 형태로 표현할 수 있다.

$$\hat{\sigma}_0^2 = \frac{\boldsymbol{y}^T P \boldsymbol{y} - \boldsymbol{c}_1^T N_{11}^{-1} \boldsymbol{c}_1}{n-q} \tag{3.52}$$

식 (3.44)에 기술한 $\hat{\boldsymbol{\xi}}_1$ 분산을 행렬 A가 완전행계수(full row rank)인 문제(즉 $\operatorname{rk} A = m$)와 비교할 필요가 있다. 완전계수인 상황에는 식 (3.41) 계수행렬의 역행렬 중 상단 $q \times q$ 블록에 σ_0^2를 곱하면 $\hat{\boldsymbol{\xi}}_1$ 분산이 된다. 분할행렬 N 역행렬을 구하기 위해 식 (A.15)를 적용하면 다음 관계식을 구할 수 있다.

$$\begin{aligned} \underbrace{D\{\hat{\boldsymbol{\xi}}_1\}}_{\text{datum 없음}} &= \sigma_0^2 \big[N_{11}^{-1} + N_{11}^{-1} N_{12} \big(N_{22} - N_{21} N_{11}^{-1} N_{12}\big)^{-1} N_{21} N_{11}^{-1}\big] \\ &= \sigma_0^2 \big(N_{11} - N_{12} N_{22}^{-1} N_{21}\big)^{-1} > \sigma_0^2 N_{11}^{-1} = \underbrace{D\{\hat{\boldsymbol{\xi}}_1\}}_{\text{datum 제공}} \end{aligned} \tag{3.53}$$

데이텀을 도입하면 정보가 증가하고, 식 (3.53) 마지막 행에서 알 수 있듯이 미지수 $\boldsymbol{\xi}$ 추정값은 더 작은 분산을 가진다.

[최소제약조정]

이 절에서 설명한 최소제곱조정은 "최소제약조정"(minimally constrained adjustment) 계열에 속하며, <고급조정계산>에서 더 자세히 다루는 주제다. 데이텀은 전체 미지수 중 $m-q$개 정보만을 제공하고, 이는 모델 계수부족을 간신히 해결할 수준이므로 최소제약 유형 조정계산이다. 최소제약조정 결과는 잔차벡터 $\tilde{e}$, 조정관측값 $A\hat{\boldsymbol{\xi}}$, 분산요소 추정값 $\hat{\sigma}_0^2$에 대한 유일해(unique solution)가 된다. 다시 말하면, 이 값은 $\boldsymbol{\xi}_2^0$에 영향을 받지 않으므로 데이텀 선택에 불변(invariant)이라고 할 수 있다. 반면 추정미지수 벡터 $\hat{\boldsymbol{\xi}}$은 유일하지 않으며 $\boldsymbol{\xi}_2^0$ 값에 따라 달라진다.

3.6 연습문제

1. 라그랑지 목적함수 식 (3.24)로부터 미지수 벡터 $\boldsymbol{\xi}$와 라그랑지 승수벡터 $\boldsymbol{\lambda}$에 대한 가우스-마코프 모델 최소제곱해(LESS)를 유도하시오.

2. 위 문제 해답에서 식 (3.26) 항등식 $\Omega = \hat{\boldsymbol{\lambda}}^T P^{-1} \hat{\boldsymbol{\lambda}}$이 성립함을 보이시오.

3. 점 F 높이를 결정하기 위해 높이를 알고 있는 서로 다른 세 점 A, B, C로부터 왕복수준측량을 실시했으며, 관련 데이터는 표 3.1에 주어져 있다. 관측 표준편차는 경로길이 km마다 $\sigma = 3\,\text{mm}$이며, 모든 관측은 독립이라고 가정한다. 가우스-마코프 모델을 세우고 다음 각 항목에 대해 최소제곱해를 계산하시오.

   (a) 점 F 높이와 추정 분산

   (b) 잔차벡터와 추정 분산행렬

   (c) 분산요소 추정값

표 3.1: 수준측량 데이터

점	높이 [m]	정방향[m] (F까지)	경로길이 [km]	역방향[m] (F로부터)
A	100.055	10.064	2.5	−10.074
B	102.663	7.425	4	−7.462
C	95.310	14.811	6	−14.781

(d) 행렬곱 $\sigma_0^{-2}{\cdot}D\{\tilde{e}\}{\cdot}P$ 대각합(trace)을 구하고, 모델 잉여도와 같은지 비교하시오.

4. 2차원 격자 노드에서 디지털 레벨을 이용하여 높이를 측정하였다. 노드 수평좌표 $(\boldsymbol{X}, \boldsymbol{Y})$는 알고 있으며(오차 없음), 관측한 높이값 확률오차는 평균 0, 분산 $\sigma^2 = (10\,\text{mm})^2$인 균일분포라고 가정한다. 관측 데이터는 표 3.2에 정리되어 있다.

   (a) 접합평면 관측방정식 모델이 다음과 같을 때 GMM 최소제곱해를 추정하시오. **Hint** 미지수 $\boldsymbol{\xi} = [a,\ b,\ c]^T$

   $$E\{y_i\} = aX_i + bY_i + c \quad (i = 1, \cdots, n)$$

   (b) 관측방정식을 2차원 곡면으로 모델링하는 GMM 최소제곱해를 구하시오. **Hint** 미지수 $\boldsymbol{\xi} = [a, b, c, d, e, f]^T$

   $$E\{y_i\} = aX_i^2 + bY_i^2 + cX_iY_i + dX_i + eY_i + f \quad (i = 1, \cdots, n)$$

   (c) 평면과 2차원 곡면 두 관측모델 중 데이터에 가장 적합한 모델은 무엇인가? 그 이유는?

5. 미지점 $P(x, y)$ 좌표를 결정하기 위해 $A(50\text{m}, 30\text{m})$, $B(100\text{m}, 40\text{m})$로부터 관측을 실시하였다(그림 3.2 참조).

표 3.2: 알고 있는 격자에서 관측한 높이값 y_i

i	X_i	Y_i	y_i	i	X_i	Y_i	y_i
1	−20	−20	9.869	14	0	10	10.019
2	−20	−10	9.920	15	0	20	10.037
3	−20	0	9.907	16	10	−20	9.946
4	−20	10	9.957	17	10	−10	9.988
5	−20	20	9.959	18	10	0	10.035
6	−10	−20	9.889	19	10	10	10.055
7	−10	−10	9.937	20	10	20	10.066
8	−10	0	9.973	21	20	−20	9.963
9	−10	10	10.025	22	20	−10	9.986
10	−10	20	10.026	23	20	0	10.037
11	0	−20	9.917	24	20	10	10.068
12	0	−10	10.000	25	20	20	10.069
13	0	0	10.007				

두 거리 관측은 $A \to P$와 $B \to P$이며, 관측거리는 $y_1 = 66.137\,\mathrm{m}$, $y_2 = 58.610\,\mathrm{m}$이다. 두 관측은 서로 독립이고 분산은 $\sigma^2 = (1\,\mathrm{cm})^2$이다.

또한 두 방위각을 독립적으로 관측하였으며, A에서 P 방위각은 $y_3 = 20°20'55''$, B에서 P 방위각은 $y_4 = 332°33'41''$이다. 두 방위각 표준편차가 모두 $\sigma_\alpha = 05''$일 때, 다음 항목을 계산하시오.

(a) 점 P 좌표추정값

(b) 좌표추정 분산과 상관계수

(c) 잔차벡터 $\tilde{e}$

(d) 분산요소 추정값 $\hat{\sigma}_0^2$

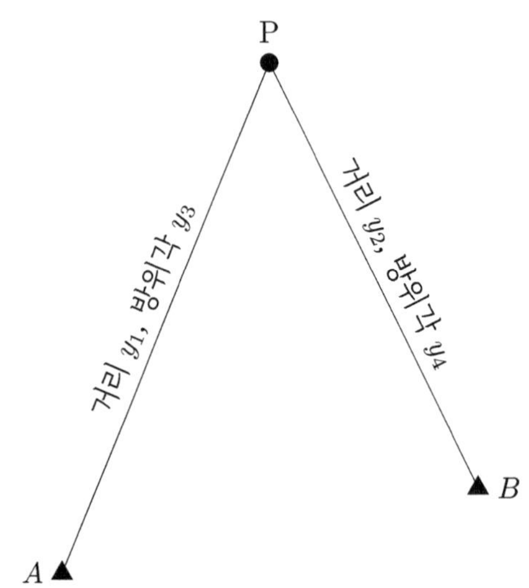

그림 3.2: 점 P 좌표를 결정하기 위해 기지점 A, B로부터 각각 거리와 방위각을 관측

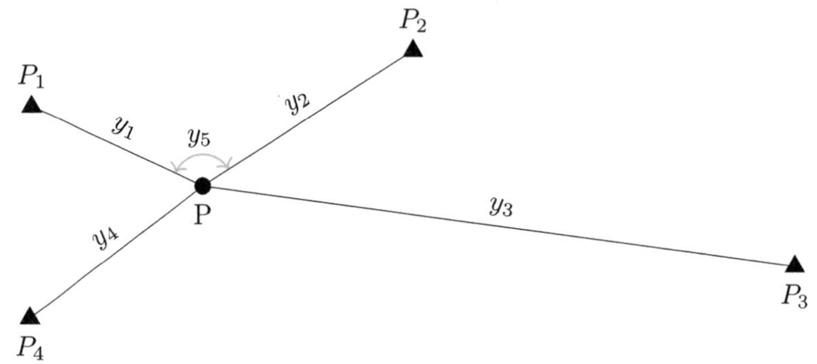

그림 3.3: 점 P를 결정하기 위해 관측한 네 개 거리와 하나의 사잇각

6. 새로운 점 P 좌표를 결정하기 위해 좌표를 알고 있는 네 점까지 거리와 사잇각 하나를 관측했다(그림 3.3 참고). 주어진 점 좌표는 표 3.3과 같으며, 관측값과 표준편차는 표 3.4에 정리되어 있다.

표 3.3: 알고 있는 점 좌표

점	x_i [m]	y_i [m]
P_1	842.281	925.523
P_2	1337.544	996.249
P_3	1831.727	723.962
P_4	840.408	658.345

표 3.4: 관측과 표준편차(거리 단위는 m)

관측	y_i	σ_i
P_1P	244.457	0.006
P_2P	321.622	0.010
P_3P	773.129	0.024
P_4P	280.019	0.080
$\angle P_1PP_2$	$123°38'20''$	$05''$

(a) 관측방정식을 세우고 정규방정식을 만드시오.

(b) 점 P 좌표값 최소제곱해와 분산-공분산을 구하시오.

(c) 잔차벡터 $\tilde{e}$와 조정관측값을 구하고, 분산행렬을 각각 계산하시오.

(d) 분산요소 추정값 $\hat{\sigma}_0^2$을 계산하시오.

7. Pearson (1901)이 제시한 직선접합 문제 데이터가 표 3.5에 주어져 있다. x 좌표는 오차없이 알고 있는 값이며, 관측한 y 좌표 확률오차는 평균 0이고 독립동일분포(iid)를 따른다고 할 때, 다음 항목을 구하시오.

    (a) 직선 기울기와 y 절편을 추정하기 위한 가우스-마코프 모델을 세우고 그 추정값을 계산하시오.

(b) 잔차벡터 $\tilde{e}$와 분산요소 추정값 $\hat{\sigma}_0^2$을 계산하시오.

(c) 주어진 데이터와 접합한 직선을 한 그래프에 플롯하시오.

표 3.5: 직선접합을 위한 Pearson (1901) 데이터

점	x_i	y_i
1	0.0	5.9
2	0.9	5.4
3	1.8	4.4
4	2.6	4.6
5	3.3	3.5
6	4.4	3.7
7	5.2	2.8
8	6.1	2.8
9	6.5	2.4
10	7.4	1.5

8. 2-D affine 변환은 6개 매개변수로 표현할 수 있다.

ξ_1, ξ_2 : 좌표계 원점 "평행이동"

β, $\beta + \epsilon$: 개별 좌표축 "회전" 각

ω_1, ω_2 : 개별 좌표축 "축척" 계수

좌표 (x_i, y_i), (X_i, Y_i)를 각각 변환 전, 후 좌표계에서 주어진 값이라고 할 때, 변환은 다음과 같이 표현할 수 있다.

$$\begin{bmatrix} X_i \\ Y_i \end{bmatrix} = \begin{bmatrix} \omega_1 \cdot \cos\beta & -\omega_2 \cdot \sin(\beta+\epsilon) \\ \omega_1 \cdot \sin\beta & \omega_2 \cdot \cos(\beta+\epsilon) \end{bmatrix} \begin{bmatrix} x_i \\ y_i \end{bmatrix} + \begin{bmatrix} \xi_1 \\ \xi_2 \end{bmatrix} + \begin{bmatrix} e_{X_i} \\ e_{Y_i} \end{bmatrix} \tag{3.54a}$$

수식에서 사용한 각 항목은 아래와 같다.

(x_i, y_i) : 변환 "전" 좌표

(X_i, Y_i) : 변환 "후" 좌표

i : 점 번호, $i \in \{1, 2, \cdots, n/2\}$

선형방정식을 유도하기 위해 매개변수를 아래와 같이 치환하면

$$\begin{aligned} \xi_3 &:= \omega_1 \cos\beta, \quad \xi_4 := \omega_2 \sin(\beta+\epsilon) \\ \xi_5 &:= \omega_1 \sin\beta, \quad \xi_6 := \omega_2 \cos(\beta+\epsilon) \end{aligned} \tag{3.54b}$$

최종적으로 좌표계 변환 매개변수를 추정하는 선형관측방정식으로 표현할 수 있다.

$$\begin{aligned} X_i &= x_i{\cdot}\xi_3 - y_i{\cdot}\xi_4 + \xi_1 + e_{X_i} \\ Y_i &= x_i{\cdot}\xi_5 + y_i{\cdot}\xi_6 + \xi_2 + e_{Y_i} \\ \begin{bmatrix} e_{X_i} \\ e_{Y_i} \end{bmatrix} &\sim \left(\begin{bmatrix} 0 \\ 0 \end{bmatrix}, \sigma_0^2 \begin{bmatrix} (Q_{XX})_{ii} & (Q_{XY})_{ii} \\ (Q_{XY}^T)_{ii} & (Q_{YY})_{ii} \end{bmatrix} \right) \end{aligned} \tag{3.54c}$$

이 식에서 Q_{XX}, Q_{YY}, Q_{XY}는 주어진 여인자 행렬이다. Wolf (1983, p. 586)에서 가져온 데이터는 표 3.6에 있고, 확률관측오차는 독립동일분포(iid)라고 가정할 때 아래 항목에 답하시오.

(a) 최소제곱 추정값 $\hat{\boldsymbol{\xi}}$을 구하고, $\hat{\beta}_1$, $\hat{\beta}_2$, $\hat{\omega}_1$, $\hat{\omega}_2$을 계산하시오.

(b) 두 좌표계 좌표축을 개략적으로 표시하고, 좌표축 회전각과 원점 평행이동을 나타내시오.

(c) 표 3.6에 주어진 점 1–3에 대해서 추정한 미지수를 이용하여 xy 좌표계 값을 계산하시오.

9. 레벨을 이용한 수준측량 데이터가 표 3.7에 주어져 있고, 이 데이터는 정표고 보정이 이미 적용되어 있다. 개별 측정 가중값은 마일 단위 거리를 100으로 나눈 값으로 주어져 있으며, 모든 확률관측오차는 서로 독립이다.

미지수는 점 A, B, C, D, E, F 높이값이다(그림 3.4). 관측값은 높이 차이므로 모델 계수부족(데이텀 부족)은 1이다. 따라서 데이텀 정보는 3.5절과 같이 점 D 높이를 1928.277 ft로 설정하였다.

표 3.6: 알고 있는 좌표와 측정한 좌표(Wolf (1983, p. 586) 참고)

	측정 좌표		알고 있는 좌표	
점	$\boldsymbol{X}$ [mm]	$\boldsymbol{Y}$ [mm]	$\boldsymbol{x}$ [mm]	$\boldsymbol{y}$ [mm]
기준점 A	55.149	159.893	−113.000	0.000
기준점 B	167.716	273.302	0.000	113.000
기준점 C	281.150	160.706	113.000	0.000
기준점 D	168.580	47.299	0.000	−113.000
1	228.498	105.029		
2	270.307	199.949		
3	259.080	231.064		

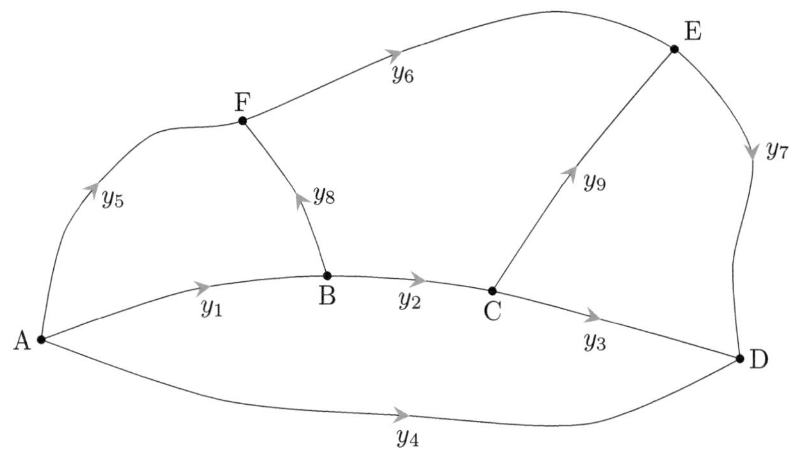

그림 3.4: 수준망(Rainsford (1968))

(a) 분할 가우스-마코프 모델을 세우고(3.5절 참고), 분할 최소제곱 정규방정식을 구하시오.

(b) 점 A, B, C, E, F 높이 최소제곱해를 추정하시오.

(c) 잔차벡터와 분산요소 추정값을 계산하시오.

표 3.7: 수준측량 데이터(Rainsford (1968))

시점	종점	번호	높이차[ft]	거리[miles]
A	B	1	+124.632	68
B	C	2	+217.168	40
C	D	3	−92.791	56
A	D	4	+248.754	171
A	F	5	−11.418	76
F	E	6	−161.107	105
E	D	7	+421.234	80
B	F	8	−135.876	42
C	E	9	−513.895	66

(d) 조정관측값을 계산하고 점 B 또는 C를 지나는 4개 폐합망 조정관측값을 모두 더하시오. 또한 점 B, C를 제외한 나머지 점을 포함하는 폐합 경계망에 대해서 조정관측값 합을 구하시오.

(e) 데이텀으로 점 A 높이를 1679.432 ft로 설정하고 위 과정을 반복하시오. 두 조정계산에서 동일한 결과와 그렇지 않은 결과는 각각 무엇인가? 차이점과 유사점에 대해서 설명하시오.

3.7 계수부족 가우스-마코프 모델 공식 요약

계수부족(rank deficient) 가우스-마코프 모델은 다음과 같다.

$$\underset{n\times 1}{\boldsymbol{y}} = \left[\begin{array}{c|c} \underset{n\times q}{A_1} & \underset{n\times(m-q)}{A_2} \end{array}\right] \begin{bmatrix} \underset{q\times 1}{\boldsymbol{\xi}_1} \\ \\ \underset{(m-q)\times 1}{\boldsymbol{\xi}_2} \end{bmatrix} + \boldsymbol{e}, \quad \boldsymbol{e} \sim \left(\boldsymbol{0}, \sigma_0^2 P^{-1}\right)$$

$$\operatorname{rk} A =: q < m, \quad \operatorname{rk} A_1 = q$$

표 3.8: 계수부족 가우스-마코프 모델에서 데이텀 정보($\hat{\boldsymbol{\xi}}_2 \to \boldsymbol{\xi}_2^0$)를 도입한 최소제곱해 요약

구분	공식	Eq.
모델 잉여도	$r = n - \operatorname{rk} A = n - q$	(3.48)
추정미지수 벡터 ($\boldsymbol{\xi}_2^0$ 설정)	$\hat{\boldsymbol{\xi}}_1 = N_{11}^{-1}\left(\boldsymbol{c}_1 - N_{12}\boldsymbol{\xi}_2^0\right)$	(3.43b)
추정미지수 분산행렬	$D\{\hat{\boldsymbol{\xi}}_1\} = \sigma_0^2 \cdot N_{11}^{-1}$	(3.44)
예측잔차벡터($\boldsymbol{\xi}_2^0$ 설정)	$\tilde{e} = \boldsymbol{y} - A\hat{\boldsymbol{\xi}} = \boldsymbol{y} - A_1\hat{\boldsymbol{\xi}}_1 - A_2\boldsymbol{\xi}_2^0$	(3.45b)
잔차 분산행렬	$D\{\tilde{e}\} = \sigma_0^2 \cdot \left(P^{-1} - A_1 N_{11}^{-1} A_1^T\right)$	(3.45b)
잔차제곱합(SSR)	$\Omega = \tilde{\boldsymbol{e}}^T P \tilde{\boldsymbol{e}}$	(3.47)
분산요소 추정값 ($\boldsymbol{\xi}_2^0$ 설정)	$\hat{\sigma}_0^2 = (\tilde{\boldsymbol{e}}^T P \tilde{\boldsymbol{e}})/r =$ $(\boldsymbol{y}^T P \boldsymbol{y} - \boldsymbol{c}_1^T \hat{\boldsymbol{\xi}}_1 - \boldsymbol{c}_2^T \boldsymbol{\xi}_2^0)/(n-q)$	(3.49)

(다음 쪽에 계속됨)

구분	공식	Eq.
조정관측값 벡터	$\widehat{E\{\boldsymbol{y}\}} =: \hat{\boldsymbol{\mu}}_y = \boldsymbol{y} - \tilde{\boldsymbol{e}} = A_1\hat{\boldsymbol{\xi}}_1 + A_2\boldsymbol{\xi}_2^0$	(3.46a)
조정관측값 분산행렬	$D\{\hat{\boldsymbol{\mu}}_y\} = \sigma_0^2 \cdot A_1 N_{11}^{-1} A_1^T$	(3.46b)

(앞 쪽에서 이어짐)

3.8 완전계수 가우스-마코프 모델 공식 요약

계수행렬 A가 완전열계수(full column rank)를 가지는 가우스-마코프 모델은 다음과 같이 표현할 수 있다.

$$\underset{n\times 1}{\boldsymbol{y}} = \underset{n\times m}{A}\,\boldsymbol{\xi} + e, \quad \boldsymbol{e} \sim \left(\boldsymbol{0}, \sigma_0^2 P^{-1}\right)$$

$$\operatorname{rk} A = m$$

표 3.9: 완전계수 가우스-마코프 모델 최소제곱해 공식 요약

구분	공식	Eq.
모델 잉여도	$r = n - \operatorname{rk} A = n - m$	(3.3)
추정미지수 벡터	$\hat{\boldsymbol{\xi}} = N^{-1}\boldsymbol{c},\ [N,\, \boldsymbol{c}] := A^T P[A,\, \boldsymbol{y}]$	(3.7)
추정미지수 분산행렬	$D\{\hat{\boldsymbol{\xi}}\} = \sigma_0^2{\cdot}N^{-1}$	(3.13)
예측잔차벡터	$\tilde{\boldsymbol{e}} = \boldsymbol{y} - A\hat{\boldsymbol{\xi}} = \left(I_n - AN^{-1}A^T P\right)\boldsymbol{y}$	(3.9)
잔차 분산행렬	$D\{\tilde{\boldsymbol{e}}\} = \sigma_0^2{\cdot}\left(P^{-1} - AN^{-1}A^T\right)$	(3.14a)
잔차제곱합(SSR)	$\Omega = \tilde{\boldsymbol{e}}^T P\tilde{\boldsymbol{e}}$	(3.22)
분산요소 추정값	$\hat{\sigma}_0^2 = (\tilde{\boldsymbol{e}}^T P\tilde{\boldsymbol{e}})/(n - \operatorname{rk} A)$	(3.30)
조정관측값 벡터	$\widehat{E\{\boldsymbol{y}\}} =: \hat{\boldsymbol{\mu}}_y = \boldsymbol{y} - \tilde{\boldsymbol{e}}$	(3.11)
조정관측값 분산행렬	$D\{\hat{\boldsymbol{\mu}}_y\} = \sigma_0^2{\cdot}AN^{-1}A^T$	(3.15)

제 4 장

조건방정식 모델

4.1 모델 정의

조건방정식 모델 최소제곱조정은 미지수 $\boldsymbol{\xi}$를 직접 추정하는 대신 확률오차 벡터 $\boldsymbol{e}$를 예측한다. 이 접근 방법은 미지수가 특별히 관심 있는 대상이 아니거나 혹은 문제를 좀 더 쉽게 다루기 위해 주로 채택한다. 수준망 조정은 두 번째 상황에 해당하는데, 미지수(측점 높이)가 주요 관심대상이기는 하지만 폐합 수준망 합이 0이라는 필요조건이 있으므로 조정계산을 수행하기 전에 수준망 노선을 따라 관측값을 차분하면 간편하다(4.4절 예제 참고). 조건방정식을 사용하는 또 다른 이유는 최소제곱해(LESS) 역행렬 크기가 상응하는 가우스-마코프 모델(GMM)에 비해 작을 때가 있기 때문이다.

$n \times 1$ 관측방정식 $\boldsymbol{y} = A\boldsymbol{\xi} + \boldsymbol{e}$에 적용하면 미지수가 제거되는 차분연산자 $r \times n$ 행렬 B가 있다고 하자. 좀 더 구체적으로, $BA = 0$이 되는 B가 있다면 $B\boldsymbol{y} = B(A\boldsymbol{\xi} + \boldsymbol{e}) = B\boldsymbol{e}$가 성립한다. 따라서 차분연산자 B를 적용하면 GMM을 조건방정식 모델로 변환할 수 있다.

$$\boldsymbol{w} := \underset{r \times n}{B}\,\boldsymbol{y} = B\boldsymbol{e}, \quad \underset{n \times 1}{\boldsymbol{e}} \sim (\boldsymbol{0}, \sigma_0^2 P^{-1}) \tag{4.1a}$$

$$r := n - q = \operatorname{rk} B \tag{4.1b}$$

변수 r은 모델 잉여도(redundancy)를 나타내고, q는 GMM 식 (3.1)에서

$n \times m$ 행렬 A 계수(rank)를 의미한다. 식 (4.1b)에서 행렬 B는 완전행계수(full row rank)가 되어야 하며, 미지수를 제거하더라도 모델 잉여도는 GMM과 동일하다.

4.2 조건방정식 최소제곱해

확률관측오차 P-가중 norm 제곱을 최소화하기 위한 최소제곱 요건과 라그랑지 목적함수는 다음과 같이 표현할 수 있다.

$$\min \boldsymbol{e}^T P \boldsymbol{e} \quad (\text{조건} : \boldsymbol{w} = B\boldsymbol{e}) \tag{4.2}$$

$$\Phi(\boldsymbol{e}, \boldsymbol{\lambda}) := \boldsymbol{e}^T P \boldsymbol{e} + 2\boldsymbol{\lambda}^T (\boldsymbol{w} - B\boldsymbol{e}) \tag{4.3}$$

목적함수는 미지항 $\boldsymbol{e}$와 $r \times 1$ 라그랑지 승수벡터 $\boldsymbol{\lambda}$에 대해서 고정상태(stationary)를 만족해야 한다. 식 (4.3)을 1차 편미분해서 오일러-라그랑지 필요조건(Euler-Lagrange necessary conditions)으로 나타낼 수 있다.

$$\frac{1}{2}\frac{\partial \Phi}{\partial \boldsymbol{e}} = P\tilde{\boldsymbol{e}} - B^T \hat{\boldsymbol{\lambda}} \doteq \boldsymbol{0} \tag{4.4a}$$

$$\frac{1}{2}\frac{\partial \Phi}{\partial \boldsymbol{\lambda}} = \boldsymbol{w} - B\tilde{\boldsymbol{e}} \doteq \boldsymbol{0} \tag{4.4b}$$

식 (4.1a)에서 가중행렬 P 역행렬이 존재하므로 $\partial^2 \Phi / \partial \boldsymbol{e} \partial \boldsymbol{e}^T = 2P$ 역시 양의 정부호(positive definite)가 되어 최소값을 위한 충분조건(sufficient condition)을 만족한다. 식 (4.4a)와 (4.4b)를 연립으로 풀면 $\boldsymbol{e}$에 대한 "최적선형예측"(Best LInear Prediction, BLIP) 해를 구할 수 있다. 식 (4.4a)로부터 아래 식을 구할 수 있고,

$$\tilde{\boldsymbol{e}} = P^{-1} B^T \hat{\boldsymbol{\lambda}} \tag{4.5a}$$

여기에 식 (4.4b)와 (4.5a)를 적용하면 각 항에 대한 식으로 표현할 수 있다.

$$\boldsymbol{w} = B\tilde{\boldsymbol{e}} = \left(B P^{-1} B^T\right) \hat{\boldsymbol{\lambda}} \tag{4.5b}$$

$$\hat{\boldsymbol{\lambda}} = \left(B P^{-1} B^T\right)^{-1} \boldsymbol{w} \tag{4.5c}$$

$$\tilde{\boldsymbol{e}} = P^{-1} B^T \left(B P^{-1} B^T\right)^{-1} \boldsymbol{w} \tag{4.5d}$$

따라서 예측확률오차 벡터는 다음과 같이 나타낼 수 있다.

$$\tilde{\boldsymbol{e}} = P^{-1}B^T\left(BP^{-1}B^T\right)^{-1}B\boldsymbol{y} \tag{4.5e}$$

B가 완전행계수를 가지므로 행렬곱 $BP^{-1}B^T$는 $r \times r$ 대칭행렬이고 양의정부호가 된다. 예측확률오차 벡터 $\tilde{\boldsymbol{e}}$는 "잔차벡터"라고 부른다. 관측값 벡터 기댓값은 $E\{\boldsymbol{y}\} = \boldsymbol{\mu}_y$로 나타낼 수 있고, 이때 $\boldsymbol{\mu}_y$는 관측대상에 대한 미지참값 벡터다. 따라서 조정관측값 벡터는 다음과 같이 나타낼 수 있다.

$$\widehat{E\{\boldsymbol{y}\}} = \hat{\boldsymbol{\mu}}_y = \boldsymbol{y} - \tilde{\boldsymbol{e}} \tag{4.6}$$

[주의사항]

필요하면 $B\boldsymbol{y}$에서 상수항 $\boldsymbol{\kappa}$를 차감하는 방법도 가능하다. 다시 말하면, $B\boldsymbol{y} \to B\boldsymbol{y} - \boldsymbol{\kappa}$가 되어 결과적으로 $(B\boldsymbol{y} - \boldsymbol{\kappa}) - B\boldsymbol{e} = \boldsymbol{0}$이 된다. 일례로, n 개 내각으로 이루어진 평면다각형에서 내각 합은 $\kappa = (n-2) \times 180°$가 되어야 하므로 조건방정식을 다음과 같이 변경할 수 있다.

$$\begin{bmatrix} 1 & 1 & \cdots & 1 \end{bmatrix} \begin{bmatrix} y_1 - e_1 \\ y_2 - e_2 \\ \vdots \\ y_n - e_n \end{bmatrix} - (n-2)\pi = 0$$

수치계산을 위해 식 (4.5e)를 식 (4.7)과 같이 수정할 수 있지만, 이때도 아래에서 설명하는 분산 공식은 달라지지 않는다.

$$\tilde{\boldsymbol{e}} = P^{-1}B^T\left(BP^{-1}B^T\right)^{-1}(B\boldsymbol{y} - \boldsymbol{\kappa}) \tag{4.7}$$

잔차제곱합(SSR)으로 표현하는 P-가중 잔차 norm 제곱 Ω는 다음과 같이 계산할 수 있다.

$$\Omega = \tilde{\boldsymbol{e}}^T P \tilde{\boldsymbol{e}} = \tilde{\boldsymbol{e}}^T B^T \hat{\boldsymbol{\lambda}} = \boldsymbol{w}^T \hat{\boldsymbol{\lambda}} = \boldsymbol{w}^T (BP^{-1}B^T)^{-1} \boldsymbol{w} \tag{4.8a}$$

$$= \boldsymbol{y}^T B^T (BP^{-1}B^T)^{-1} B\boldsymbol{y} \tag{4.8b}$$

따라서 분산요소 추정값은 아래와 같고, $r = \operatorname{rk} B$ 관계가 성립한다.

$$\hat{\sigma}_0^2 = \frac{\Omega}{r} = \frac{\tilde{\boldsymbol{e}}^T P \tilde{\boldsymbol{e}}}{r} \tag{4.9}$$

다시 말해서, P-가중 잔차 norm 제곱을 모델 자유도(잉여도)로 나누면 분산요소 추정값이다. 오차전파법칙을 적용하면 잔차벡터 분산을 계산할 수 있다.

$$\begin{aligned} D\{\tilde{e}\} &= P^{-1}B^T(BP^{-1}B^T)^{-1}B \cdot D\{\boldsymbol{y}\} \cdot B^T(BP^{-1}B^T)^{-1}BP^{-1} \\ &= \sigma_0^2 \cdot P^{-1}B^T(BP^{-1}B^T)^{-1}BP^{-1} \end{aligned} \tag{4.10}$$

3.2.2절 GMM에서 설명한 대로, 잔차벡터 $\tilde{\boldsymbol{e}}$와 조정관측값 벡터 $\hat{\boldsymbol{\mu}}_y = \boldsymbol{y} - \tilde{\boldsymbol{e}}$ 사이 공분산은 다음과 같이 구할 수 있다.

$$\begin{aligned} C\{\hat{\boldsymbol{\mu}}_y, \tilde{e}\} &= C\Big\{\big[I - P^{-1}B^T\big(BP^{-1}B^T\big)^{-1}B\big]\boldsymbol{y}, \\ &\qquad\qquad P^{-1}B^T\big(BP^{-1}B^T\big)B\boldsymbol{y}\Big\} \\ &= \big[I - P^{-1}B^T\big(BP^{-1}B^T\big)^{-1}B\big] \cdot \underbrace{D\{\boldsymbol{y}\}}_{=\sigma_0^2 P^{-1}} \cdot \\ &\qquad \big[P^{-1}B^T\big(BP^{-1}B^T\big)^{-1}B\big]^T \\ &= 0 \end{aligned} \tag{4.11}$$

따라서 잔차와 조정관측값은 서로 상관성이 없으므로 조정관측값 분산은 다음과 같이 나타낼 수 있다.

$$\begin{aligned} D\{\hat{\boldsymbol{\mu}}_y\} &= D\{\boldsymbol{y}\} - D\{\tilde{e}\} \\ &= \sigma_0^2\big[P^{-1} - P^{-1}B^T(BP^{-1}B^T)^{-1}BP^{-1}\big] \end{aligned} \tag{4.12}$$

여기서 주의할 점은, B가 유일한 행렬은 아니지만 아래 필요조건을 만족하면 B를 선택하는 방법과 상관없이 조정계산 결과는 동일하다.

(i) **차수조건**(dimensionality condition) : $\operatorname{rk} B = n - \operatorname{rk} A = n - q = r$, 다시 말하면 $\operatorname{rk} B + \operatorname{rk} A = (n - q) + q = n$

(ii) **직교조건**(orthogonality condition) : $BA = 0$

4.3 최소제곱해 동등성

GMM과 조건방정식 모델 최소제곱조정 동등성(equivalence)을 증명하기 위해서는 두 조정계산에서 예측확률오차(잔차) 벡터가 일치함을 보여야 한다. 조정계산 잔차벡터 $\tilde{\boldsymbol{e}}$는 사영행렬(projection matrix)과 참값 확률오차 벡터 $\boldsymbol{e}$(또는 관측값 벡터 $\boldsymbol{y}$)를 곱해서 표현할 수 있다.

GMM과 조건방정식 모델 잔차벡터는 각각 다음과 같이 나타낼 수 있다.

$$\tilde{\boldsymbol{e}} = \left[I_n - AN^{-1}A^T P\right]\boldsymbol{e} \tag{4.13}$$

$$\tilde{\boldsymbol{e}} = \left[P^{-1}B^T\left(BP^{-1}B^T\right)^{-1}B\right]\boldsymbol{e} \tag{4.14}$$

$\boldsymbol{e}$는 미지수이므로 식 (4.13)과 (4.14) 우변을 실제로 계산할 수는 없지만, 약간 변형하면 식이 성립함을 보일 수 있다. 먼저 GMM 잔차는 다음과 같이 전개할 수 있다.

$$\begin{aligned}\tilde{\boldsymbol{e}} &= \left[I_n - AN^{-1}A^T P\right]\boldsymbol{y}\\ &= \left[I_n - AN^{-1}A^T P\right](A\boldsymbol{\xi} + \boldsymbol{e})\\ &= \left[A\boldsymbol{\xi} - AN^{-1}(A^T PA)\boldsymbol{\xi}\right] + \left[I_n - AN^{-1}A^T P\right]\boldsymbol{e}\\ &= \left[I_n - AN^{-1}A^T P\right]\boldsymbol{e}\end{aligned} \tag{4.15}$$

마찬가지로 조건방정식 모델에서는 $BA = 0$을 이용하여 식이 성립함을 확인할 수 있다.

$$\begin{aligned}\tilde{\boldsymbol{e}} &= P^{-1}B^T\left(BP^{-1}B^T\right)^{-1}B\boldsymbol{y}\\ &= P^{-1}B^T\left(BP^{-1}B^T\right)^{-1}B(A\boldsymbol{\xi} + \boldsymbol{e})\\ &= \left[P^{-1}B^T\left(BP^{-1}B^T\right)^{-1}B\right]\boldsymbol{e}\end{aligned} \tag{4.16}$$

식 (4.13)과 (4.14)가 동등함을 증명하기 위해서는 아래 $\bar{P}_1, \bar{P}_2$로 정의한 두 사영행렬에 대해서 열공간(range spaces)과 영공간(nullspaces)이 동등함을 보여야 한다.

$$\bar{P}_1 := [I_n - AN^{-1}A^T P]$$

$$\bar{P}_2 := [P^{-1}B^T(BP^{-1}B^T)^{-1}B]$$

(i) **열공간 동등성** : 열공간이 동등함을 증명하기 위해서는 다음 식이 성립함을 보인다.

$$\mathcal{R}\big[I_n - AN^{-1}A^TP\big] = \mathcal{R}\big[P^{-1}B^T\big(BP^{-1}B^T\big)^{-1}B\big]$$

Proof

$A^TPP^{-1}B^T = A^TB^T = 0$이므로 모든 $\boldsymbol{z} \in \mathbb{R}^n$에 대해서 아래 식이 성립한다.

$$\begin{aligned}\big[I_n - AN^{-1}A^TP\big]&\big[P^{-1}B^T\big(BP^{-1}B^T\big)^{-1}B\big]\boldsymbol{z}\\ &= \big[P^{-1}B^T\big(BP^{-1}B^T\big)^{-1}B\big]\boldsymbol{z}\end{aligned}$$

따라서 식 (1.3)에 의해 다음 식을 만족한다.

$$\mathcal{R}\big[P^{-1}B^T\big(BP^{-1}B^T\big)^{-1}B\big] \subset \mathcal{R}\big[I_n - AN^{-1}A^TP\big]$$

적절한 공식을 이용해서 좌변과 우변 차원(dimension)을 각각 계산할 수 있다.

(좌변)

$$\begin{aligned}&\dim\mathcal{R}\big[P^{-1}B^T\big(BP^{-1}B^T\big)^{-1}B\big] && \text{(A.45a)}\\ &= \mathrm{rk}\big[P^{-1}B^T\big(BP^{-1}B^T\big)^{-1}B\big] && \text{(1.7c)}\\ &= \mathrm{tr}\big[P^{-1}B^T\big(BP^{-1}B^T\big)^{-1}B\big] && \text{(A.5)}\\ &= tr\big[BP^{-1}B^T\big(BP^{-1}B^T\big)^{-1}\big]\\ &= \mathrm{tr}\, I_r = r\end{aligned}$$

(우변)

$$\begin{aligned}&\dim\mathcal{R}\big[I_n - AN^{-1}A^TP\big] && \text{(A.45a)}\\ &= \mathrm{rk}\big(I_n - AN^{-1}A^TP\big) && \text{(1.7c)}\\ &= \mathrm{tr}\big(I_n - AN^{-1}A^TP\big) && \text{(A.5)}\\ &= \mathrm{tr}\, I_n - \mathrm{tr}\big(N^{-1}A^TPA\big)\\ &= n - \mathrm{rk}\, N = n - \mathrm{rk}\, A\\ &= n - q = r\end{aligned}$$

다시 말해서, 한 열공간(range space)이 다른 열공간을 포함하고 두 공간의 차원이 동일하므로 $\bar{P}_1$와 $\bar{P}_2$ 열공간은 동등하다.

$$\mathcal{R}\big[I_n - AN^{-1}A^TP\big] = \mathcal{R}\big[P^{-1}B^T\big(BP^{-1}B^T\big)^{-1}B\big] \tag{4.17}$$

(ii) **영공간 동등성** : 마찬가지로, 영공간이 동등함을 보이기 위해서는 다음 식을 증명한다.

$$\mathcal{N}\big[I_n - AN^{-1}A^TP\big] = \mathcal{N}\big[P^{-1}B^T\big(BP^{-1}B^T\big)^{-1}B\big]$$

Proof

우선 $\mathcal{N}\big[I_n - AN^{-1}A^TP\big] = \mathcal{R}(A)$가 성립함을 보여야 한다. 아래 식으로부터

$$\big[I_n - AN^{-1}A^TP\big]A\boldsymbol{\alpha} = \mathbf{0} \quad (\text{모든 } \boldsymbol{\alpha})$$

$A\boldsymbol{\alpha} \subset \mathcal{R}(A)$이므로 아래 포함관계가 성립하며, 앞에서 설명한 대로 열공간 차원은 행렬 계수와 동일하다.

$$\mathcal{R}(A) \subset \mathcal{N}\big[I_n - AN^{-1}A^TP\big]$$
$$\dim\mathcal{R}(A) = \mathrm{rk}\,A = q$$

식 (A.45a)와 (A.45b)로부터 행렬 열공간과 영공간 차원 합은 열 개수와 동일하고, 항목 (i) 결과를 더하면 다음 관계식을 얻을 수 있다.

$$\begin{aligned}\dim\mathcal{N}\big[I_n - AN^{-1}A^TP\big] &= n - \dim\mathcal{R}\big[I_n - AN^{-1}A^TP\big] \\ &= n - r = q\end{aligned}$$

따라서 두 공간은 동일함을 알 수 있다.

$$\mathcal{N}\big[I_n - AN^{-1}A^TP\big] = \mathcal{R}(A)$$

조건방정식 모델에서 $BA = 0$이므로 다음 식이 성립하고,

$$\big[P^{-1}B^T\big(BP^{-1}B^T\big)^{-1}B\big]A = 0$$

위에서 설명한 관계식으로부터 아래 관계식이 성립함을 알 수 있다.

$$\mathcal{R}(A) = \mathcal{N}\big[I_n - AN^{-1}A^TP\big] \subset \mathcal{N}\big[P^{-1}B^T\big(BP^{-1}B^T\big)^{-1}B\big]$$
$$\text{또는 } \mathcal{N}(\bar{P}_1) \subset \mathcal{N}(\bar{P}_2)$$

항목 (i)에서 두 사영행렬의 열공간 차원이 동일함을 보였으며, 아래 관계식으로부터 두 영행렬 차원이 동일함을 알 수 있다.

$$\dim \mathcal{N}(\bar{P}_1) = n - \dim \mathcal{R}(\bar{P}_1) = n - \dim \mathcal{R}(\bar{P}_2)$$

$$\therefore \dim \mathcal{N}(\bar{P}_1) = \dim \mathcal{N}(\bar{P}_2)$$

앞서 항목 (i)에서 언급한 대로, 하나의 벡터공간이 다른 벡터공간의 부분집합이고 두 공간의 차원이 동일하므로 두 부분공간은 동등하다.

$$\mathcal{N}(\bar{P}_1) = \mathcal{N}(\bar{P}_2)$$
$$\mathcal{N}\big[I_n - AN^{-1}A^T P\big] = \mathcal{N}\big[P^{-1}B^T\big(BP^{-1}B^T\big)^{-1}B\big] \tag{4.18}$$

사영행렬 $\bar{P}_1$와 $\bar{P}_2$ 열공간과 영공간이 동등함을 보였으므로 "두 조정계산 잔차벡터가 동일하며 결과적으로 조정계산이 실제로 등등함"을 증명했다.

4.4 예제

4.4.1 선형 예제(소규모 수준망)

이 예제는 Mikhail and Gracie (1981, Problems 4-8)에서 인용한 문제로서 두 개 폐합망으로 구성된 수준망이며(그림 4.1), 데이터는 표 4.1에 정리되어 있다.

수준망은 각 폐합망마다 하나의 조건방정식으로 표현할 수 있다. 관측값을 반시계방향으로 연결하면 두 개 조건방정식으로 나타낼 수 있고,

$$(y_1 - e_1) + (y_2 - e_2) + (y_3 - e_3) = 0$$
$$-(y_3 - e_3) + (y_4 - e_4) + (y_5 - e_5) = 0$$

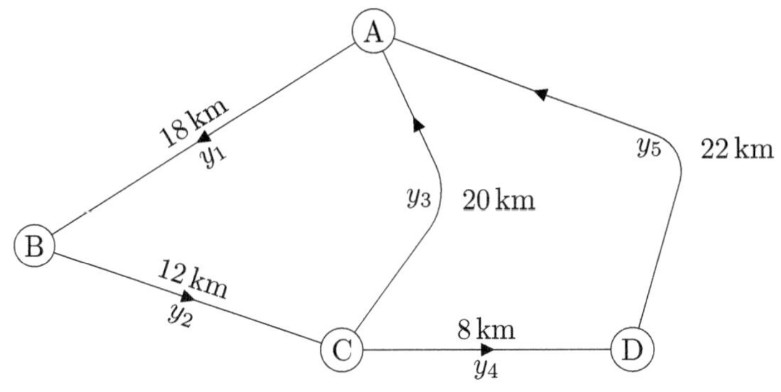

그림 4.1: 소규모 수준망

표 4.1: 수준망 데이터

노선	$\boldsymbol{y}$	높이차 관측값 [m]	노선길이 [km]
$A - B$	y_1	−12.386	18
$B - C$	y_2	−11.740	12
$C - A$	y_3	24.101	20
$C - D$	y_4	−8.150	8
$D - A$	y_5	32.296	22

이를 행렬식으로 표현하면 아래와 같다.

$$B\boldsymbol{y} = \begin{bmatrix} 1 & 1 & 1 & 0 & 0 \\ 0 & 0 & -1 & 1 & 1 \end{bmatrix} \begin{bmatrix} -12.386 \\ -11.740 \\ 24.101 \\ -8.150 \\ 32.296 \end{bmatrix} = B\boldsymbol{e}$$

관측에 대한 가중값은 노선길이(km 단위)에 반비례하므로 가중행렬을 다음과 같이 설정하면 충분히 합리적이라고 볼 수 있다.

$$P^{-1} = 10^{-6} \cdot \mathrm{diag}(18, 12, 20, 8, 22)\,\mathrm{m}^2$$

따라서 잔차는 다음과 같이 계산할 수 있고,

$$\tilde{\boldsymbol{e}} = P^{-1}B^T(BP^{-1}B^T)^{-1}B\boldsymbol{y} = \begin{bmatrix} -0.003 \\ -0.002 \\ -0.020 \\ 0.007 \\ 0.018 \end{bmatrix} \text{m}$$

모델 잉여도(redundancy)는 $r = \text{rk}\, B = 2$가 된다. 조정관측값과 잔차 분산 행렬을 다음과 같이 계산할 수 있다.

$$\hat{\boldsymbol{\mu}}_y = \boldsymbol{y} - \tilde{\boldsymbol{e}} = \begin{bmatrix} -12.383 \\ -11.738 \\ 24.121 \\ -8.157 \\ 32.278 \end{bmatrix} \text{m}$$

$$\begin{aligned} D\{\tilde{\boldsymbol{e}}\} &= \sigma_0^2 \cdot P^{-1}B^T(BP^{-1}B^T)^{-1}BP^{-1} \\ &= \sigma_0^2 \cdot \begin{bmatrix} 7.7 & 5.1 & 5.1 & 1.4 & 3.8 \\ 5.1 & 3.4 & 3.4 & 0.9 & 2.5 \\ 5.1 & 3.4 & 11.4 & -2.3 & -6.3 \\ 1.4 & 0.9 & -2.3 & 1.5 & 4.2 \\ 3.8 & 2.5 & -6.3 & 4.2 & 11.5 \end{bmatrix} \text{mm}^2 \end{aligned}$$

가중잔차제곱합은 $\Omega := \tilde{\boldsymbol{e}}^T P \tilde{\boldsymbol{e}} = (6.454972)^2$이며, 이를 이용해서 분산요소 추정값 $\hat{\sigma}_0^2 = \Omega/r = (4.564355)^2$을 계산할 수 있다. 분산요소 추정값은 잔차 추정분산행렬(estimated dispersion matrix)을 계산하기 위해 사용한다.

$$\hat{D}\{\tilde{\boldsymbol{e}}\} = \hat{\sigma}_0^2 \cdot P^{-1}B^T(BP^{-1}B^T)^{-1}BP^{-1}$$

$$= \begin{bmatrix} 1.61 & 1.07 & 1.07 & 0.29 & 0.79 \\ 1.07 & 0.71 & 0.71 & 0.19 & 0.52 \\ 1.07 & 0.71 & 2.38 & -0.48 & -1.31 \\ 0.29 & 0.19 & -0.48 & 0.32 & 0.87 \\ 0.79 & 0.52 & -1.31 & 0.87 & 2.40 \end{bmatrix} \text{cm}^2$$

만약 같은 문제를 가우스-마코프 모델로 표현하면 측점 높이 미지수 $\boldsymbol{\xi} = [H_A, H_B, H_C, H_D]^T$에 대한 계수행렬(coefficient matrix)은 다음과 같다.

$$A = \begin{bmatrix} -1 & 1 & 0 & 0 \\ 0 & -1 & 1 & 0 \\ 1 & 0 & -1 & 0 \\ 0 & 0 & -1 & 1 \\ 1 & 0 & 0 & -1 \end{bmatrix}$$

따라서 두 조건 $r = n - \text{rk}\, A = \text{rk}\, B = 2$와 $BA = 0$을 만족한다. 실제로 GMM 최소제곱해에서 구한 잔차벡터와 분산요소 추정값이 조건방정식 모델과 동일함을 쉽게 확인할 수 있다.

4.4.2 비선형 예제(삼각형 관측값)

그림 4.2에 도시한 삼각형 세 변과 두 내각 관측값은 표 4.2에 정리되어 있고(관측값 표준편차는 표 마지막 열), 조건방정식 모델로 잔차벡터를 계산하여 관측값을 조정한다.

아래 두 비선형 조건방정식은 5×1 미지 확률오차 벡터 $\boldsymbol{e}$에 관한 함수로 표현할 수 있고, 각각 평면 삼각형 sine 법칙과 cosine 법칙을 나타낸다.

$$f_1(\boldsymbol{e}) = (y_2 - e_2)\cdot\sin(y_4 - e_4) - (y_1 - e_1)\cdot\sin(y_5 - e_5) = 0 \tag{4.19a}$$

$$\begin{aligned} f_2(\boldsymbol{e}) &= (y_1 - e_1)^2 + (y_2 - e_2)^2 - (y_3 - e_3)^2 \\ &\quad - 2\cdot(y_1 - e_1)(y_2 - e_2)\cdot\cos(\pi - y_4 + e_4 - y_5 + e_5) = 0 \end{aligned} \tag{4.19b}$$

표 4.2: 삼각형 변과 내각 관측값

관측번호	관측값	표준편차
y_1	120.01 m	1 cm
y_2	105.02 m	1 cm
y_3	49.98 m	1 cm
y_4	94°47′10″	20″
y_5	60°41′20″	20″

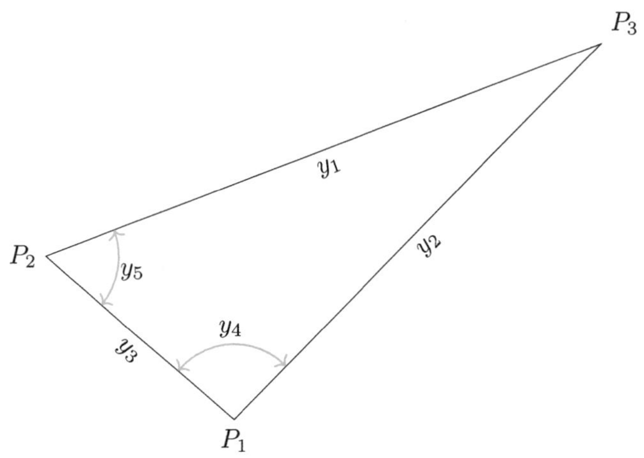

그림 4.2: 삼각형 변과 내각 관측

선형화를 위해 필요한 편미분은 전미분식으로 표현할 수 있다.

$$\begin{aligned} \mathrm{d}f_1 = &-\sin(y_4 - e_4)\mathrm{d}e_2 - (y_2 - e_2)\cos(y_4 - e_4)\mathrm{d}e_4 \\ &+ \sin(y_5 - e_5)\mathrm{d}e_1 + (y_1 - e_1)\cos(y_5 - e_5)\mathrm{d}e_5 \end{aligned} \tag{4.20a}$$

$$\begin{aligned} \mathrm{d}f_2 = &\big[-2(y_1 - e_1) + 2(y_2 - e_2)\cos(\pi - y_4 + e_4 - y_5 + e_5)\big]\mathrm{d}e_1 \\ &+ \big[-2(y_2 - e_2) + 2(y_1 - e_1)\cos(\pi - y_4 + e_4 - y_5 + e_5)\big]\mathrm{d}e_2 \\ &+ 2(y_3 - e_3)\mathrm{d}e_3 \\ &+ \big[2(y_1 - e_1)(y_2 - e_2)\sin(\pi - y_4 + e_4 - y_5 + e_5)\big](\mathrm{d}e_4 + \mathrm{d}e_5) \end{aligned} \tag{4.20b}$$

이 식으로부터 편미분($\partial f_1/\partial e_2 = -\sin(y_4 - e_4)$ 등)을 구할 수 있으므로 계수(rank) 2를 가지는(즉 완전행계수) Jacobian 행렬을 만들 수 있다.

$$B = \begin{bmatrix} \frac{\partial f_1}{\partial e_1} & \frac{\partial f_1}{\partial e_2} & \frac{\partial f_1}{\partial e_3} & \frac{\partial f_1}{\partial e_4} & \frac{\partial f_1}{\partial e_5} \\ \frac{\partial f_2}{\partial e_1} & \frac{\partial f_2}{\partial e_2} & \frac{\partial f_2}{\partial e_3} & \frac{\partial f_2}{\partial e_4} & \frac{\partial f_2}{\partial e_5} \end{bmatrix} \tag{4.20c}$$

식을 축약 테일러 전개로 선형화하기 위해 미지 확률벡터 $\boldsymbol{e}$ 근사값인 $\boldsymbol{e}_0$를 참조점으로 사용한다.

$$\boldsymbol{f}(\boldsymbol{e}) \approx \boldsymbol{f}(\boldsymbol{e}_0) + \left.\frac{\partial \boldsymbol{f}}{\partial \boldsymbol{e}^T}\right|_{\boldsymbol{e}=\boldsymbol{e}_0} \cdot (\boldsymbol{e} - \boldsymbol{e}_0) = \boldsymbol{0} \tag{4.21a}$$

$\boldsymbol{e}_0$를 적용한 편미분 행렬 B와 미지 잔차 증분벡터 $\Delta\boldsymbol{e} := \boldsymbol{e} - \boldsymbol{e}_0$를 도입하면 다음 식으로 표현할 수 있고,

$$-\boldsymbol{f}(\boldsymbol{e}_0) = B \cdot \Delta\boldsymbol{e} \tag{4.21b}$$

이는 조건방정식 모델과 동일한 형태로 나타낼 수 있다.

$$\boldsymbol{w} = B\boldsymbol{e} \tag{4.21c}$$

따라서 $\Delta\boldsymbol{e}$를 예측하기 위한 반복 알고리즘은 다음과 같다.

[Δe 예측 반복 알고리즘]

1. 초기값과 수렴기준
   우선 $\boldsymbol{e}_0 = \boldsymbol{0}$으로 설정하고 수렴기준 ϵ을 선택한다.

2. $\Delta\boldsymbol{e}$ 예측값 계산
   $j = 1, 2, \cdots$에 대해서 조건 $\widetilde{\Delta\boldsymbol{e}}_j > \epsilon$을 만족하면 j번째 예측값을 계산한다.

$$\widetilde{\Delta\boldsymbol{e}}_j = P^{-1} B_j^T (B_j P^{-1} B_j^T)^{-1} \boldsymbol{w}_j \tag{4.22a}$$

$$\tilde{\boldsymbol{e}}_j = \boldsymbol{e}_j + \widetilde{\Delta\boldsymbol{e}}_j \tag{4.22b}$$

3. 변수값 갱신

다음 반복계산을 위해 참조점, Jacobian 행렬, 벡터 $\boldsymbol{w}$를 갱신한다.

$$\begin{aligned} \boldsymbol{e}_{j+1} &= \tilde{\boldsymbol{e}}_j - \underset{\sim}{\boldsymbol{0}} \\ B_{j+1} &= B|_{\boldsymbol{e}_{j+1}} \\ \boldsymbol{w}_{j+1} &= -\boldsymbol{f}(\boldsymbol{e}_{j+1}) \end{aligned} \tag{4.22c}$$

첫 번째 반복계산에서 행렬 B와 벡터 $\boldsymbol{w}$는 다음과 같다.

$$B = \begin{bmatrix} 0.08719744 & -0.09965131 & 0 & 8.762479 & 58.75108 \\ -48.92976 & 8.325453 & 99.96000 & 10463.14 & 10463.14 \end{bmatrix}$$

$$\boldsymbol{w} = \begin{bmatrix} -0.00816522 \\ -0.86019942 \end{bmatrix}$$

최종 수렴 후 예측잔차벡터는 아래와 같이 주어진다.

$$\tilde{\boldsymbol{e}} = \begin{bmatrix} -0.0021\,\mathrm{m} \\ 0.0035\,\mathrm{m} \\ -0.0024\,\mathrm{m} \\ -05.6'' \\ -09.2'' \end{bmatrix} \tag{4.23}$$

수렴기준 ϵ 수치값을 선택할 때는 잔차벡터 단위를 반드시 고려해야 한다. 이 예제에서 미터(m) 단위는 0.1 mm보다 작으면 충분하지만, 라디안(radian) 단위 내각은 5×10^{-6}rad 이하로 설정할 필요가 있다. 그러므로 서로 다른 종류 관측값에 대해서는 별도 수렴기준을 적용하여 $\widetilde{\Delta \boldsymbol{e}}_j$ 요소를 개별적으로 점검해야 한다. 이를 통해 모든 수렴기준을 만족하면 알고리즘이 수렴했다고 판단할 수 있다.

4.5 계수부족 GMM과 조건방정식

계수부족 모델 식 (3.40a)를 조건방정식 모델로 변환하기 위해서는 (3.40b)에 정의된 계수부족 행렬 A를 분할한다.

$$\underset{n\times m}{A} = \left[A_1 \;\middle|\; A_2\right] = \begin{bmatrix} A_{11} & A_{12} \\ A_{21} & A_{22} \end{bmatrix} \tag{4.24a}$$

$$\dim(A_{11}) = q\times q, \quad \dim(A_{22}) = (n-q)\times(m-q) \tag{4.24b}$$

앞에서와 마찬가지로 $\operatorname{rk} A_{11} = q := \operatorname{rk} A$일 때, $A_2 = A_1 L$을 만족하는 $q\times(m-q)$ 행렬 L을 도입하면(식 (3.50a) 참고) 식을 다시 정리할 수 있다.

$$\begin{aligned} A_2 &= \begin{bmatrix} A_{12} \\ A_{22} \end{bmatrix} = A_1 L = \begin{bmatrix} A_{11} \\ A_{21} \end{bmatrix} L \\ \therefore\ A &= \left[A_1 \;\middle|\; A_1 L\right] \end{aligned} \tag{4.25}$$

조건방정식 모델 행렬 B를 아래와 같이 정의할 수 있으며, 4.2절에서 설명한 두 조건, 즉 차수조건(dimensionality condition)과 직교조건(orthogonality condition)을 만족하면 충분하다.

$$\underset{r\times n}{B} := \left[A_{21}A_{11}^{-1} \;\middle|\; -I_{n-q}\right] \tag{4.26}$$

여기서 r은 식 (3.48)과 (4.1b) 모델 잉여도를 나타낸다. 첫 번째 조건을 만족하기 위해서는 A와 B 열공간 차원을 더한 값이 관측값 개수 n과 같아야 한다. 두 번째 조건은 행렬 B 행과 행렬 A 열이 직교해야 한다(즉, $BA = 0$). 두 조건을 합치면 A와 B^T가 n-차원 공간에서 직교여공간(orthogonal complements)임을 의미하며, 좀 더 간결하게 표현하면 다음과 같다.

$$\mathcal{R}(A) \overset{\perp}{\oplus} \mathcal{R}(B^T) = \mathbb{R}^n \tag{4.27}$$

아래 관계식으로부터 식 (4.26)이 두 조건을 만족함을 알 수 있다.

1) **차수조건**(dimensionality condition)

$$\begin{aligned} \operatorname{rk} B &= r = n - q = n - \operatorname{rk} A \\ \operatorname{rk} A &+ \operatorname{rk} B = n \end{aligned} \tag{4.28a}$$

2) **직교조건**(orthogonality condition)

$$BA = B\left[A_1 \;\middle|\; A_2\right] = BA_1\left[I_q \;\middle|\; L\right] \tag{4.28b}$$

$$\begin{aligned} BA_1 &= \left[A_{21}A_{11}^{-1} \;\middle|\; -I_{n-q}\right]\begin{bmatrix} A_{11} \\ A_{21} \end{bmatrix} \\ &= A_{21}A_{11}^{-1}A_{11} - A_{21} = 0 \end{aligned} \tag{4.28c}$$

$$\therefore\; BA = 0 \tag{4.28d}$$

행렬 A 계수(rank)를 알고 있으면 식 (4.24a)처럼 A를 얼마든지 분할할 수 있다. 그러나 상황에 따라서는 A_{11}이 완전열계수를 가지도록 열 순서를 재배열할 필요가 있다(해당 미지수 순서도 변경).

4.6 연습문제

1. 4.2절 잔차벡터 $\tilde{e}$ 공식을 스스로 유도할 수 있도록 연습하시오.

2. 3.6절 문제 9에서 조건방정식 모델 최소제곱해를 이용하여 잔차벡터를 계산하시오. 행렬 B 계수(rank)가 $n-5$이고, 계수행렬(coefficient matrix) A에 대해서 $BA=0$을 만족하는지 점검하시오.

3. 표 4.3에 나열한 관측값은 그림 4.3에 표현되어 있다. 관측값 각도는 데오도라이트를 이용하여 독립적으로 측정한 방향을 차분한 값이라고 가정한다. 예를 들어, 관측값 y_2는 $\overrightarrow{P_2P_4}$ 방향에서 $\overrightarrow{P_2P_3}$ 방향을 빼서 구한 값이고, 개별 방향 분산은 $\sigma^2=(10'')^2$이다.

   (a) 여섯 개 관측각 분산을 구하고, y_2와 y_3 사이 공분산과 y_4와 y_5 사이 공분산을 각각 계산하시오. 결과를 이용하여 공분산행렬 Q를 나타내시오.

   (b) 적절한 조건방정식을 쓰고 모델 잉여도를 결정하시오.

   (c) 조건방정식 모델에서 최소제곱해를 이용하여 잔차벡터 $\tilde{e}$와 분산 $D\{\tilde{e}\}$를 계산하시오.

   (d) 분산요소 추정값 $\hat{\sigma}_0^2$을 계산하시오.

표 4.3: 네 점 사이 각 관측값

$\boldsymbol{y}$	관측값
y_1	$37°52'35''$
y_2	$46°56'10''$
y_3	$57°18'50''$
y_4	$37°52'40''$
y_5	$53°44'50''$
y_6	$31°03'20''$

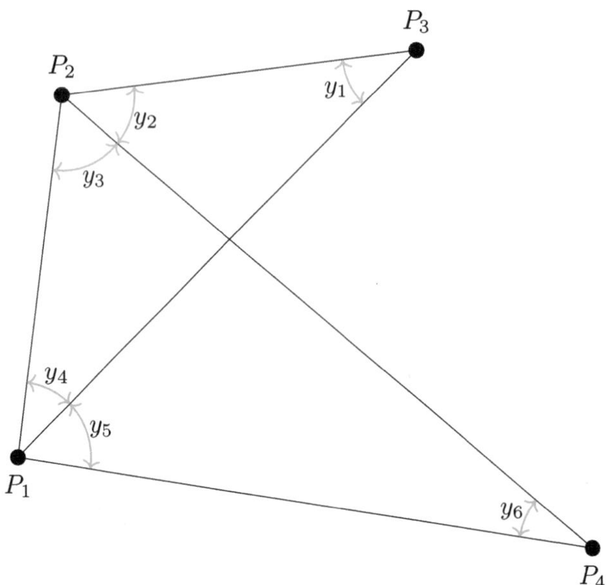

그림 4.3: 네 점 사이 각 관측

4. 그림 4.4와 같이 세 점 A, B, C에서 네 개 거리관측을 실시했고, 그 결과는 $y_1 = 300.013\,\mathrm{m}$, $y_2 = 300.046\,\mathrm{m}$, $y_3 = 200.055\,\mathrm{m}$, $y_4 = 500.152\,\mathrm{m}$이다. 거리 관측 사이에 상관성은 없으며, 표준편차는 $\sigma = (5 + 10d)\,\mathrm{mm}$로 정의한다($d$는 km 단위로 주어진 측정거리).

   측점 A와 C 사이 조정거리와 추정분산을 구하기 위해 조건방정식 모델 최소제곱조정을 수행하시오.

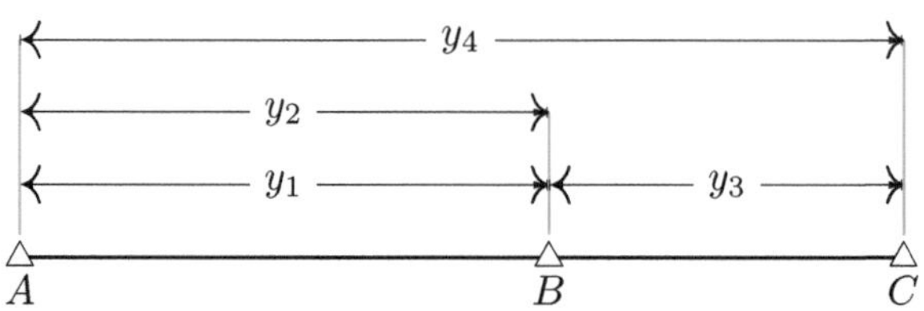

그림 4.4: 세 측점 A, B, C 사이 네 개 거리 관측

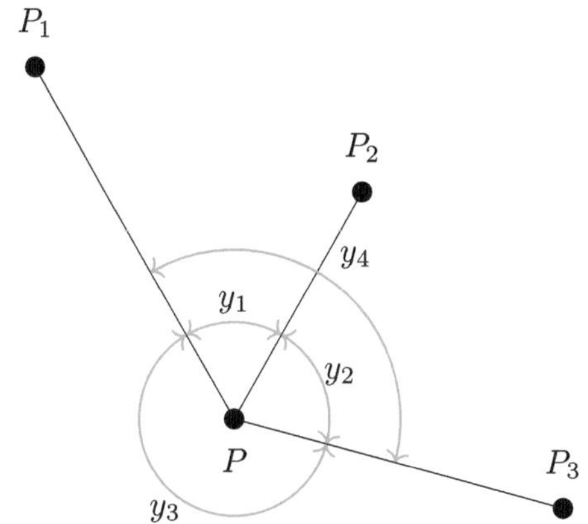

그림 4.5: 세 개 방향관측으로 계산한 네 개 각

5. 네 개 각 관측이 그림 4.5와 같이 실시되었고, y_1과 y_2는 세 개의 방향관측을 차분하여 구한 값이다. y_3는 독립인 두 개 방향관측으로부터 계산한 값이며, y_4 역시 마찬가지다. 모든 방향은 서로 독립이며, 표준편차는 $\sigma = 10''$로 주어진다.

   계산한 각은 $y_1 = 60°22'15''$, $y_2 = 75°39'20''$, $y_3 = 223°58'40''$, $y_4 = 136°01'30''$이다. 여기서 주의할 점은, 관측한 개별 방향은 서로 독립이지만 방향관측에서 유도한 각은 독립이 아니다.

   조건방정식 모델 최소제곱해를 이용해서 y_1과 y_2 조정각과 그 분산을 구하시오.

6. 3.6절 문제 7 데이터와 조건방정식 모델 최소제곱해를 이용하여 잔차 벡터 $\tilde{e}$를 구하시오. 또한 행렬 B 계수(rank)가 $n-2$이고, 계수행렬(coefficient matrix) A에 대해서 $BA = 0$임을 보이시오.

   Hint $j = 2, 3, \cdots, n-1$에 대해서 첫 번째 점과 j번째 점 사이 기울기는 j번째와 $(j+1)$번째 점 사이 기울기와 같다.

4.7 조건방정식 모델 공식 요약

조건방정식 모델은 다음과 같이 주어진다.

$$\underset{r\times 1}{\boldsymbol{w}} := \underset{r\times n}{B}\,\boldsymbol{y} = B\boldsymbol{e}, \quad \boldsymbol{e} \sim (\boldsymbol{0}, \sigma_0^2 P^{-1})$$
$$r := \operatorname{rk} B$$

표 4.4: 조건방정식 모델 최소제곱해 공식 요약

구분	공식	Eq.
모델 잉여도	$r = \operatorname{rk} B$	(4.1b)
예측잔차벡터	$\tilde{\boldsymbol{e}} = P^{-1}B^T\big(BP^{-1}B^T\big)^{-1}B\boldsymbol{y}$	(4.5e)
잔차 분산행렬	$D\{\tilde{\boldsymbol{e}}\} = \sigma_0^2 \cdot P^{-1}B^T(BP^{-1}B^T)^{-1}BP^{-1}$	(4.10)
잔차제곱합(SSR)	$\Omega = \tilde{\boldsymbol{e}}^T P \tilde{\boldsymbol{e}}$	(4.8a)
분산요소 추정값	$\hat{\sigma}_0^2 = \Omega / r$	(4.9)
조정관측값 벡터	$\widehat{E\{\boldsymbol{y}\}} =: \hat{\boldsymbol{\mu}}_y = \boldsymbol{y} - \tilde{\boldsymbol{e}}$	(4.6)
조정관측값 분산행렬	$D\{\hat{\boldsymbol{\mu}}_y\} = \sigma_0^2 \cdot P^{-1} - D\{\tilde{\boldsymbol{e}}\}$	(4.12)

제 5 장

제약조건 가우스-마코프 모델

조정계산을 수행하기 전에 어떤 미지수에 대한 값 또는 미지수 사이 함수 관계를 “사전정보”(prior information)로 이미 알고 있다면 “제약조건”(constraints)을 적용해서 이 값을 유지할 수 있다. 예를 들어, 수준망 조정에서 두 점 높이차를 사전에 알고 있거나, 2차원 망조정에서 두 점 방위각이 특정 값으로 유지되어야 할 수도 있다. 두 사례 모두 가우스-마코프 모델(GMM)에 추가한 제약조건을 통해 사전정보(*a priori*)가 유지될 수 있다.[1] 측지학에서는 실험 또는 조정계산이 이루어지기 전에 가지고 있는 지식이나 정보를 의미한다.

설계행렬 A가 완전열계수(full column rank)를 가지지 않을 때도 제약조건이 유용하게 활용된다. 이때는 정규행렬의 역행렬(N^{-1})이 존재하지 않으므로 미지수는 식 (3.7)을 이용하여 추정할 수 없다. 예를 들어, 네트워크 관측값을 조정계산하여 측점 좌표를 추정할 때 관측값 자체는 네트워크 데이텀에 대한 정보(즉 크기, 형상, 방향, 원점)를 완벽하게 제공하지 못하므로 문제가 발생한다. 좀 더 구체적으로 설명하면, 거리(distance) 측정은 네트워크 축척(크기)에 대한 정보를 제공하고, 각(angle) 관측은 형상에 대한 정보를 제공한다. 그러나 두 사례 모두 원점(origin)과 측지망 방향(orientation)에 대한

[1] *a priori*라는 용어는 글자 그대로 “이전부터”(from the earlier)를 의미하는 라틴어 문구를 가리킨다.

정보를 제공하지 않으므로 측점 좌표를 추정할 수 없다.

2차원에서는 두 좌표값(즉 두 개 미지수)과 하나의 방위각(네 개 미지수로 이루어진 함수)에 제약조건을 적용하면 부족한 정보를 제공할 수 있다. 설령 임의의 값을 제약조건으로 명시하더라도 제약조건 조정계산에서는 "알고 있는"(*a priori*) 값이라고 간주한다.

앞서 3.5절에서 살펴본 대로, 데이텀 정보를 이용해서 미지수에 대한 최소 제약조건을 부여할 수 있다. 이를 통해 모델 데이텀(계수) 부족을 해결하고 관측값에 대한 최소제약 조정계산을 수행할 수 있다. 이 장에서 다루는 모델은 최소제약 조정계산으로 데이텀 부족을 해결할 뿐만 아니라, 때에 따라서는 과다제약(over-constrained)이 될 수 있는 다양한 고정제약(fixed constraints) 문제를 다루는 데 활용된다. 과다제약 조정계산에서는 제약조건이 잔차벡터 값에 어떤 영향을 미치는지 다룬다.

5.1 모델 정의

일부 또는 전체 미지수에 제약조건을 부여하는 가우스-마코프 모델(GMM)과 계수(rank) 조건은 아래와 같다.

$$\underset{n\times 1}{\boldsymbol{y}} = \underset{n\times m}{A}\,\boldsymbol{\xi} + \boldsymbol{e},\ \ \boldsymbol{e} \sim (\boldsymbol{0}, \sigma_0^2 P^{-1}),\ \ \operatorname{rk} A =: q \leq m \tag{5.1a}$$

$$\underset{l\times 1}{\boldsymbol{\kappa}_0} = \underset{l\times m}{K}\,\boldsymbol{\xi},\ \ \operatorname{rk} K =: l \geq m - q \tag{5.1b}$$

$$\operatorname{rk}\big[A^T, K^T\big] = m \tag{5.1c}$$

모델 각 항은 75쪽에 정의되어 있고, 값을 알고 있는 $l \times m$ 계수행렬(coefficient matrix) K와 $l \times 1$ 상수벡터 $\boldsymbol{\kappa}_0$가 추가되었다. 정규방정식 기호는 식 (3.4)에 정의되어 있지만 편의상 다시 표시한다.

$$\big[N, \boldsymbol{c}\big] := A^T P\big[A, \boldsymbol{y}\big] \tag{5.2}$$

식 (3.1) 모델과 달리 식 (5.1a) 계수행렬 A는 완전열계수를 가질 필요가 없으며, 이때 역행렬 N^{-1}는 존재하지 않는다. 그러나 제시한 계수조건으로부터 $(N{+}K^TK)^{-1}$가 존재함을 알 수 있고, 만약 N^{-1}가 존재하면 $(KN^{-1}K^T)^{-1}$

역시 존재한다. 왜냐하면 식 (5.1c)에 명시한 계수조건에 의해 $[A^T, K^T]$ 열 공간은 $\mathbb{R}^m$을 스팬(span)하기 때문이다. 모델 잉여도는 아래와 같다.

$$r := n - m + \operatorname{rk} K = n - m + l \tag{5.3}$$

크기가 $l \times 1$인 라그랑지 승수벡터 $\boldsymbol{\lambda}$를 도입하여 최소화할 라그랑지 목적 함수를 다음과 같이 정의할 수 있다.

$$\Phi(\boldsymbol{\xi}, \boldsymbol{\lambda}) := (\boldsymbol{y} - A\boldsymbol{\xi})^T P(\boldsymbol{y} - A\boldsymbol{\xi}) - 2\boldsymbol{\lambda}^T\big(\boldsymbol{\kappa}_0 - K\boldsymbol{\xi}\big) = \text{stationary} \tag{5.4a}$$

$$= \boldsymbol{y}^T P\boldsymbol{y} - 2\boldsymbol{\xi}^T A^T P\boldsymbol{y} + \boldsymbol{\xi}^T A^T PA\boldsymbol{\xi} - 2\boldsymbol{\lambda}^T(\boldsymbol{\kappa}_0 - K\boldsymbol{\xi}) \tag{5.4b}$$

목적함수를 1차 편미분하면 오일러-라그랑지 필요조건을 구할 수 있다.

$$\frac{1}{2}\frac{\partial\Phi}{\partial\boldsymbol{\xi}} = N\hat{\boldsymbol{\xi}} - \boldsymbol{c} + K^T\hat{\boldsymbol{\lambda}} \doteq \boldsymbol{0} \tag{5.5a}$$

$$\frac{1}{2}\frac{\partial\Phi}{\partial\boldsymbol{\lambda}} = -\boldsymbol{\kappa}_0 + K\hat{\boldsymbol{\xi}} \doteq \boldsymbol{0} \tag{5.5b}$$

식 (5.5a)와 (5.5b)를 행렬 형태로 표현하면 좌변 벡터는 추정할 $m + l$개 미지수를 나타낸다.

$$\begin{bmatrix} N & K^T \\ K & 0 \end{bmatrix} \begin{bmatrix} \hat{\boldsymbol{\xi}} \\ \hat{\boldsymbol{\lambda}} \end{bmatrix} = \begin{bmatrix} \boldsymbol{c} \\ \boldsymbol{\kappa}_0 \end{bmatrix} \tag{5.6}$$

목적함수 2차 편미분은 양의(준)정부호(positive-(semi)definite)이므로 최소화를 위한 충분조건을 만족한다.

$$(1/2)\big(\partial^2\Phi/\partial\boldsymbol{\xi}\partial\boldsymbol{\xi}^T\big) = N \tag{5.7}$$

식 (5.6)에서 좌변 행렬을 최소제곱 "정규행렬"(normal equation matrix)이라고 한다. 정규행렬의 역행렬이 존재하기 위한 필요충분조건은 $\operatorname{rk}\big[A^T, K^T\big] = m$이고, 이 계수조건(rank condition)이 의미하는 바는 아래와 같다.

- 첫 m개 열 중에서 최소한 $m - l$개는 선형독립이고,
- 이후 l개 열은 보완적이며, 첫 $m - l$개 열과 결합하면 $\mathbb{R}^m$을 스팬한다.

5.2 미지수와 라그랑지 승수 추정

이 절에서는 두 가지 상황, ① N 역행렬이 존재(nonsingular/regular)하거나, ② N 역행렬이 존재하지 않는(singular) 상황을 다루며, 최소제곱해(LEast-Squares Solution, LESS)를 유도한다.

Case 1 먼저 N 역행렬이 존재하는, 즉 행렬 A가 완전열계수를 가질 때 ($\operatorname{rk} A = m$)에는 식 (5.5a)와 (5.5b)로부터 다음 식을 얻을 수 있다.

$$\hat{\boldsymbol{\xi}} = N^{-1}\big(\boldsymbol{c} - K^T\hat{\boldsymbol{\lambda}}\big) \tag{5.8a}$$

$$\boldsymbol{\kappa}_0 = K\hat{\boldsymbol{\xi}} = KN^{-1}\boldsymbol{c} - KN^{-1}K^T\hat{\boldsymbol{\lambda}} \tag{5.8b}$$

$$\therefore\ \hat{\boldsymbol{\lambda}} = -\big(KN^{-1}K^T\big)^{-1}\big(\boldsymbol{\kappa}_0 - KN^{-1}\boldsymbol{c}\big) \tag{5.8c}$$

따라서 최종적인 LESS는 다음과 같이 나타낼 수 있다.

$$\hat{\boldsymbol{\xi}} = N^{-1}\boldsymbol{c} + N^{-1}K^T\big(KN^{-1}K^T\big)^{-1}\big(\boldsymbol{\kappa}_0 - KN^{-1}\boldsymbol{c}\big) \tag{5.8d}$$

식 (5.8d)에서 벡터 차 $\boldsymbol{\kappa}_0 - KN^{-1}\boldsymbol{c}$를 “불일치벡터”(vector of discrepancies)라고 한다. 이는 제약조건 없는 해($N^{-1}\boldsymbol{c}$)를 행렬 K를 이용하여 선형결합한 값과 주어진 상수벡터 $\boldsymbol{\kappa}_0$와 차이를 나타낸다. 추정한 벡터($\hat{\boldsymbol{\xi}}$와 $\hat{\boldsymbol{\lambda}}$)는 식 (5.6) 역행렬로 나타낼 수도 있다.

$$\begin{bmatrix} \hat{\boldsymbol{\xi}} \\ \hat{\boldsymbol{\lambda}} \end{bmatrix} = \left[\begin{array}{c|c} N^{-1} - N^{-1}K^T\big(KN^{-1}K^T\big)^{-1}KN^{-1} & N^{-1}K^T\big(KN^{-1}K^T\big)^{-1} \\ \big(KN^{-1}K^T\big)^{-1}KN^{-1} & -\big(KN^{-1}K^T\big)^{-1} \end{array}\right] \begin{bmatrix} \boldsymbol{c} \\ \boldsymbol{\kappa}_0 \end{bmatrix} \tag{5.9}$$

추정한 라그랑지 승수벡터 기댓값은 다음과 같이 구할 수 있다.

$$\begin{aligned} E\{\hat{\boldsymbol{\lambda}}\} &= -E\{\big(KN^{-1}K^T\big)^{-1}(\boldsymbol{\kappa}_0 - KN^{-1}\boldsymbol{c})\} \\ &= \big(KN^{-1}K^T\big)^{-1}\big[KN^{-1}A^TPE\{\boldsymbol{y}\} - \boldsymbol{\kappa}_0\big] \\ &= \big(KN^{-1}K^T\big)^{-1}(K\boldsymbol{\xi} - \boldsymbol{\kappa}_0) = 0 \end{aligned} \tag{5.10}$$

Case 2 행렬 A가 완전열계수를 가지지 않으므로($\operatorname{rk} A < m$) N 역행렬이 존재하지 않는다. 식 (5.5b)에 K^T를 곱한 후 식 (5.5a)에 더하면 다음 식을

구할 수 있다.

$$\begin{aligned}(N+K^TK)\hat{\boldsymbol{\xi}} &= \boldsymbol{c}+K^T(\boldsymbol{\kappa}_0-\hat{\boldsymbol{\lambda}})\\ \hat{\boldsymbol{\xi}} &= (N+K^TK)^{-1}\boldsymbol{c}+(N+K^TK)^{-1}K^T(\boldsymbol{\kappa}_0-\hat{\boldsymbol{\lambda}})c \end{aligned} \tag{5.11}$$

식 (5.5b)와 (5.11)로부터 아래 관계식으로 표현할 수 있고,

$$\begin{aligned}\boldsymbol{\kappa}_0 &= K\hat{\boldsymbol{\xi}}\\ &= K(N+K^TK)^{-1}\boldsymbol{c}+K(N+K^TK)^{-1}K^T(\boldsymbol{\kappa}_0-\hat{\boldsymbol{\lambda}})\\ (\boldsymbol{\kappa}_0-\hat{\boldsymbol{\lambda}}) &= \left[K(N+K^TK)^{-1}K^T\right]^{-1}\left[\boldsymbol{\kappa}_0-K(N+K^TK)^{-1}\boldsymbol{c}\right]\end{aligned} \tag{5.12}$$

식 (5.12)를 식 (5.11)에 대입하면 최소제곱해(LESS)를 구할 수 있다.

$$\begin{aligned}\hat{\boldsymbol{\xi}} = (N+K^TK)^{-1}\boldsymbol{c}+(N+K^TK)^{-1}K^T\cdot\\ \left[K(N+K^TK)^{-1}K^T\right]^{-1}\left[\boldsymbol{\kappa}_0-K(N+K^TK)^{-1}\boldsymbol{c}\right]\end{aligned} \tag{5.13}$$

식 (5.8d)에 명시한 모든 N을 식 (5.13)에서는 $N+K^TK$로 대체한 점을 제외하면 식 (5.13)과 (5.8d)는 동일하다. 물론 식 (5.13)은 역행렬 존재 여부와 상관없이 적용할 수 있다. 또한 아래 식에서 $N \rightarrow (N+K^TK)-K^TK$로 변형하는 기법을 적용(세 번째 줄 마지막 N)하면 벡터 차 $\boldsymbol{\kappa}_0-\hat{\boldsymbol{\lambda}}$ 기댓값을 유도할 수 있다.

$$\begin{aligned}E\{\boldsymbol{\kappa}_0-\hat{\boldsymbol{\lambda}}\} &= E\{\left[K(N+K^TK)^{-1}K^T\right]^{-1}\left[\boldsymbol{\kappa}_0-K(N+K^TK)^{-1}\boldsymbol{c}\right]\}\\ &= \left[K(N+K^TK)^{-1}K^T\right]^{-1}\left[\boldsymbol{\kappa}_0-K(N+K^TK)^{-1}A^TPE\{\boldsymbol{y}\}\right]\\ &= \left[K(N+K^TK)^{-1}K^T\right]^{-1}K\left[I_m-(N+K^TK)^{-1}N\right]\boldsymbol{\xi}\\ &= K\boldsymbol{\xi} \end{aligned} \tag{5.14a}$$

$$E\{\hat{\boldsymbol{\lambda}}\} = \boldsymbol{0} \tag{5.14b}$$

5.3 분산행렬 유도

이 절에서는 미지수 $\hat{\boldsymbol{\xi}}$과 라그랑지 승수 추정벡터 $\hat{\boldsymbol{\lambda}}$ 분산을 계산한다.

Case 1 첫 번째는 식 (5.6)으로부터 유도과정을 시작한다.

$$\begin{bmatrix} \hat{\boldsymbol{\xi}} \\ \hat{\boldsymbol{\lambda}} \end{bmatrix} = \begin{bmatrix} N & K^T \\ K & 0 \end{bmatrix}^{-1} \begin{bmatrix} \boldsymbol{c} \\ \boldsymbol{\kappa}_0 \end{bmatrix} \tag{5.15}$$

$\boldsymbol{\kappa}_0$는 비확률벡터이므로 공분산 전파법칙을 적용하고 식 (5.9) 행렬을 대입하면 다음 식으로 나타낼 수 있다.

$$\begin{aligned} D\left\{\begin{bmatrix} \hat{\boldsymbol{\xi}} \\ \hat{\boldsymbol{\lambda}} \end{bmatrix}\right\} &= \begin{bmatrix} N & K^T \\ K & 0 \end{bmatrix}^{-1} \cdot D\left\{\begin{bmatrix} \boldsymbol{c} \\ \boldsymbol{\kappa}_0 \end{bmatrix}\right\} \cdot \begin{bmatrix} N & K^T \\ K & 0 \end{bmatrix}^{-1} \\ &= \sigma_0^2 \begin{bmatrix} N & K^T \\ K & 0 \end{bmatrix}^{-1} \begin{bmatrix} N & 0 \\ 0 & 0 \end{bmatrix} \begin{bmatrix} N & K^T \\ K & 0 \end{bmatrix}^{-1} \\ &= \sigma_0^2 \begin{bmatrix} N^{-1} - N^{-1}K^T\left(KN^{-1}K^T\right)^{-1}KN^{-1} & 0 \\ 0 & \left(KN^{-1}K^T\right)^{-1} \end{bmatrix} \end{aligned} \tag{5.16}$$

이 식을 식 (5.9)와 비교하면 아래 관계식을 얻을 수 있다.

$$\begin{bmatrix} D\{\hat{\boldsymbol{\xi}}\} & X \\ X^T & -D\{\hat{\boldsymbol{\lambda}}\} \end{bmatrix} = \sigma_0^2 \begin{bmatrix} N & K^T \\ K & 0 \end{bmatrix}^{-1} \tag{5.17}$$

기호 X는 특별한 관심대상이 아닌 항을 나타내며, 한 가지 주의할 점은 X가 공분산을 나타내지는 않는다(즉, $X \neq C\{\hat{\boldsymbol{\xi}}, \hat{\boldsymbol{\lambda}}\} = 0$).

Case 2 두 번째는 N 자체가 아니라 $N + K^TK$를 포함하는 연립방정식을 다루므로 결과가 약간 다르다. 따라서 식 (5.15) 연립방정식 대신 변경한 방정식에서 시작한다.

$$\begin{bmatrix} \hat{\boldsymbol{\xi}} \\ \hat{\boldsymbol{\lambda}} \end{bmatrix} = \begin{bmatrix} N + K^TK & K^T \\ K & 0 \end{bmatrix}^{-1} \begin{bmatrix} \boldsymbol{c} + K^T\boldsymbol{\kappa}_0 \\ \boldsymbol{\kappa}_0 \end{bmatrix} \tag{5.18}$$

한 가지 언급할 점은 N 역행렬이 존재하지 않더라도 식 (5.15) 행렬은 완전계수를 가지므로 변경 방정식 식 (5.18)을 사용할 필요는 없다. 그러나 이 방정식은 나름대로 장점을 가지고 있으며, 위에서 유도한 식 (5.13)과 동등하다.

분할 행렬 역행렬 구하는 공식(식 (A.14)와 (A.15) 참고)을 적용하고, 간략하게 표시하기 위해 기호 $N_K := (N + K^T K)$를 도입하여 다음과 같이 나타낼 수 있다.

$$\begin{bmatrix} N_K & K^T \\ K & 0 \end{bmatrix}^{-1} = \begin{bmatrix} N_K^{-1} - N_K^{-1} K^T \left(K N_K^{-1} K^T\right)^{-1} K N_K^{-1} & N_K^{-1} K^T \left(K N_K^{-1} K^T\right)^{-1} \\ \left(K N_K^{-1} K^T\right)^{-1} K N_K^{-1} & -\left(K N_K^{-1} K^T\right)^{-1} \end{bmatrix} \tag{5.19}$$

식 (5.19) 역행렬을 식 (5.15) 역행렬로 표현하기 위해, 식 (5.15) 정규행렬을 곱하고 여러 단계 행렬연산을 수행한다.

$$\begin{aligned} &\begin{bmatrix} N+K^T K & K^T \\ K & 0 \end{bmatrix}^{-1} \begin{bmatrix} N & K^T \\ K & 0 \end{bmatrix} \\ &= \begin{bmatrix} N+K^T K & K^T \\ K & 0 \end{bmatrix}^{-1} \begin{bmatrix} N+K^T K - K^T K & K^T \\ K & 0 \end{bmatrix} \\ &= \begin{bmatrix} I_m & 0 \\ 0 & I_l \end{bmatrix} - \begin{bmatrix} N + K^T K & K^T \\ K & 0 \end{bmatrix}^{-1} \begin{bmatrix} K^T K & 0 \\ 0 & 0 \end{bmatrix} \\ &= \begin{bmatrix} I_m & 0 \\ 0 & I_l \end{bmatrix} - \begin{bmatrix} 0 & 0 \\ K & 0 \end{bmatrix} \\ &= \begin{bmatrix} N & K^T \\ K & 0 \end{bmatrix}^{-1} \begin{bmatrix} N & K^T \\ K & 0 \end{bmatrix} - \begin{bmatrix} 0 & 0 \\ 0 & I_l \end{bmatrix} \begin{bmatrix} N & K^T \\ K & 0 \end{bmatrix} \\ &= \left(\begin{bmatrix} N & K^T \\ K & 0 \end{bmatrix}^{-1} - \begin{bmatrix} 0 & 0 \\ 0 & I_l \end{bmatrix} \right) \begin{bmatrix} N & K^T \\ K & 0 \end{bmatrix} \end{aligned} \tag{5.20}$$

식 (5.20) 처음과 마지막 행에서 공통인 행렬의 역행렬을 곱하고, 식 (5.17)

을 고려하면 다음 식으로 표현할 수 있다.

$$\begin{aligned}\begin{bmatrix} N+K^TK & K^T \\ K & 0 \end{bmatrix}^{-1} &= \begin{bmatrix} N & K^T \\ K & 0 \end{bmatrix}^{-1} - \begin{bmatrix} 0 & 0 \\ 0 & I_l \end{bmatrix} \\ &= \begin{bmatrix} \sigma_0^{-2}D\{\hat{\boldsymbol{\xi}}\} & X \\ X^T & -\sigma_0^{-2}D\{\hat{\boldsymbol{\lambda}}\} - I_l \end{bmatrix}\end{aligned} \tag{5.21}$$

따라서 식 (5.19)를 참고하면 아래 관계식을 구할 수 있다.

$$\begin{aligned}-\sigma_0^{-2}D\{\hat{\boldsymbol{\lambda}}\} - I_l &= -\big[K\big(N+K^TK\big)^{-1}K^T\big]^{-1} \\ D\{\hat{\boldsymbol{\lambda}}\} &= \sigma_0^2\big\{\big[K\big(N+K^TK\big)^{-1}K^T\big]^{-1} - I_l\big\}\end{aligned} \tag{5.22}$$

다른 방법 Case 2 분산행렬은 다른 방법으로 유도할 수도 있다(Dru Smith and Kyle Snow). 마찬가지로 간략 기호 $N_K := (N + K^TK)$를 사용하고, 공분산 전파법칙을 적용하면 아래 식과 같다.

$$\begin{aligned}D\left\{\begin{bmatrix} \hat{\boldsymbol{\xi}} \\ \hat{\boldsymbol{\lambda}} \end{bmatrix}\right\} &= \begin{bmatrix} N_K & K^T \\ K & 0 \end{bmatrix}^{-1} \cdot D\left\{\begin{bmatrix} \boldsymbol{c} + K^T\boldsymbol{\kappa}_0 \\ \boldsymbol{\kappa}_0 \end{bmatrix}\right\} \cdot \begin{bmatrix} N_K & K^T \\ K & 0 \end{bmatrix}^{-1} \\ &= \sigma_0^2 \begin{bmatrix} N_K & K^T \\ K & 0 \end{bmatrix}^{-1} \cdot \begin{bmatrix} N & 0 \\ 0 & 0 \end{bmatrix} \cdot \begin{bmatrix} N_K & K^T \\ K & 0 \end{bmatrix}^{-1} \\ &=: \sigma_0^2 \begin{bmatrix} Q_{11} & Q_{12} \\ Q_{12}^T & Q_{22} \end{bmatrix}\end{aligned} \tag{5.23a}$$

식 (5.19)를 대입하면 블록 행렬 Q_{11}, Q_{12}, Q_{22}는 각각 다음과 같다.

$$Q_{22} = \big(KN_K^{-1}K^T\big)^{-1}K\big(N_K^{-1}{\cdot}N{\cdot}N_K^{-1}\big)K^T\big(KN_K^{-1}K^T\big)^{-1} \tag{5.23b}$$

$$Q_{12} = \big(N_K^{-1}{\cdot}N{\cdot}N_K^{-1}\big)K^T\big(KN_K^{-1}K^T\big)^{-1} - N_K^{-1}K^TQ_{22} \tag{5.23c}$$

$$\begin{aligned}Q_{11} = {}&\big[N_K^{-1} - N_K^{-1}K^T\big(KN_K^{-1}K^T\big)^{-1}KN_K^{-1}\big] \cdot NN_K^{-1} \\ &- Q_{12}KN_K^{-1}\end{aligned} \tag{5.23d}$$

행렬을 단순한 형태로 표현하기 위해 다음 관계식을 적용하고,

$$N_K^{-1}\cdot N\cdot N_K^{-1} = N_K^{-1} - N_K^{-1}(K^TK)N_K^{-1} \tag{5.24}$$

식 (5.24)를 (5.23b)에 대입하면 다음 식을 유도할 수 있다.

$$\begin{aligned} Q_{22} &= \left(KN_K^{-1}K^T\right)^{-1}K\left[N_K^{-1} - N_K^{-1}(K^TK)N_K^{-1}\right]K^T\left(KN_K^{-1}K^T\right)^{-1} \\ &= \left(KN_K^{-1}K^T\right)^{-1} - I_l = \sigma_0^{-2}D\{\hat{\boldsymbol{\lambda}}\} \end{aligned} \tag{5.25a}$$

식 (5.25a)를 다시 (5.23c)에 대입해서 Q_{12}를 구하고,

$$\begin{aligned} Q_{12} &= \left(N_K^{-1}\cdot N\cdot N_K^{-1}\right)K^T\left(KN_K^{-1}K^T\right)^{-1} \\ &\quad - N_K^{-1}K^T\left[\left(KN_K^{-1}K^T\right)^{-1} - I_l\right] \\ &= \left[N_K^{-1} - N_K^{-1}(K^TK)N_K^{-1}\right]K^T\left(KN_K^{-1}K^T\right)^{-1} \\ &\quad - N_K^{-1}K^T\left(KN_K^{-1}K^T\right)^{-1} + N_K^{-1}K^T \\ &= 0 = C\{\hat{\boldsymbol{\xi}}, \hat{\boldsymbol{\lambda}}\} \end{aligned} \tag{5.25b}$$

마지막으로 식 (5.23d)는 (5.24)를 이용하여 정리할 수 있다.

$$\begin{aligned} Q_{11} &= \left[N_K^{-1} - N_K^{-1}K^T\left(KN_K^{-1}K^T\right)^{-1}KN_K^{-1}\right]\cdot NN_K^{-1} \\ &= \left[N_K^{-1} - N_K^{-1}(K^TK)N_K^{-1}\right] \\ &\quad - N_K^{-1}K^T(KN_K^{-1}K^T)^{-1}K\left[N_K^{-1} - N_K^{-1}(K^TK)N_K^{-1}\right] \\ &= N_K^{-1} - N_K^{-1}K^T\left(KN_K^{-1}K^T\right)^{-1}KN_K^{-1} \\ &= \sigma_0^{-2}D\{\hat{\boldsymbol{\xi}}\} \end{aligned} \tag{5.25c}$$

[분산행렬 요약]

추정한 미지수와 라그랑지 승수 분산행렬을 쉽게 참조할 수 있도록 요약하면 아래와 같다.

Case 1 : N^{-1} 존재 (N nonsingular)

$$D\{\hat{\boldsymbol{\xi}}\} = \sigma_0^2\left[N^{-1} - N^{-1}K^T\left(KN^{-1}K^T\right)^{-1}KN^{-1}\right] \tag{5.26a}$$

$$D\{\hat{\boldsymbol{\lambda}}\} = \sigma_0^2\left(KN^{-1}K^T\right)^{-1} \tag{5.26b}$$

Case 2 : N^{-1} 존재하지 않음(N singular)

$$D\{\hat{\boldsymbol{\xi}}\} = \sigma_0^2\big(N + K^T K\big)^{-1} - \sigma_0^2\big(N + K^T K\big)^{-1} K^T \cdot \big[K\big(N + K^T K\big)^{-1} K^T\big]^{-1} K\big(N + K^T K\big)^{-1} \tag{5.27a}$$

$$D\{\hat{\boldsymbol{\lambda}}\} = \sigma_0^2\big\{\big[K\big(N + K^T K\big)^{-1} K^T\big]^{-1} - I_l\big\} \tag{5.27b}$$

공통사항 :

$$C\{\hat{\boldsymbol{\xi}}, \hat{\boldsymbol{\lambda}}\} = 0 \tag{5.28}$$

미지수 추정값과 마찬가지로, 분산행렬 역시 Case 1에 명시한 모든 N이 Case 2에서는 $N + K^T K$로 대체되어 유사한 형태를 가지며, 예외적으로 단위행렬 I_l이 Case 2에 포함되어 있다. 또한 식 (5.26a)와 (5.27a)에서 분산행렬은 각각 식 (5.8d)와 (5.13)에서 벡터 $\boldsymbol{c}$ 계수행렬에 미지 분산요소 σ_0^2를 곱한 결과와 동일하다. 마지막으로, 3장에서 유도한 제약조건 없는 GMM 분산행렬(식 (3.13))과 비교할 때 제약조건은 $\hat{\boldsymbol{\xi}}$ 분산행렬을 작게 만든다는 점은 명확하다.

5.4 잔차와 조정관측값

N^{-1} 존재 여부와 관계없이, 미지수 추정이 이루어지면 잔차벡터 $\tilde{e}$와 조정관측값 벡터 $\hat{\boldsymbol{\mu}}_y$을 쉽게 구할 수 있다.

$$\tilde{e} = \boldsymbol{y} - A\hat{\boldsymbol{\xi}} \tag{5.29}$$

$$\widehat{E\{\boldsymbol{y}\}} = \hat{\boldsymbol{\mu}}_y = \boldsymbol{y} - \tilde{e} \tag{5.30}$$

$\hat{\boldsymbol{\mu}}_y$은 관측대상 미지 참값 벡터 $\boldsymbol{\mu}_y$ 추정값을 나타내며 $E\{\boldsymbol{y}\} = \boldsymbol{\mu}_y$ 관계가 성립한다. 잔차벡터 $\tilde{e}$ 분산행렬은 공분산 전파법칙을 적용해서 구할 수 있다.

$$D\{\tilde{e}\} = D\{\boldsymbol{y} - A\hat{\boldsymbol{\xi}}\} = D\{\boldsymbol{y}\} + AD\{\hat{\boldsymbol{\xi}}\}A^T - 2C\{\boldsymbol{y}, A\hat{\boldsymbol{\xi}}\} \tag{5.31}$$

따라서 공분산행렬 $C\{\boldsymbol{y}, A\hat{\boldsymbol{\xi}}\}$을 먼저 유도해야 하며, 위에서 설명한 Case 1은 아래와 같이 전개할 수 있다.

$$C\{\boldsymbol{y}, A\hat{\boldsymbol{\xi}}\} = I_n \cdot D\{\boldsymbol{y}\} \cdot \{A[N^{-1}A^TP - N^{-1}K^T(KN^{-1}K^T)^{-1}KN^{-1}A^TP]\}^T \tag{5.32a}$$

$$= \sigma_0^2 P^{-1}[PAN^{-1}A^T - PAN^{-1}K^T(KN^{-1}K^T)^{-1}KN^{-1}A^T] \tag{5.32b}$$

$$= \sigma_0^2 A[N^{-1} - N^{-1}K^T(KN^{-1}K^T)^{-1}KN^{-1}]A^T \tag{5.32c}$$

$$= AD\{\hat{\boldsymbol{\xi}}\}A^T = D\{A\hat{\boldsymbol{\xi}}\} = C\{\boldsymbol{y}, A\hat{\boldsymbol{\xi}}\} \tag{5.32d}$$

식 (5.32d)를 (5.31)에 대입하면 잔차벡터 분산행렬을 구할 수 있다.

$$D\{\tilde{e}\} = D\{\boldsymbol{y}\} - AD\{\hat{\boldsymbol{\xi}}\}A^T \tag{5.33a}$$

$$= \sigma_0^2 \cdot \{P^{-1} - A[N^{-1} - N^{-1}K^T(KN^{-1}K^T)^{-1}KN^{-1}]A^T\} \tag{5.33b}$$

$$= \sigma_0^2 \cdot [P^{-1} - AN^{-1}A^T + AN^{-1}K^T(KN^{-1}K^T)^{-1}KN^{-1}A^T] \tag{5.33c}$$

식 (5.33c)로부터 제약조건 GMM 잔차 분산행렬은 제약조건이 없는 상황(식 (3.14a))보다 크다. Case 2는 식 (5.32)와 (5.33)에서 N^{-1}를 단순히 $(N + K^TK)^{-1}$로 대체하면 된다. 조정관측값 분산행렬은 쉽게 구할 수 있고,

$$D\{\hat{\boldsymbol{\mu}}_y\} = D\{\boldsymbol{y} - \tilde{e}\} = D\{A\hat{\boldsymbol{\xi}}\} = A \cdot D\{\hat{\boldsymbol{\xi}}\} \cdot A^T \tag{5.34}$$

아래 식으로부터 잔차벡터 분산은 관측값 분산보다 작음을 알 수 있다.

$$D\{\tilde{e}\} = D\{\boldsymbol{y}\} - D\{\hat{\boldsymbol{\mu}}_y\} \tag{5.35}$$

[예제]

앞 절에서 유도한 여러 공식을 증명하기 위해 Smith et al. (2018)에서 인용한 간단한 예제를 살펴보자(그림 5.1 소규모 수준망). 관심대상 행렬은 아래와 같으며, 미지수(측점 높이)는 그림 5.1에 표시한 7개 측점 순서대로 나열했다. 관측값과 측점 연계성은 계수행렬(coefficient matrix) A에 반영되어 있다.

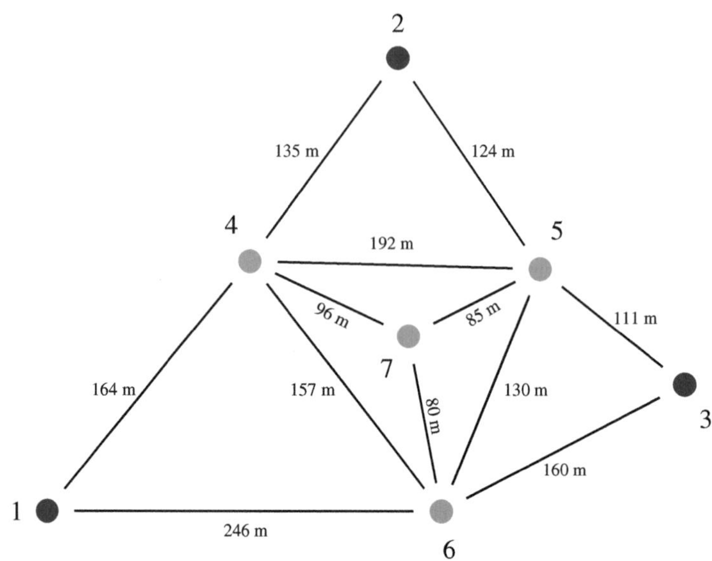

그림 5.1: 소규모 수준망(Smith et al. (2018)에서 인용)

$$\underset{12\times 7}{A} = \begin{bmatrix} 1 & 0 & 0 & 0 & 0 & -1 & 0 \\ 0 & 0 & -1 & 0 & 0 & 1 & 0 \\ 1 & 0 & 0 & -1 & 0 & 0 & 0 \\ 0 & -1 & 0 & 1 & 0 & 0 & 0 \\ 0 & 1 & 0 & 0 & -1 & 0 & 0 \\ 0 & 0 & 0 & 0 & 0 & -1 & 1 \\ 0 & 0 & 0 & 1 & -1 & 0 & 0 \\ 0 & 0 & 0 & 0 & 1 & -1 & 0 \\ 0 & 0 & 0 & -1 & 0 & 1 & 0 \\ 0 & 0 & 0 & 1 & 0 & 0 & -1 \\ 0 & 0 & 0 & 0 & -1 & 0 & 1 \\ 0 & 0 & -1 & 0 & 1 & 0 & 0 \end{bmatrix}, \quad \underset{12\times 1}{\boldsymbol{y}} = \begin{bmatrix} 0.333557 \\ 0.365859 \\ 2.850824 \\ -0.948661 \\ -1.040570 \\ -0.824317 \\ -1.989007 \\ -0.528043 \\ 2.517497 \\ -1.692892 \\ -0.296337 \\ -0.162582 \end{bmatrix} \text{m}$$

$$\underset{3\times 7}{K} = \begin{bmatrix} 1 & 0 & 0 & 0 & 0 & 0 & 0 \\ 0 & 1 & 0 & 0 & 0 & 0 & 0 \\ 0 & 0 & 1 & 0 & 0 & 0 & 0 \end{bmatrix}, \qquad \underset{3\times 1}{\boldsymbol{\kappa}_0} = \begin{bmatrix} 68.8569 \\ 66.9471 \\ 68.1559 \end{bmatrix} \text{m}$$

$$P^{-1} = \text{diag}\big(2.214,\ 1.440,\ 1.476,\ 1.215,\ 1.116,\ 0.720,\ 1.728,\ 1.170,\ 1.413,\ 0.864,\ 0.765,\ 0.999\big)\cdot 10^{-6}\,\text{m}^2$$

참고로 행렬 A는 완전열계수를 갖지 못하므로 이 문제는 Case 2에 해당한다.

5.5 분산요소 추정

제약조건 GMM 분산요소 추정값은 3.3절에서 설명한 제약조건 없는 상황과 비슷한 방법으로 유도할 수 있다. $E\{\hat{\sigma}_0^2\} = \sigma_0^2$를 가정하면 아래 관계식에 기반하여 추정할 수 있다.

$$\frac{\hat{\sigma}_0^2}{\tilde{\boldsymbol{e}}^T P \tilde{\boldsymbol{e}}} = \frac{\sigma_0^2}{E\{\tilde{\boldsymbol{e}}^T P \tilde{\boldsymbol{e}}\}} \tag{5.36}$$

뿐만 아니라, 가설검정을 이용해서 제약조건을 검증하기 위해서는 $\tilde{\boldsymbol{e}}^T P \tilde{\boldsymbol{e}}$를 두 개 이차형식($\tilde{\boldsymbol{e}}^T P \tilde{\boldsymbol{e}} = \Omega + R$)으로 분해할 필요가 있다. 이때 Ω는 "제약조건 없는" GMM 최소제곱해와 연관된 잔차제곱합(SSR)이다. 정규행렬 계수(rank) 조건에 따른 개별 구성요소 유도 방법을 살펴본다.

Case 1 N 역행렬이 존재 ($\operatorname{rk} A = m$)

$$\begin{aligned}
\tilde{\boldsymbol{e}}^T P \tilde{\boldsymbol{e}} &= \big(\boldsymbol{y} - A\hat{\boldsymbol{\xi}}\big)^T P \big(\boldsymbol{y} - A\hat{\boldsymbol{\xi}}\big) && \text{(5.8a)} \\
&= \big(\boldsymbol{y} - AN^{-1}\boldsymbol{c} + AN^{-1}K^T\hat{\boldsymbol{\lambda}}\big)^T P \\
&\quad \cdot \big(\boldsymbol{y} - AN^{-1}\boldsymbol{c} + AN^{-1}K^T\hat{\boldsymbol{\lambda}}\big) && \boldsymbol{A^T P\big(y - AN^{-1}c\big) = 0} \\
&= \big(\boldsymbol{y} - AN^{-1}\boldsymbol{c}\big)^T P \big(\boldsymbol{y} - AN^{-1}\boldsymbol{c}\big) \\
&\quad + \hat{\boldsymbol{\lambda}}^T \big(KN^{-1}K^T\big)\hat{\boldsymbol{\lambda}} = \Omega + R
\end{aligned} \tag{5.37}$$

이때 스칼라 Ω와 R은 각각 다음과 같이 정의한다.

$$\Omega := \big(\boldsymbol{y} - AN^{-1}\boldsymbol{c}\big)^T P \big(\boldsymbol{y} - AN^{-1}\boldsymbol{c}\big) \tag{5.38a}$$

$$R := \big(\boldsymbol{\kappa}_0 - KN^{-1}\boldsymbol{c}\big)^T \big(KN^{-1}K^T\big)^{-1} \big(\boldsymbol{\kappa}_0 - KN^{-1}\boldsymbol{c}\big) \tag{5.38b}$$

이차형식 $\tilde{\boldsymbol{e}}^T P \tilde{\boldsymbol{e}}$를 개별 요소 Ω와 R로 분해하면 모두 확률벡터 $\boldsymbol{c}$에 관한 함수이므로, 확률성질을 갖는 숫자이며 서로 독립임을 알 수 있다.

확률변수 Ω는 제약조건 없는 GMM 최소제곱해와 연관되어 있는 반면, R은 제약조건 $\boldsymbol{\kappa}_0 = K\boldsymbol{\xi}$를 추가함으로써 변경된 양이다. 식 (5.38b)에 의해 R은 항상 양수이므로 제약조건을 추가하면 $\tilde{\boldsymbol{e}}^T P \tilde{\boldsymbol{e}}$ 값이 증가함을 알 수 있다. 확률변수 Ω와 R은 9장에서 가설검정에 사용한다.

분산요소를 추정하기 위한 $\tilde{\boldsymbol{e}}^T P \tilde{\boldsymbol{e}}$ 기댓값은 아래 과정으로 유도할 수 있다.

$$\begin{aligned} E\{\tilde{\boldsymbol{e}}^T P \tilde{\boldsymbol{e}}\} &= E\{\Omega\} + E\{R\} \quad \text{(3.29)} \\ &= (n-m)\sigma_0^2 + \operatorname{tr}\big[\big(KN^{-1}K^T\big)E\{\hat{\boldsymbol{\lambda}}\hat{\boldsymbol{\lambda}}^T\}\big] \quad E\{\hat{\boldsymbol{\lambda}}\} = \boldsymbol{0} \\ &= (n-m)\sigma_0^2 \\ &\quad + \operatorname{tr}\big[\big(KN^{-1}K^T\big)\sigma_0^2\big(KN^{-1}K^T\big)^{-1}\big] \\ &= (n-m+l)\sigma_0^2 \end{aligned} \tag{5.39}$$

식 (5.37)과 (5.39)를 식 (5.36)에 대입하면 분산요소 추정값을 구할 수 있다.

$$\begin{aligned} \hat{\sigma}_0^2 = &\frac{\big(\boldsymbol{y} - AN^{-1}\boldsymbol{c}\big)^T P \big(\boldsymbol{y} - AN^{-1}\boldsymbol{c}\big)}{n-m+l} \\ &+ \frac{\big(\boldsymbol{\kappa}_0 - KN^{-1}\boldsymbol{c}\big)^T \big(KN^{-1}K^T\big)^{-1}\big(\boldsymbol{\kappa}_0 - KN^{-1}\boldsymbol{c}\big)}{n-m+l} \end{aligned} \tag{5.40}$$

식 (5.37)로부터 $\tilde{\boldsymbol{e}}^T P \tilde{\boldsymbol{e}}$를 여러 유용한 형태로 표현할 수 있다.

$$\begin{aligned} \tilde{\boldsymbol{e}}^T P \tilde{\boldsymbol{e}} &= \big(\boldsymbol{y} - AN^{-1}\boldsymbol{c}\big)^T P \big(\boldsymbol{y} - AN^{-1}\boldsymbol{c}\big) + \hat{\boldsymbol{\lambda}}^T\big(KN^{-1}K^T\big)\hat{\boldsymbol{\lambda}} \quad \text{(5.8c)} \\ &= \boldsymbol{y}^T P \boldsymbol{y} - \boldsymbol{c}^T N^{-1}\boldsymbol{c} - \big(\boldsymbol{\kappa}_0^T - \boldsymbol{c}^T N^{-1}K^T\big)\hat{\boldsymbol{\lambda}} \quad \text{(5.8a)} \\ &= \boldsymbol{y}^T P \boldsymbol{y} - \boldsymbol{c}^T \underbrace{N^{-1}\big(\boldsymbol{c} - K^T\hat{\boldsymbol{\lambda}}\big)}_{=\hat{\boldsymbol{\xi}}} - \boldsymbol{\kappa}_0^T\hat{\boldsymbol{\lambda}} \\ &= \boldsymbol{y}^T P \tilde{\boldsymbol{e}} - \boldsymbol{\kappa}_0^T\hat{\boldsymbol{\lambda}} \end{aligned} \tag{5.41}$$

Case 2 N 역행렬이 존재하지 않음($\operatorname{rk} A < m$)

식 (5.11)을 대입하고 복잡한 항을 정리하면 아래 전개식을 구할 수 있다.

$$\begin{aligned} \tilde{\boldsymbol{e}}^T P \tilde{\boldsymbol{e}} &= \big\{\boldsymbol{y} - A\big(N + K^TK\big)^{-1}\big[\boldsymbol{c} + K^T\big(\boldsymbol{\kappa}_0 - \hat{\boldsymbol{\lambda}}\big)\big]\big\}^T P \\ &\qquad \cdot \big\{\boldsymbol{y} - A\big(N + K^TK\big)^{-1}\big[\boldsymbol{c} + K^T\big(\boldsymbol{\kappa}_0 - \hat{\boldsymbol{\lambda}}\big)\big]\big\} \\ &= \boldsymbol{y}^T P \boldsymbol{y} - \boldsymbol{c}^T\big(N + K^TK\big)^{-1}\boldsymbol{c} \\ &\quad + \big(\boldsymbol{\kappa}_0 - \hat{\boldsymbol{\lambda}}\big)^T\big[K\big(N + K^TK\big)^{-1}K^T\big]\big(\boldsymbol{\kappa}_0 - \hat{\boldsymbol{\lambda}}\big) - \boldsymbol{\kappa}_0^T\boldsymbol{\kappa}_0 \end{aligned} \tag{5.42}$$

이 식으로부터 $\tilde{\boldsymbol{e}}^T P \tilde{\boldsymbol{e}}$ 기댓값을 표현하면 다음과 같다.

$$E\{\tilde{\boldsymbol{e}}^T P \tilde{\boldsymbol{e}}\} = E\{\boldsymbol{y}^T P \boldsymbol{y} - \boldsymbol{c}^T\big(N + K^TK\big)^{-1}\boldsymbol{c}]$$

$$
\begin{aligned}
&+ (\boldsymbol{\kappa}_0 - \hat{\boldsymbol{\lambda}})^T [K(N + K^T K)^{-1} K^T](\boldsymbol{\kappa}_0 - \hat{\boldsymbol{\lambda}}) - \boldsymbol{\kappa}_0^T \boldsymbol{\kappa}_0\} \\
= &\operatorname{tr} P[I_n - A(N + K^T K)^{-1} A^T P] E\{\boldsymbol{y}\boldsymbol{y}^T\} \\
&+ \operatorname{tr}[K(N + K^T K)^{-1} K^T] E\{(\boldsymbol{\kappa}_0 - \hat{\boldsymbol{\lambda}})(\boldsymbol{\kappa}_0 - \hat{\boldsymbol{\lambda}})^T\} \\
&- \operatorname{tr} E\{\boldsymbol{\kappa}_0^T \boldsymbol{\kappa}_0\}
\end{aligned}
$$

여기서 각 항에 대한 기댓값을 세부적으로 표현하면 다음과 같다.

$$
\begin{aligned}
E\{\boldsymbol{\kappa}_0 - \hat{\boldsymbol{\lambda}}\} &= K\boldsymbol{\xi} \\
D\{\boldsymbol{\kappa}_0 - \hat{\boldsymbol{\lambda}}\} &= D\{\hat{\boldsymbol{\lambda}}\} = \sigma_0^2\{[K(N + K^T K)^{-1} K]^{-1} - I_l\} \\
E\{\boldsymbol{y}\boldsymbol{y}^T\} &= D\{\boldsymbol{y}\} + E\{\boldsymbol{y}\}E\{\boldsymbol{y}\}^T = \sigma_0^2 P^{-1} + A\boldsymbol{\xi}\boldsymbol{\xi}^T A^T \\
E\{(\boldsymbol{\kappa}_0 - \hat{\boldsymbol{\lambda}})(\boldsymbol{\kappa}_0 - \hat{\boldsymbol{\lambda}})^T\} &= D\{\boldsymbol{\kappa}_0 - \hat{\boldsymbol{\lambda}}\} + E\{\boldsymbol{\kappa}_0 - \hat{\boldsymbol{\lambda}}\}E\{\boldsymbol{\kappa}_0 - \hat{\boldsymbol{\lambda}}\}^T \\
&= \sigma_0^2\{[K(N + K^T K)^{-1} K]^{-1} - I_l\} + K\boldsymbol{\xi}\boldsymbol{\xi}^T K^T
\end{aligned}
$$

따라서 개별 기댓값 식을 대입하여 다소 복잡한 행렬연산을 수행하면 P-가중 잔차제곱합 기댓값은 다음과 같이 정리할 수 있다.

$$
\begin{aligned}
E\{\tilde{\boldsymbol{e}}^T P \tilde{\boldsymbol{e}}\} &= \sigma_0^2 n - \sigma_0^2 \operatorname{tr}(N + K^T K)^{-1}(N + K^T K) + \sigma_0^2 l + \\
&\quad + \operatorname{tr}[I_m - (N + K^T K)^{-1} N]\boldsymbol{\xi}\boldsymbol{\xi}^T N \\
&\quad - \operatorname{tr}[I_m - (N + K^T K)^{-1} K^T K]\boldsymbol{\xi}\boldsymbol{\xi}^T K^T K \\
&= \sigma_0^2(n - m + l) + \operatorname{tr}(N + K^T K)^{-1} K^T K \boldsymbol{\xi}\boldsymbol{\xi}^T N \\
&\quad - \operatorname{tr}(N + K^T K)^{-1} N \boldsymbol{\xi}\boldsymbol{\xi}^T K^T K \\
&= \sigma_0^2(n - m + l) \qquad (5.43)
\end{aligned}
$$

마지막으로, 식 (5.42)와 (5.43)을 식 (5.36)에 대입하면 분산요소 추정값을 구할 수 있다.

$$
\begin{aligned}
\hat{\sigma}_0^2 = &\frac{\boldsymbol{y}^T P \boldsymbol{y} - \boldsymbol{c}^T (N + K^T K)^{-1} \boldsymbol{c}}{(n - m + l)} \\
&+ \frac{(\boldsymbol{\kappa}_0 - \hat{\boldsymbol{\lambda}})^T [K(N + K^T K)^{-1} K^T](\boldsymbol{\kappa}_0 - \hat{\boldsymbol{\lambda}}) - \boldsymbol{\kappa}_0^T \boldsymbol{\kappa}_0}{(n - m + l)}
\end{aligned} \qquad (5.44a)
$$

더 간략한 표현을 위해 식 (5.12)와 $N_K := N + K^T K$를 적용할 수 있고,

$$\hat{\sigma}_0^2 = \frac{\boldsymbol{y}^T P \boldsymbol{y} - \boldsymbol{c}^T N_K^{-1} \boldsymbol{c}}{(n-m+l)} + \frac{\left(\boldsymbol{\kappa}_0 - K N_K^{-1} \boldsymbol{c}\right)^T \left(K N_K^{-1} K^T\right)\left(\boldsymbol{\kappa}_0 - K N_K^{-1} \boldsymbol{c}\right) - \boldsymbol{\kappa}_0^T \boldsymbol{\kappa}_0}{(n-m+l)} \tag{5.44b}$$

P-가중 잔차제곱합을 이용하면 매우 단순한 형태로 표현할 수 있다.

$$\hat{\sigma}_0^2 = \frac{\tilde{\boldsymbol{e}}^T P \tilde{\boldsymbol{e}}}{(n-m+l)} \tag{5.44c}$$

식 (5.42)에서는 Case 1과 달리 Ω와 R을 직접적으로 구분할 수 없다. 따라서 식 (5.42)에 주어진 $\tilde{\boldsymbol{e}}^T P \tilde{\boldsymbol{e}}$를 이용해서 Ω와 R을 정의한다.

$$\Omega = \left(\boldsymbol{y} - A N^{-} \boldsymbol{c}\right)^T P \left(\boldsymbol{y} - A N^{-} \boldsymbol{c}\right) \tag{5.45}$$

$$R = \tilde{\boldsymbol{e}}^T P \tilde{\boldsymbol{e}} - \Omega \tag{5.46}$$

식 (5.45)에서 기호 N^-는 행렬 N의 일반역행렬(generalized inverse)을 나타낸다. 일반역행렬은 이 책에서 다루는 범위는 아니지만, 처음 접하는 독자도 식 (5.45)를 활용할 수 있도록 간략하게 설명한다.

[일반역행렬(generalized inverse)]

행렬 N과 벡터 $\boldsymbol{c}$가 다음과 같이 분할되어 있다고 가정하자.

$$\underset{m \times m}{N} = \left[\begin{array}{c|c} \underset{q \times q}{N_{11}} & N_{12} \\ \hline N_{21} & N_{22} \end{array}\right], \quad \underset{m \times 1}{\boldsymbol{c}} = \left[\begin{array}{c} \underset{q \times 1}{\boldsymbol{c}_1} \\ \hline \boldsymbol{c}_2 \end{array}\right] \tag{5.47}$$

여기서 $q \times q$ 부분행렬 N_{11}은 완전계수(full rank) q를 가지는 행렬, 즉 $\operatorname{rk} N_{11} = q := \operatorname{rk} N$이다. 중요한 점은 $\boldsymbol{\xi}$ 벡터에서 미지수 순서를 변경하면 이 분할은 항상 가능하다.

따라서 $m \times m$ 행렬 $G := \begin{bmatrix} N_{11}^{-1} & 0 \\ 0 & 0 \end{bmatrix}$는 N의 일반역행렬이고, 식 (5.45)에서 N^- 대신 사용할 수 있다. 또한 이 식을 이용하면 잔차제곱합 공식도 더 간단하게 나타낼 수 있다.

$$\Omega = \boldsymbol{y}^T P \boldsymbol{y} - \boldsymbol{c}_1^T N_{11}^{-1} \boldsymbol{c}_1 \quad (\text{단, } \operatorname{rk} N_{11} = \operatorname{rk} N) \tag{5.48}$$

5.6 가설검정

가설검정을 위해 Case 1과 2 모두 아래와 같이 비율을 정의할 수 있다 (가설검정에 대한 상세한 설명은 9장 참고).

$$T := \frac{R/(l-m+q)}{\Omega/(n-q)} \sim F(l-m+q, n-q) \quad (\text{단, } q := \operatorname{rk} A) \tag{5.49}$$

비율 T를 검정통계량(test statistic)이라고 하며, 자유도 $l-m+q$와 $n-q$인 F-분포를 따른다고 가정한다.[2] 가설검정식은 다음과 같이 나타낼 수 있으며,

$$H_0 : K\boldsymbol{\xi} = \boldsymbol{\kappa}_0 \quad \text{vs.} \quad H_A : K\boldsymbol{\xi} \neq \boldsymbol{\kappa}_0 \tag{5.50}$$

H_0는 귀무가설(null hypothesis), H_A는 대립가설(alternative hypothesis)이라고 부른다. 임의로 선택한 유의수준(significance level) α에 대해 채택 또는 기각 조건은 다음과 같다.

$$\text{채택(accept)} \quad H_0 : T \leq F_{\alpha,\, l-m+q,\, n-q}$$
$$\text{기각(reject)} \quad H_0 : T > F_{\alpha,\, l-m+q,\, n-q}$$

참고로 $F_{\alpha,\, l-m+q,\, n-q}$는 F-분포 임계값(critical values) 표에서 구할 수 있다. 특정한 값 r_1과 r_2에 대한 임계값은 Appendix C에 정리되어 있다. MATLAB에서는 명령어 `finv(1`$-\alpha$`,` r_1`,` r_2`)`를 이용하여 임계값을 얻을 수 있다.

잉여도 $r_2 := n-q$는 제약조건이 적용되지 않은 연립방정식 자유도를 나타낸다. 반면 잉여도 $r_1 := l-m+q$는 제약조건에 의해 “증가”한 자유도를 의미한다. 다시 말해서, 아래 관계가 성립하며 식 (5.3)과 일치한다.

$$r = r_1 + r_2 = (l-m+q) + (n-q) = n-m+l \tag{5.51}$$

행렬 A가 완전열계수를 가지면(즉, $\operatorname{rk} A = q = m$), 잉여도는 각각 $r_1 := l$과 $r_2 := n-m$이 된다.

---

[2] F-분포 가정은 잔차가 정규분포를 따른다는 가정에 기반하며, 이는 잔차제곱 함수 Ω와 R이 χ^2-분포를 따른다는 의미다. χ^2-분포를 따르는 두 독립변수의 비율 역시 F-분포를 따르는 확률변수이다. 확률오차 최소제곱예측을 유도하는 과정에서 확률밀도함수에 대해서는 어떤 가정도 없었다는 사실을 기억하자.

5.7 연습문제

1. 식 (5.8d)에 주어진 미지수 추정벡터 $\hat{\boldsymbol{\xi}}$ 기댓값을 유도하시오. $\hat{\boldsymbol{\xi}}$은 미지수 벡터 $\boldsymbol{\xi}$에 대한 불편추정자인가?

2. 5.4절 데이터를 이용하여 다음 질문에 답하시오.

   (a) $N = A^T PA$는 계수부족(rank deficient)이고, 계수조건 식 (5.1c)를 만족함을 보이시오.

   (b) 식 (5.13)을 이용하여 미지수 추정벡터 $\hat{\boldsymbol{\xi}}$을 계산하고, 식 (5.18) 결과와 일치함을 보이시오.

   (c) $\hat{\boldsymbol{\xi}}$과 $\hat{\boldsymbol{\lambda}}$ 분산행렬을 각각 식 (5.27a)와 (5.27b)를 이용하여 계산하고, 식 (5.21) 결과와 비교하시오.

   행렬 N과 K 요소간 상대적 크기로 인해 식 (5.18)에서 행렬은 불량상태(ill-conditioned), 다시 말해서 특이(singular) 행렬에 가깝다. 수치 안정성을 높이기 위해 식 (5.18)에서 사용하기 전에 행렬 K와 벡터 $\boldsymbol{\kappa}_0$를 상수배 할 필요가 있다(예를 들어, 10^4배). 다른 공식에서는 축척을 변경할 필요 없다.

3. 5.4절을 참고해서 행렬 A 마지막 행, 세 번째 요소 -1을 0으로 변경하고, 벡터 $\boldsymbol{y}$ 마지막 요소를 -0.162582에서 67.992로 바꾸어 Case 1을 임의로 만들 수 있다. 따라서 N을 포함하는 모든 행렬과 $\boldsymbol{y}$와 연관된 모든 벡터는 다시 계산해야 한다.

   (a) 수정 행렬 $N = A^T PA$가 완전계수를 가짐을 보이시오.

   (b) 추정미지수 벡터 $\hat{\boldsymbol{\xi}}$을 식 (5.8d)와 (5.13)을 이용해서 계산하고, 결과가 동일함을 보이시오.

   (c) $\hat{\boldsymbol{\xi}}$과 $\hat{\boldsymbol{\lambda}}$ 분산행렬을 각각 식 (5.17)과 (5.21)을 이용해서 계산하고, 두 행렬이 동일함을 보이시오.

   (d) Case 1 공식 식 (5.26a)와 (5.26b)를 이용해서 분산행렬을 계산하고, Case 2 공식 식 (5.27a)와 (5.27b) 결과와 일치하는지 확인하시오.

Hint 이 문제 해답은 이전 문제와 동일하지 않다(즉 서로 다른 문제임).

4. 3.6절 문제 9에서 제약조건 가우스-마코프 모델을 이용하여 측점 D 높이를 1928.277 ft로 제약하시오. 최소제곱해가 같은 문제 (b), (c), (d)에서 계산한 값과 일치하는지 확인하시오.

5. 3.6절 문제 8에 제시한 affine 변환은 미지수에 부여하는 제약조건에 따라 서로 다른 문제가 될 수 있다. 다시 말해서, 하나의 회전각만을 제약하면 직교성을 유지하는 변환이 되고, 서로 다른 제약조건 조합(회전각과 축척계수 각각 하나씩)을 적용하면 닮음변환(similarity transformation)이 된다.

   문제 8 데이터를 이용하여 제약조건 가우스-마코프 모델을 세우고 모델 잉여도를 설명하시오. 아래 두 상황에 대해서, 미지수와 분산요소를 추정하는 최소제곱해를 계산하시오.

   (a) **직교성 유지 변환** : $\epsilon = 0$이 되도록 두 번째 회전각에 제약조건 부여(선형화 필요)

   $$\xi_4/\xi_6 = \xi_5/\xi_3 \quad \Longleftrightarrow \quad \xi_3\xi_4 - \xi_5\xi_6 = 0$$

   (b) **닮음 변환** : $\epsilon = 0$과 $\omega_1 = \omega_2$ 제약조건 부여

   $$\xi_3 - \xi_6 = 0, \quad \xi_4 - \xi_5 = 0$$

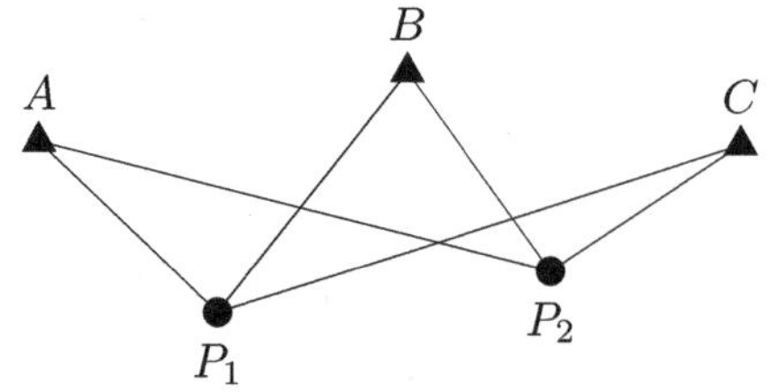

그림 5.2: 기지점 A, B, C로부터 관측

6. 지반변형을 관측하기 위해 측점 P_1과 P_2를 변형 지역과 비변형 지역에 각각 설치하고, 세 기지점 A, B, C로부터 P_1과 P_2까지 거리를 관측했다(그림 5.2 참고).

   기지점 2차원 좌표는 표 5.1, 관측값은 표 5.2에 각각 주어져 있다. 개별 관측에 대한 분산은 $\sigma^2 = (0.005\,\mathrm{m})^2$이다. 동일한 기지점으로부터 관측한 거리는 상관계수(correlation coefficient) $\rho = 0.4$를 가지며, 그 외 관측은 서로 독립이라고 가정한다.

   두 점 P_1과 P_2 기선은 $251.850\,\mathrm{m}$로 알려져 있고(이전 측량에서 구한 값), 이를 최소제곱조정에서 제약조건으로 사용한다. 제약조건 가우스-마코프 모델 최소제곱해를 결정하고, 아래 각 항목에 답하시오.

   (a) 모델 잉여도

   (b) 두 점 P_1과 P_2 2차원 좌표와 분산행렬

   (c) 잔차벡터와 분산행렬

   (d) 분산요소 추정값

   (e) 유의수준 $\alpha = 0.05$를 이용하여 가설검정을 세우고, 제약조건이 관측값과 일관성이 있는지 결정하시오.

표 5.1: 기지점 좌표

기지점	X[m]	Y[m]
A	456.351	500.897
B	732.112	551.393
C	984.267	497.180

표 5.2: 기지점 A, B, C로부터 관측한 값

시작	끝	관측값[m]
A	P_1	183.611
A	P_2	395.462
B	P_1	226.506
B	P_2	181.858
C	P_1	412.766
C	P_2	171.195

표 5.3: 그림 3.1에서 y 좌표 관측값(x는 알고 있는 값)

번호	x_i[m]	y_i[m]
1	1.001	1.827
2	2.000	1.911
3	3.001	1.953
4	4.000	2.016
5	5.000	2.046
6	6.003	2.056
7	7.003	2.062
8	8.003	2.054
9	9.001	2.042
10	9.998	1.996
11	11.001	1.918
12	12.003	1.867

7. 그림 3.1 데이터는 표 5.3에 제시되어 있다. x 좌표는 알고 있다고 가정하고 y 좌표를 독립적으로 관측했으며, 동일한 분산 $\sigma^2 = (1\,\mathrm{cm})^2$를 가진다.

   접합할 포물선이 측점 5를 정확히 통과한다고 가정할 때, 제약조건 GMM 최소제곱해를 계산해서 포물선 미지수 세 개를 결정하시오. 제약조건에 대한 유효성을 점검하기 위한 가설검정을 세우시오.

5.8 제약조건 가우스-마코프 모델 공식 요약

제약조건 가우스-마코프 모델은 다음과 같이 표현한다.

$$\underset{n\times 1}{\boldsymbol{y}} = \underset{n\times m}{A}\,\boldsymbol{\xi} + \boldsymbol{e},\ \ \boldsymbol{e} \sim (\boldsymbol{0}, \sigma_0^2 P^{-1}),\ \ \operatorname{rk} A =: q \le m$$

$$\underset{l\times 1}{\boldsymbol{\kappa}_0} = \underset{l\times m}{K}\,\boldsymbol{\xi},\ \ \operatorname{rk} K =: l \ge m - q,\ \ \operatorname{rk}\big[A^T,\, K^T\big] = m$$

표 5.4: 제약조건 GMM 최소제곱해 공식 요약

구분	공식	Eq.
모델 잉여도	$r = n - m + \operatorname{rk} K = n - m + l$	(5.3)
추정미지수 벡터 ($\operatorname{rk} A = m$ 일 때)	$\hat{\boldsymbol{\xi}} = N^{-1}\boldsymbol{c} + N^{-1}K^T\big(KN^{-1}K^T\big)^{-1}\big(\boldsymbol{\kappa}_0 - KN^{-1}\boldsymbol{c}\big)$	(5.8d)
추정미지수 분산 ($\operatorname{rk} A = m$ 일 때)	$D\{\hat{\boldsymbol{\xi}}\} = \sigma_0^2\cdot\big[N^{-1} - N^{-1}K^T\big(KN^{-1}K^T\big)^{-1}KN^{-1}\big]$	(5.26a)
추정미지수 벡터 ($\operatorname{rk} A < m$ 일 때)	$\hat{\boldsymbol{\xi}} = \big(N + K^TK\big)^{-1}\boldsymbol{c} + \big(N + K^TK\big)^{-1}K^T\big[K\big(N + K^TK\big)^{-1}K^T\big]^{-1}\big[\boldsymbol{\kappa}_0 - K\big(N + K^TK\big)^{-1}\boldsymbol{c}\big]$	(5.13)
추정미지수 분산 ($\operatorname{rk} A < m$ 일 때)	$D\{\hat{\boldsymbol{\xi}}\} = \sigma_0^2\cdot\big[N_K^{-1} - N_K^{-1}K^T\big(KN_K^{-1}K^T\big)^{-1}KN_K^{-1}\big]$ $(N_K := N + K^TK)$	(5.27a)
예측잔차벡터	$\tilde{e} = \boldsymbol{y} - A\hat{\boldsymbol{\xi}}$	(5.29)
잔차 분산행렬 ($\operatorname{rk} A = m$ 일 때)	$D\{\tilde{e}\} = \sigma_0^2\cdot\big\{P^{-1} - A\big[N^{-1} - N^{-1}K^T(KN^{-1}K^T)^{-1}KN^{-1}\big]A^T\big\}$	(5.33b)

(다음 쪽에 계속됨)

구분	공식	Eq.
잔차 분산행렬 (rk $A < m$ 일 때)	$D\{\tilde{e}\} = \sigma_0^2 \cdot \big(P^{-1} - A\big\{(N+KTK)^{-1} - (N+KTK)^{-1}K^T[K(N+KTK)^{-1}K^T]^{-1}K(N+KTK)^{-1}\big\}A^T\big)$	(5.33b)
잔차제곱합(SSR)	$\mathrm{SSR} = \tilde{\boldsymbol{e}}^T P \tilde{\boldsymbol{e}}$	(5.41) (5.42)
분산요소 추정값	$\hat{\sigma}_0^2 = (\tilde{\boldsymbol{e}}^T P \tilde{\boldsymbol{e}})/r$	(5.44c)
조정관측값 벡터	$\hat{\boldsymbol{\mu}}_y = \boldsymbol{y} - \tilde{\boldsymbol{e}}$	(5.30)
조정관측값 분산행렬	$D\{\hat{\boldsymbol{\mu}}_y\} = A \cdot D\{\hat{\boldsymbol{\xi}}\} \cdot A^T$	(5.34)

(앞 쪽에서 이어짐)

제 6 장

확률제약 가우스-마코프 모델

6.1 모델 정의

확률제약 가우스-마코프 모델(GMM)은 5장에서 설명한 제약조건 GMM과 유사한 형식이다. 한 가지 중요한 차이는 제약조건에 가중행렬 P_0(또는 연관된 여인자 행렬 $Q_0 := P_0^{-1}$)와 같이 일정 수준의 불확실성을 명시한다는 점이다. 따라서 모델은 다음과 같이 표현한다.

$$\underset{n\times 1}{\boldsymbol{y}} = \underset{n\times m}{A}\,\boldsymbol{\xi} + \boldsymbol{e},\ \ \operatorname{rk} A =: q \leq \min\{m, n\} \tag{6.1a}$$

$$\underset{l\times 1}{\boldsymbol{z}_0} = \underset{l\times m}{K}\,\boldsymbol{\xi} + \boldsymbol{e}_0,\ \ \operatorname{rk} K =: l \geq m - q \tag{6.1b}$$

$$\begin{bmatrix} \boldsymbol{e} \\ \boldsymbol{e}_0 \end{bmatrix} \sim \left(\begin{bmatrix} \boldsymbol{0} \\ \boldsymbol{0} \end{bmatrix},\ \sigma_0^2 \begin{bmatrix} P^{-1} & 0 \\ 0 & P_0^{-1} \end{bmatrix} \right) \tag{6.1c}$$

이 모델에서는 확률오차 벡터 $\boldsymbol{e}$와 $\boldsymbol{e}_0$가 상관성이 없다고 가정한다. 또한 미지 분산요소 σ_0^2는 두 여인자 행렬 P^{-1}와 P_0^{-1}에 공통이다. 그러나 두 여인자 행렬은 서로 상관성이 없더라도 개별 여인자 행렬 내에서는 상관성이 존재할 수 있다.

적용 분야에 따라서는 벡터 $\boldsymbol{y}$에 포함된 데이터를 새로운 정보로 간주하고, 벡터 $\boldsymbol{z}_0$ 제약정보를 사전정보(prior information)로 가정할 수 있다. 예를 들어, 선행 조정계산에서 추정한 좌표를 포함하는 $\boldsymbol{z}_0$를 새로운 조정계산에서는 사전정보로 취급한다. 이 모델에서는 확장 행렬 $[A^T \mid K^T]$ 열공간(column space)이 $\mathbb{R}^m$을 스팬해야 하며, 이를 위해서는 계수조건을 만족해야 한다.

$$\mathrm{rk}\big[A^T \mid K^T\big] = m \tag{6.2}$$

모델 잉여도는 다음 식으로 표현할 수 있으며, 글로 풀어쓰면 "잉여도는 관측방정식 개수에서 추정할 미지수 개수를 뺀 후 제약조건식 개수를 더한 값"이다.

$$r = n - m + l \tag{6.3}$$

[정규방정식 덧셈 이론]

두 데이터셋이 부분적으로 공통 미지수에 의존한다고 할 때, "축약가중행렬"(reduced weight matrix)을 이용해서 두 정규방정식에 공통이 아닌 모든 미지수를 제거할 수 있다. 결과적으로 두 "축약정규방정식"(reduced normal equations)은 공통 미지수만 포함한다. 마찬가지로, 남아 있는 공통 미지수 중에서 관심 대상이 아닌, 즉 불필요 미지수(nuisance parameters)는 두 방정식에서 제거할 수 있다. 이후 두 축약정규방정식은 전체 방정식 최소제곱해를 구하기 위해 더할 수 있으며, 이 방법은 데이터셋이 두 개 이상인 경우에도 적용된다.

6.2 최소제곱해

Schaffrin (1995)에 따르면 모델 식 (6.1) 미지수 $\boldsymbol{\xi}$에 대한 최소제곱해는 라그랑지 목적함수를 최소화해서 구할 수 있다.

$$\begin{aligned}\Phi(\boldsymbol{e}, \boldsymbol{e}_0, \boldsymbol{\xi}, \boldsymbol{\lambda}, \boldsymbol{\lambda}_0) &= \boldsymbol{e}^T P \boldsymbol{e} + \boldsymbol{e}_0^T P_0 \boldsymbol{e}_0 \\ &\quad + 2\big[\boldsymbol{\lambda}^T, \boldsymbol{\lambda}_0^T\big]\left(\begin{bmatrix} A \\ K \end{bmatrix}\boldsymbol{\xi} + \begin{bmatrix} \boldsymbol{e} \\ \boldsymbol{e}_0 \end{bmatrix} - \begin{bmatrix} \boldsymbol{y} \\ \boldsymbol{z} \end{bmatrix}\right) \\ &= \underset{\boldsymbol{e}, \boldsymbol{e}_0, \boldsymbol{\xi}, \boldsymbol{\lambda}, \boldsymbol{\lambda}_0}{\text{stationary}}\end{aligned} \tag{6.4}$$

식 (6.1)을 확장 GMM으로 간주하고, 위에서 설명한 "정규방정식 덧셈 이론"을 적용하면 아래 두 식과 같다.

$$\begin{bmatrix} A^T & K^T \end{bmatrix} \begin{bmatrix} P & 0 \\ 0 & P_0 \end{bmatrix} \begin{bmatrix} A \\ K \end{bmatrix} \cdot \hat{\boldsymbol{\xi}} = \begin{bmatrix} A^T & K^T \end{bmatrix} \begin{bmatrix} P & 0 \\ 0 & P_0 \end{bmatrix} \begin{bmatrix} \boldsymbol{y} \\ \boldsymbol{z}_0 \end{bmatrix} \tag{6.5a}$$

$$\big(N + K^T P_0 K\big)\hat{\boldsymbol{\xi}} = \boldsymbol{c} + K^T P_0 \boldsymbol{z}_0 \tag{6.5b}$$

식 (6.5b)에서는 단순한 형태로 표현하기 위해 아래 정의를 사용했다.

$$\big[N, \boldsymbol{c}\big] := A^T P \big[A, \boldsymbol{y}\big] \tag{6.6}$$

만약 N이 가역행렬이면 식 (6.5b) 좌변 행렬의 역행렬을 구하기 위해 부록에 기술한 Sherman-Morrison-Woodbury-Schur 공식(식 (A.6a))을 적용할 수 있다.

$$\begin{aligned} \hat{\boldsymbol{\xi}} &= \big(N + K^T P_0 K\big)^{-1}\big(\boldsymbol{c} + K^T P_0 \boldsymbol{z}_0\big) && (6.7\text{a}) \\ &= N^{-1}\boldsymbol{c} + N^{-1}K^T\big(P_0^{-1} + KN^{-1}K^T\big)^{-1} \cdot \\ &\qquad \Big[\big(P_0^{-1} + KN^{-1}K^T\big)P_0\boldsymbol{z}_0 - KN^{-1}\boldsymbol{c} - KN^{-1}K^T P_0 \boldsymbol{z}_0\Big] \\ &= N^{-1}\boldsymbol{c} + N^{-1}K^T\big(P_0^{-1} + KN^{-1}K^T\big)^{-1}\big(\boldsymbol{z}_0 - KN^{-1}\boldsymbol{c}\big) && (6.7\text{b}) \end{aligned}$$

따라서 최소제곱해 식 (6.7b)는 사전정보와 새로운 정보의 가중평균으로 볼 수 있다. 벡터 $(\boldsymbol{z}_0 - KN^{-1}\boldsymbol{c})$는 "불일치벡터"(vector of discrepancies)이고, 최종해는 식 (3.1) GMM 해($\hat{\boldsymbol{\xi}} = N^{-1}\boldsymbol{c}$)에 대한 갱신으로 간주할 수 있다.

또한 식 (5.1) "고정" 제약 GMM 최소제곱해를 갱신하는 형태로 표현할 수도 있다. 이를 위해 식 (5.8d)에서 기호 $\hat{\boldsymbol{\xi}}$과 $\boldsymbol{\kappa}_0$를 각각 $\hat{\boldsymbol{\xi}}_K$과 $\boldsymbol{z}_0$로 변경하고, 이 변수를 바탕으로 $N^{-1}\boldsymbol{c}$를 구해서 식 (6.7b)에 대입하면 다음 관계식을 구할 수 있다.

$$\begin{aligned} \hat{\boldsymbol{\xi}} = \hat{\boldsymbol{\xi}}_K + N^{-1}K^T\Big[&\big(P_0^{-1} + KN^{-1}K^T\big)^{-1} \\ &- \big(KN^{-1}K^T\big)^{-1}\Big]\big(\boldsymbol{z}_0 - KN^{-1}\boldsymbol{c}\big) \end{aligned} \tag{6.8}$$

참고로 $P_0^{-1} = Q_0 \to 0$이면 $\hat{\boldsymbol{\xi}} \to \hat{\boldsymbol{\xi}}_K$이 성립한다. 식 (6.7a)에 공분산 전파법칙을 적용하면 추정미지수 벡터 $\hat{\boldsymbol{\xi}}$ 분산행렬을 계산할 수 있다.

$$\begin{aligned} D\{\hat{\boldsymbol{\xi}}\} &= \sigma_0^2\big(N + K^T P_0 K\big)^{-1} \\ &= \sigma_0^2\big[N^{-1} - N^{-1}K^T\big(P_0^{-1} + KN^{-1}K^T\big)^{-1}KN^{-1}\big] \end{aligned} \tag{6.9}$$

분산요소 추정값 $\hat{\sigma}_0^2$이 크게 변경되지 않는다고 전제하면, 식 (6.9)에서 뺄셈은 사전정보를 추가로 제공함으로써 미지수에 대한 지식이 향상(즉, 분산이 감소)되었다는 의미다. 실제로 새로운 데이터 $\boldsymbol{y}$가 이전 데이터 $\boldsymbol{z}_0$와 일관성이 있다면 두 데이터를 결합할 때 $\hat{\sigma}_0^2$은 크게 변경되지 않는다.

이에 반해서, 사전정보와 새로운 정보에 일관성이 없으면 $\hat{\sigma}_0^2$은 증가한다고 예상할 수 있다. 이때는 분산요소를 하나 더 추가해서 가중행렬 P와 P_0에 서로 다른 분산요소를 적용할 필요가 있다. 이 방법이 분산요소 모델(variance component model)의 목적이며, <고급조정계산>에서 소개한다.

잔차벡터(또는 예측확률오차 벡터) $\tilde{\boldsymbol{e}}$와 $\tilde{\boldsymbol{e}}_0$를 계산하는 방법을 살펴보자. 관측값 $\boldsymbol{y}$에 대한 잔차벡터 $\tilde{\boldsymbol{e}}$는 쉽게 계산할 수 있다.

$$\tilde{\boldsymbol{e}} = \boldsymbol{y} - A\hat{\boldsymbol{\xi}} \tag{6.10}$$

사전정보 $\boldsymbol{z}_0$와 연관된 잔차벡터 $\tilde{\boldsymbol{e}}_0$는 아래와 같이 구할 수 있다.

$$\begin{aligned}
\tilde{\boldsymbol{e}}_0 &= \boldsymbol{z}_0 - K\hat{\boldsymbol{\xi}} && (6.11a)\\
&= \left(\boldsymbol{z}_0 - KN^{-1}\boldsymbol{c}\right) - \Big[\left(KN^{-1}K^T + P_0^{-1}\right)\left(P_0^{-1} + KN^{-1}K^T\right)^{-1} \\
&\qquad - P_0^{-1}\left(P_0^{-1} + KN^{-1}K^T\right)^{-1}\Big]\left(\boldsymbol{z}_0 - KN^{-1}\boldsymbol{c}\right) \\
&= P_0^{-1}\left(P_0^{-1} + KN^{-1}K^T\right)^{-1}\left(\boldsymbol{z}_0 - KN^{-1}\boldsymbol{c}\right) \\
&= \left(I_l + KN^{-1}K^T P_0\right)^{-1}\left(\boldsymbol{z}_0 - KN^{-1}\boldsymbol{c}\right) && (6.11b)
\end{aligned}$$

따라서 잔차벡터 전체 분산행렬을 유도할 수 있다(6.6절 연습문제 2 참고).

$$\begin{aligned}
D\left\{\begin{bmatrix}\tilde{\boldsymbol{e}}\\ \tilde{\boldsymbol{e}}_0\end{bmatrix}\right\} &= D\left\{\begin{bmatrix}\boldsymbol{y}\\ \boldsymbol{z}_0\end{bmatrix}\right\} + D\left\{\begin{bmatrix}A\\ K\end{bmatrix}\hat{\boldsymbol{\xi}}\right\} - 2C\left\{\begin{bmatrix}\boldsymbol{y}\\ \boldsymbol{z}_0\end{bmatrix}, \begin{bmatrix}A\\ K\end{bmatrix}\hat{\boldsymbol{\xi}}\right\} \\
&= D\left\{\begin{bmatrix}\boldsymbol{y}\\ \boldsymbol{z}_0\end{bmatrix}\right\} - D\left\{\begin{bmatrix}A\\ K\end{bmatrix}\hat{\boldsymbol{\xi}}\right\} && (6.12a)\\
&= \sigma_0^2\begin{bmatrix}P^{-1} & 0\\ 0 & P_0^{-1}\end{bmatrix} - \sigma_0^2\begin{bmatrix}A\\ K\end{bmatrix} D\{\hat{\boldsymbol{\xi}}\}\begin{bmatrix}A^T & K^T\end{bmatrix}
\end{aligned}$$

$$= \sigma_0^2 \begin{bmatrix} P^{-1} - AN^{-1}A^T & -AN^{-1}K^T \\ -KN^{-1}A^T & P_0^{-1} - KN^{-1}K^T \end{bmatrix}$$
$$+ \sigma_0^2 \begin{bmatrix} AN^{-1}K^T \\ KN^{-1}K^T \end{bmatrix} \left(P_0^{-1} + KN^{-1}K^T\right)^{-1} \begin{bmatrix} KN^{-1}A^T & KN^{-1}K^T \end{bmatrix} \tag{6.12b}$$

식 (6.12b)로부터 잔차벡터 분산행렬을 각각 표현할 수 있다.

$$\begin{aligned} D\{\tilde{\boldsymbol{e}}\} &= \sigma_0^2\left(P^{-1} - AN^{-1}A^T\right) \\ &\quad + \sigma_0^2 AN^{-1}K^T\left(P_0^{-1} + KN^{-1}K^T\right)^{-1}KN^{-1}A^T \end{aligned} \tag{6.13a}$$
$$= \sigma_0^2\left[P^{-1} - A\left(N + K^T P_0 K\right)^{-1}A^T\right] \tag{6.13b}$$

좀 더 복잡한 잔차벡터 $\tilde{\boldsymbol{e}}_0$ 분산행렬을 단순화하면 아래와 같다.

$$\begin{aligned} D\{\tilde{\boldsymbol{e}}_0\} &= \sigma_0^2 P_0^{-1} - \sigma_0^2 KN^{-1}K^T \\ &\quad + \sigma_0^2 KN^{-1}K^T\left(P_0^{-1} + KN^{-1}K^T\right)^{-1}KN^{-1}K^T \\ &= \sigma_0^2 P_0^{-1} - \sigma_0^2 KN^{-1}K^T\left(I_l + P_0KN^{-1}K^T\right)^{-1} \\ &= \sigma_0^2 P_0^{-1}\left(I_l + P_0KN^{-1}K^T\right)^{-1} \end{aligned} \tag{6.14}$$

또한 분산행렬 $D\{\tilde{\boldsymbol{e}}_0\}$ 공식은 여러 형태로 표현할 수 있다.

$$D\{\tilde{\boldsymbol{e}}_0\} = \sigma_0^2 P_0^{-1}\left(I_l + P_0KN^{-1}K^T\right)^{-1} \tag{6.15a}$$
$$= \sigma_0^2\left(I_l + KN^{-1}K^T P_0\right)^{-1}P_0^{-1} \tag{6.15b}$$
$$= \sigma_0^2 P_0^{-1}\left(P_0^{-1} + KN^{-1}K^T\right)^{-1}P_0^{-1} \tag{6.15c}$$
$$= \sigma_0^2\left(P_0 + P_0KN^{-1}K^T P_0\right)^{-1} \tag{6.15d}$$
$$= \sigma_0^2\left[P_0^{-1} - K\left(N + K^T P_0 K\right)^{-1}K^T\right] \tag{6.15e}$$

식 (6.15a)에서 (6.15b)를 유도하기 위해 행렬 $D\{\tilde{\boldsymbol{e}}_0\}$ 대칭성을 활용하였다. 이 과정에서 행렬곱 전치행렬 규칙(식 (A.1))과 역행렬 전치행렬 규칙(식 (A.2))을 적용하였고, 또한 식 (A.3)도 활용하였다.

공분산행렬 $C\{\tilde{\boldsymbol{e}}, \tilde{\boldsymbol{e}}_0\}$를 간략하게 나타내기 위해 식 (6.12b) 비대각요소로

부터 아래 관계식을 유도할 수 있다.

$$\begin{aligned} C\{\tilde{\boldsymbol{e}},\tilde{\boldsymbol{e}}_0\} &= -\sigma_0^2 AN^{-1}K^T \\ &\qquad + \sigma_0^2 AN^{-1}K^T\big(P_0^{-1}+KN^{-1}K^T\big)^{-1}KN^{-1}K^T && (6.16a) \\ &= -\sigma_0^2 AN^{-1}K^T\big(P_0^{-1}+KN^{-1}K^T\big)^{-1}\cdot \\ &\qquad \big(P_0^{-1}+KN^{-1}K^T-KN^{-1}K^T\big) && (6.16b) \\ &= -\sigma_0^2 AN^{-1}K^T\big(I_l+P_0KN^{-1}K^T\big)^{-1} && (6.16c) \\ &= -\sigma_0^2 A\big(I_m+N^{-1}K^TP_0K\big)^{-1}N^{-1}K^T && (6.16d) \\ &= -\sigma_0^2 A\big(N+K^TP_0K\big)^{-1}K^T && (6.16e) \end{aligned}$$

식 (6.16c) 다음 단계는 식 (A.8)에서 설명한 관계를 이용했다. 이 식을 어떻게 적용했는지 확인하기 위해서는 식 (6.16c)와 (6.16d)에서 $-\sigma_0^2 A$를 제외하고 (A.8) 처음과 마지막 식을 비교하면 된다.

확률제약 GMM에서 예측잔차벡터 $\tilde{\boldsymbol{e}} = \boldsymbol{y} - A\hat{\boldsymbol{\xi}}$ 자체는 더는 $\boldsymbol{y}$를 A 열공간으로 사영(projection)하지 않는다. 그러나 벡터 $\left[\begin{smallmatrix}\tilde{\boldsymbol{e}}\\ \tilde{\boldsymbol{e}}_0\end{smallmatrix}\right]$는 $\left[\begin{smallmatrix}\boldsymbol{y}\\ \boldsymbol{z}_0\end{smallmatrix}\right]$를 $\left[\begin{smallmatrix}A\\ K\end{smallmatrix}\right]$ 열공간으로 사영한다. 이는 두 잔차벡터를 표현한 식 (6.17)에서 중괄호에 둘러싸인 행렬이 식 (1.7a)에 따라 멱등행렬(idempotent matrix)이기 때문이다.

$$\begin{aligned} \begin{bmatrix}\tilde{\boldsymbol{e}}\\ \tilde{\boldsymbol{e}}_0\end{bmatrix} = \begin{bmatrix}\boldsymbol{y}-A\hat{\boldsymbol{\xi}}\\ \boldsymbol{z}_0-K\hat{\boldsymbol{\xi}}\end{bmatrix} &= \left\{\begin{bmatrix}I_n & 0\\ 0 & I_l\end{bmatrix} - \begin{bmatrix}A\\ K\end{bmatrix}\cdot\right. \\ &\qquad \left.\big(N+K^TP_0K\big)^{-1}\begin{bmatrix}A^TP & K^TP_0\end{bmatrix}\right\}\begin{bmatrix}\boldsymbol{y}\\ \boldsymbol{z}_0\end{bmatrix} \end{aligned} \qquad (6.17)$$

조정관측값과 조정제약값은 아래 식으로 계산할 수 있고,

$$\hat{\boldsymbol{\mu}}_y = \boldsymbol{y} - \tilde{\boldsymbol{e}} = A\hat{\boldsymbol{\xi}} \qquad (6.18)$$

$$\hat{\boldsymbol{\mu}}_{z_0} = \boldsymbol{z}_0 - \tilde{\boldsymbol{e}}_0 = K\hat{\boldsymbol{\xi}} \qquad (6.19)$$

분산전파식을 적용하면 개별 분산행렬을 간단하게 유도할 수 있다.

$$\begin{aligned} D\{\hat{\boldsymbol{\mu}}_y\} &= D\{A\hat{\boldsymbol{\xi}}\} = A\cdot D\{\hat{\boldsymbol{\xi}}\}\cdot A^T \\ &= \sigma_0^2\cdot A\big(N+K^TP_0K\big)^{-1}A^T \end{aligned} \qquad (6.20)$$

$$\begin{aligned} D\{\hat{\boldsymbol{\mu}}_{z_0}\} &= D\{K\hat{\boldsymbol{\xi}}\} = K \cdot D\{\hat{\boldsymbol{\xi}}\} \cdot K^T \\ &= \sigma_0^2 \cdot K\big(N + K^T P_0 K\big)^{-1} K^T \end{aligned} \tag{6.21}$$

$\hat{\boldsymbol{\mu}}_y$은 관측대상 $\boldsymbol{\mu}_y$에 대한 미지 참값 추정벡터를 나타내며, $E\{\boldsymbol{y}\} = \boldsymbol{\mu}_y$와 $E\{\boldsymbol{z}_0\} = \boldsymbol{\mu}_{z_0}$ 관계가 성립한다. 식 (6.20)과 (6.21)을 이용하면 잔차벡터 분산행렬을 아래와 같이 표현할 수 있다.

$$D\{\tilde{\boldsymbol{e}}\} = D\{\boldsymbol{y}\} - D\{\hat{\boldsymbol{\mu}}_y\} \tag{6.22a}$$

$$D\{\tilde{\boldsymbol{e}}_0\} = D\{\boldsymbol{z}_0\} - D\{\hat{\boldsymbol{\mu}}_{z_0}\} \tag{6.22b}$$

[정규방정식을 유도하는 다른 방법]

라그랑지 목적함수 식 (6.4)에서 $\boldsymbol{e}$에 $\boldsymbol{y} - A\boldsymbol{\xi}$를 대입하면 확률오차 벡터 $\boldsymbol{e}$와 라그랑지 승수벡터 $\boldsymbol{\lambda}$를 제거할 수 있다. 뿐만 아니라, Schaffrin (1995)처럼 아래 식을 도입하면

$$-P_0^{-1}\boldsymbol{\lambda}_0 = \boldsymbol{e}_0 = \boldsymbol{z}_0 - K\boldsymbol{\xi} \tag{6.23a}$$

동등한 목적함수로 표현할 수 있다.

$$\begin{aligned} \Phi(\boldsymbol{\xi}, \boldsymbol{\lambda}_0) &= (\boldsymbol{y} - A\boldsymbol{\xi})^T P(\boldsymbol{y} - A\boldsymbol{\xi}) + 2\boldsymbol{\lambda}_0^T\big(K\boldsymbol{\xi} - \boldsymbol{z}_0\big) - \boldsymbol{\lambda}_0^T P_0^{-1}\boldsymbol{\lambda}_0 \\ &= \underset{\boldsymbol{\xi}, \boldsymbol{\lambda}_0}{\text{stationary}} \end{aligned} \tag{6.23b}$$

목적함수를 최소화하면 정규방정식을 유도할 수 있다.

$$\begin{bmatrix} N & K^T \\ K & -P_0^{-1} \end{bmatrix} \begin{bmatrix} \hat{\boldsymbol{\xi}} \\ \hat{\boldsymbol{\lambda}}_0 \end{bmatrix} = \begin{bmatrix} \boldsymbol{c} \\ \boldsymbol{z}_0 \end{bmatrix} \tag{6.24}$$

식 (6.1b)와 (6.24)를 사용하면 예측잔차벡터 $\tilde{\boldsymbol{e}}_0$를 라그랑지 승수벡터 $\hat{\boldsymbol{\lambda}}_0$ 함수로 표현할 수 있다.

$$\begin{aligned} \boldsymbol{z}_0 &= K\hat{\boldsymbol{\xi}} + \tilde{\boldsymbol{e}}_0 = K\hat{\boldsymbol{\xi}} - P_0^{-1}\hat{\boldsymbol{\lambda}}_0 \\ \therefore\ \tilde{\boldsymbol{e}}_0 &= -P_0^{-1}\hat{\boldsymbol{\lambda}}_0 \end{aligned} \tag{6.25}$$

따라서 $\tilde{\boldsymbol{e}}_0$ 분산은 다음과 같이 나타낼 수 있다.

$$D\{\tilde{\boldsymbol{e}}_0\} = P_0^{-1} \cdot D\{\hat{\boldsymbol{\lambda}}_0\} \cdot P_0^{-1} \tag{6.26}$$

N 역행렬이 존재한다고 가정하면 식 (6.24)로부터 $\hat{\boldsymbol{\xi}}$과 $\hat{\boldsymbol{\lambda}}_0$ 분산을 아래와 같이 구할 수 있다

$$\begin{aligned}
D\left\{\begin{bmatrix}\hat{\boldsymbol{\xi}}\\ \hat{\boldsymbol{\lambda}}_0\end{bmatrix}\right\} &= \begin{bmatrix}N & K^T\\ K & -P_0^{-1}\end{bmatrix}^{-1} D\left\{\begin{bmatrix}\boldsymbol{c}\\ \boldsymbol{z}_0\end{bmatrix}\right\}\begin{bmatrix}N & K^T\\ K & -P_0^{-1}\end{bmatrix}^{-1}\\
&= \sigma_0^2\begin{bmatrix}N & K^T\\ K & -P_0^{-1}\end{bmatrix}^{-1}\begin{bmatrix}N & 0\\ 0 & P_0^{-1}\end{bmatrix}\begin{bmatrix}N & K^T\\ K & -P_0^{-1}\end{bmatrix}^{-1}\\
&= \sigma_0^2\begin{bmatrix}N & K^T\\ K & -P_0^{-1}\end{bmatrix}^{-1}\begin{bmatrix}N^{-1} & 0\\ 0 & P_0\end{bmatrix}^{-1}\begin{bmatrix}N & K^T\\ K & -P_0^{-1}\end{bmatrix}^{-1}\\
&= \sigma_0^2\left[\begin{array}{c|c}N + K^T P_0 K & 0\\ \hline 0 & P_0^{-1} + K N^{-1} K^T\end{array}\right]^{-1}
\end{aligned}\tag{6.27}$$

마지막 행은 두 역행렬 곱에 관한 법칙(식 (A.3))을 연속적용해서 구할 수 있다. 식 (6.27)에서 다음 관계식을 구할 수 있고,

$$\begin{aligned}
D\{\hat{\boldsymbol{\lambda}}_0\} &= \sigma_0^2\big(P_0^{-1} + K N^{-1} K^T\big)^{-1}\\
&= \sigma_0^2\big[P_0 - P_0 K\big(N + K^T P_0 K\big)^{-1} K^T P_0\big]
\end{aligned}\tag{6.28}$$

최종적으로 식 (6.28)을 (6.26)에 대입하고 역행렬 곱에 관한 법칙을 적용하면 $\tilde{\boldsymbol{e}}_0$ 분산행렬식을 구할 수 있다.

$$\begin{aligned}
D\{\tilde{\boldsymbol{e}}_0\} &= \sigma_0^2 P_0^{-1}\big(P_0^{-1} + K N^{-1} K^T\big)^{-1} P_0^{-1}\\
&= \sigma_0^2\big(P_0 + P_0 K N^{-1} K^T P_0\big)^{-1}
\end{aligned}\tag{6.29}$$

식 (6.27) 비대각 블록으로부터 $\hat{\boldsymbol{\xi}}$과 $\hat{\boldsymbol{\lambda}}_0$은 상관성이 없음을 알 수 있다.

$$C(\hat{\boldsymbol{\xi}}, \hat{\boldsymbol{\lambda}}_0) = 0 \tag{6.30}$$

6.3 분산요소 추정

이 절에서는 분산요소 추정값을 유도하는 과정을 상세히 설명한다. 3.3절과 동일한 대각합(trace) 연산자를 적용하고, 기댓값과 분산에 관한 아래 관계식을 사용한다.

$$\begin{aligned} E\left\{\boldsymbol{c}+K^T P_0 \boldsymbol{z}_0\right\} &= \begin{bmatrix} A^T P & K^T P_0 \end{bmatrix} E\left\{\begin{bmatrix} \boldsymbol{y} \\ \boldsymbol{z}_0 \end{bmatrix}\right\} \\ &= \begin{bmatrix} A^T P & K^T P_0 \end{bmatrix} \begin{bmatrix} A \\ K \end{bmatrix} \boldsymbol{\xi} \\ &= \left(N + K^T P_0 K\right)\boldsymbol{\xi} \end{aligned} \tag{6.31}$$

$$\begin{aligned} D\left\{\boldsymbol{c}+K^T P_0 \boldsymbol{z}_0\right\} &= \sigma_0^2 \begin{bmatrix} A^T P & K^T P_0 \end{bmatrix} \begin{bmatrix} P^{-1} & 0 \\ 0 & P_0^{-1} \end{bmatrix} \begin{bmatrix} PA \\ P_0 K \end{bmatrix} \\ &= \sigma_0^2\left(N + K^T P_0 K\right) \end{aligned} \tag{6.32}$$

마찬가지로 유도과정에서 다음 관계식도 적용한다.

$$\begin{aligned} &E\{\left(\boldsymbol{c}+K^T P_0 \boldsymbol{z}_0\right)\left(\boldsymbol{c}+K^T P_0 \boldsymbol{z}_0\right)^T\} \\ &\quad = D\{\boldsymbol{c}+K^T P_0 \boldsymbol{z}_0\} + E\{\boldsymbol{c}+K^T P_0 \boldsymbol{z}_0\}E\{\boldsymbol{c}+K^T P_0 \boldsymbol{z}_0\}^T \end{aligned} \tag{6.33a}$$

$$E\{\boldsymbol{y}\boldsymbol{y}^T\} = D\{\boldsymbol{y}\} + E\{\boldsymbol{y}\}E\{\boldsymbol{y}\}^T = \sigma_0^2 P^{-1} + A\boldsymbol{\xi}\boldsymbol{\xi}^T A^T \tag{6.33b}$$

$$E\{\boldsymbol{z}_0\boldsymbol{z}_0^T\} = D\{\boldsymbol{z}_0\} + E\{\boldsymbol{z}_0\}E\{\boldsymbol{z}_0\}^T = \sigma_0^2 P_0^{-1} + K\boldsymbol{\xi}\boldsymbol{\xi}^T K^T \tag{6.33c}$$

분산요소 추정값은 두 이차형식 잔차벡터 합$(\tilde{\boldsymbol{e}}^T P\tilde{\boldsymbol{e}} + \tilde{\boldsymbol{e}}_0^T P_0\tilde{\boldsymbol{e}}_0)$에 기댓값 연산자를 적용하여 유도하는데, 기본 원리는 아래와 같다.

$$\frac{\hat{\sigma}_0^2}{\tilde{\boldsymbol{e}}^T P\tilde{\boldsymbol{e}} + \tilde{\boldsymbol{e}}_0^T P_0\tilde{\boldsymbol{e}}_0} = \frac{\sigma_0^2}{E\{\tilde{\boldsymbol{e}}^T P\tilde{\boldsymbol{e}} + \tilde{\boldsymbol{e}}_0^T P_0\tilde{\boldsymbol{e}}_0\}} \tag{6.34}$$

복잡한 유도과정을 생략하고 간략하게 나타내면 아래와 같다.

$$E\{\tilde{\boldsymbol{e}}^T P\tilde{\boldsymbol{e}} + \tilde{\boldsymbol{e}}_0^T P_0\tilde{\boldsymbol{e}}_0\}$$

$$
\begin{aligned}
&= E\left\{\left(\begin{bmatrix}\boldsymbol{y}\\ \boldsymbol{z}_0\end{bmatrix} - \begin{bmatrix}A\\ K\end{bmatrix}\hat{\boldsymbol{\xi}}\right)^T \begin{bmatrix}P & 0\\ 0 & P_0\end{bmatrix} \left(\begin{bmatrix}\boldsymbol{y}\\ \boldsymbol{z}_0\end{bmatrix} - \begin{bmatrix}A\\ K\end{bmatrix}\hat{\boldsymbol{\xi}}\right)\right\}\\
&= E\{\boldsymbol{y}^T P\boldsymbol{y} + \boldsymbol{z}_0^T P_0\boldsymbol{z}_0 - 2\hat{\boldsymbol{\xi}}^T\big(\boldsymbol{c} + K^T P_0\boldsymbol{z}_0\big) + \hat{\boldsymbol{\xi}}^T\big(N + K^T P_0 K\big)\hat{\boldsymbol{\xi}}\}\\
&= E\{\mathrm{tr}\big(\boldsymbol{y}^T P\boldsymbol{y}\big) + \mathrm{tr}\big(\boldsymbol{z}_0^T P_0\boldsymbol{z}_0\big)\\
&\qquad - \mathrm{tr}\big[\big(\boldsymbol{c} + K^T P_0\boldsymbol{z}_0\big)^T\big(N + K^T P_0 K\big)^{-1}\big(\boldsymbol{c} + K^T P_0\boldsymbol{z}_0\big)\big]\}\\
&= \mathrm{tr}\big[P\big(\sigma_0^2 P^{-1} + A\boldsymbol{\xi}\boldsymbol{\xi}^T A^T\big)\big] + \mathrm{tr}\big[P_0\big(\sigma_0^2 P_0^{-1} + K\boldsymbol{\xi}\boldsymbol{\xi}^T K^T\big)\big]\\
&\qquad - \sigma_0^2\,\mathrm{tr}\big[\big(N + K^T P_0 K\big)^{-1}\big(N + K^T P_0 K\big)\big]\\
&\qquad - \mathrm{tr}\big[\big(N + K^T P_0 K\big)^{-1}\big(N + K^T P_0 K\big)\boldsymbol{\xi}\boldsymbol{\xi}^T\big(N + K^T P_0 K\big)\big]\\
&= \sigma_0^2(n + l - m)\\
\therefore\ \sigma_0^2 &= (n + l - m)^{-1}\cdot E\{\tilde{\boldsymbol{e}}^T P\tilde{\boldsymbol{e}} + \tilde{\boldsymbol{e}}_0^T P_0\tilde{\boldsymbol{e}}_0\}
\end{aligned}
$$

따라서 유도과정으로부터 분산요소 불편추정값을 구할 수 있다.

$$
\hat{\sigma}_0^2 = \frac{\tilde{\boldsymbol{e}}^T P\tilde{\boldsymbol{e}} + \tilde{\boldsymbol{e}}_0^T P_0\tilde{\boldsymbol{e}}_0}{n - m + l} \tag{6.35}
$$

분자는 잔차제곱합(식 (6.36))이고, 분모는 식 (6.3)에서 설명한 모델 잉여도 $(r = n - m + l)$에 해당한다.

$$
\mathrm{SSR}:\ \tilde{\boldsymbol{e}}^T P\tilde{\boldsymbol{e}} + \tilde{\boldsymbol{e}}_0^T P_0\tilde{\boldsymbol{e}}_0 \tag{6.36}
$$

6.4 가설검정

모델 식 (6.1)에서 최소제곱해가 확률제약과 일관성이 있는지 검증하기 위해 가설검정을 사용할 수 있다. 계산할 검정통계량은 추정한 두 분산(모두 확률변수)의 비율이므로 F-분포를 따른다(9.4절 참고).

접근 방법은 식 (6.36)에서 제약조건 없는 GMM 해$(\hat{\boldsymbol{\xi}}_u = N^{-1}\boldsymbol{c})$를 이용해서 계산한 잔차제곱합(기호 Ω로 표시)을 제외함으로써 두 값을 분리한다. 식 (6.36)에서 Ω를 제외한 나머지는 가중값 행렬 P_0에 의존하는 양으로서 P_0에 관한 함수임을 나타내기 위해 $R(P_0)$로 표시한다. Ω와 $R(P_0)$는 모두 스칼라이며 확률 성질을 가진다. 검정통계량에 사용할 두 변수를 다음과 같이 정의한다.

$$\begin{aligned}\Omega &:= \big(\boldsymbol{y} - AN^{-1}\boldsymbol{c}\big)^T P\big(\boldsymbol{y} - AN^{-1}\boldsymbol{c}\big) \\ &= \boldsymbol{y}^T P\boldsymbol{y} - \boldsymbol{c}^T N^{-1}\boldsymbol{c}\end{aligned} \tag{6.37a}$$

$$R(P_0) := \tilde{\boldsymbol{e}}^T P\tilde{\boldsymbol{e}} + \tilde{\boldsymbol{e}}_0^T P_0\tilde{\boldsymbol{e}}_0 - \Omega \tag{6.37b}$$

참고로 식 (6.37a)에서 N 역행렬이 존재하지 않으면, 139쪽에서 설명한 임의의 일반역행렬(generalized inverse)을 N^{-1} 대신 사용할 수 있다.

다시 정리하면, $\hat{\boldsymbol{\xi}}_u = N^{-1}\boldsymbol{c}$는 모델 식 (6.1)에서 확률제약을 제외한 최소제곱해를 나타낸다. 아래 유도한 식에서는 $\hat{\boldsymbol{\xi}}_u$을 이용하여 $\tilde{\boldsymbol{e}}_0$와 $\hat{\boldsymbol{\xi}}$을 표현하기 위해 식 (6.7b), (6.11a), (6.11b)를 사용한다.

$$\tilde{\boldsymbol{e}}_0 = \boldsymbol{z}_0 - K\hat{\boldsymbol{\xi}} = \big(I_l + KN^{-1}K^T P_0\big)^{-1}\big(\boldsymbol{z}_0 - K\hat{\boldsymbol{\xi}}_u\big) \tag{6.38}$$

$$\hat{\boldsymbol{\xi}} = \hat{\boldsymbol{\xi}}_u + N^{-1}K^T P_0\tilde{\boldsymbol{e}}_0 \tag{6.39}$$

N 역행렬이 존재하면(즉, 행렬 A가 완전열계수를 가지면) Ω와 무관하게 $R(P_0)$ 공식을 결정할 수 있다. 이를 위해서, 잔차제곱합(SSR) 식 (6.36)에서 전체 예측잔차벡터 이차식을 Ω와 $R(P_0)$로 분해한다. 아래 식 첫 행에서 삭제한 벡터는 이차식에 기여하지 않으므로 무시한다.

$$\begin{aligned}&\tilde{\boldsymbol{e}}^T P\tilde{\boldsymbol{e}} + \tilde{\boldsymbol{e}}_0^T P_0\tilde{\boldsymbol{e}}_0 \\ &= \left(\begin{bmatrix}\boldsymbol{y}\\ \boldsymbol{z}_0\end{bmatrix} - \cancel{\begin{bmatrix}A\\ K\end{bmatrix}}\hat{\boldsymbol{\xi}}\right)^T \begin{bmatrix}P & 0\\ 0 & P_0\end{bmatrix}\left(\begin{bmatrix}\boldsymbol{y}\\ \boldsymbol{z}_0\end{bmatrix} - \begin{bmatrix}A\\ K\end{bmatrix}\hat{\boldsymbol{\xi}}\right) \\ &= \boldsymbol{y}^T P\boldsymbol{y} - \boldsymbol{y}^T PA\hat{\boldsymbol{\xi}} + \boldsymbol{z}_0^T P_0\boldsymbol{z}_0 - \boldsymbol{z}_0^T P_0 K\hat{\boldsymbol{\xi}} \\ &= \big(\boldsymbol{y}^T P\boldsymbol{y} - \boldsymbol{y}^T PA\hat{\boldsymbol{\xi}}_u\big) + \boldsymbol{z}_0^T P_0\big(\boldsymbol{z}_0 - K\hat{\boldsymbol{\xi}}_u\big) \\ &\quad - \big(\boldsymbol{c} + K^T P_0\boldsymbol{z}_0\big)^T N^{-1}K^T P_0\tilde{\boldsymbol{e}}_0 \\ &= \Omega + \big(\boldsymbol{z}_0 - K\hat{\boldsymbol{\xi}}_u\big)^T\big(P_0^{-1} + KN^{-1}K^T\big)^{-1}\big(\boldsymbol{z}_0 - K\hat{\boldsymbol{\xi}}_u\big) \\ &= \Omega + R(P_0)\end{aligned}$$

따라서 $\hat{\boldsymbol{\xi}}_u := N^{-1}\boldsymbol{c}$라고 할 때 $R(P_0)$는 다음과 같이 정의한다.

$$R(P_0) := \big(\boldsymbol{z}_0 - K\hat{\boldsymbol{\xi}}_u\big)^T\big(P_0^{-1} + KN^{-1}K^T\big)^{-1}\big(\boldsymbol{z}_0 - K\hat{\boldsymbol{\xi}}_u\big) \tag{6.40}$$

만약 N 역행렬이 존재하면 식 (6.37b)와 (6.40)은 동일한 결과를 산출한다. 마지막으로 검정통계량 T는 $R(P_0)$와 Ω 비율로 표현할 수 있고,

$$T = \frac{(\tilde{\boldsymbol{e}}^T P \tilde{\boldsymbol{e}} + \tilde{\boldsymbol{e}}_0^T P_0 \tilde{\boldsymbol{e}}_0 - \Omega)/(l-m+q)}{\Omega/(n-q)} = \frac{R\big(P_0\big)/(l-m+q)}{\Omega/(n-q)} \sim F(l-m+q,\ n-q) \tag{6.41}$$

식 (6.2)로부터 $l := \text{rk}(K)$와 $q := \text{rk}(A)$ 관계가 있다.

$\mathcal{N}$이 정규분포를 나타낸다고 할 때, 미지량 $\boldsymbol{z}_0$에 대한 가설검정을 실시할 수 있다.

$$H_0 : \boldsymbol{z}_0 \sim \mathcal{N}\big(K\boldsymbol{\xi}, \sigma_0^2 P_0^{-1}\big) \quad \text{vs.} \quad H_A : \boldsymbol{z}_0 \sim \mathcal{N}\big(\boldsymbol{z}_0 \neq K\boldsymbol{\xi}, \sigma_0^2 P_0^{-1}\big) \tag{6.42}$$

앞 장과 마찬가지로, H_0는 귀무가설(null hypothesis), H_A는 대립가설(alternative hypothesis)이다. 유의수준 α를 결정하고 F-분포 임계값 표에서 $F_{\alpha,\, l-m+q,\, n-q}$를 구해서 논리식에 적용한다.

$$T \leq F_{\alpha,\, l-m+q,\, n-q}\text{이면 } H_0 \text{ 채택; 그렇지 않으면 } H_0 \text{ 기각} \tag{6.43}$$

임계값은 MATLAB 함수 `finv(`$1-\alpha$`,`$l-m+q$`,`$n-q$`)`를 이용할 수 있다.

6.5 재생추정자

이 절에서는 식 (6.1) 확률제약 가우스-마코프 모델에서 제약한 미지수가 설정한 값 $\boldsymbol{z}_0$에서 변경되지 않는 "재생추정자"(reproducing estimators)에 대해서 살펴본다. 예를 들어, 망조정 문제에서 측점의 사전(*a priori*) 좌표는 조정계산에서 변경되지 않고 그대로 유지될 필요가 있다. 여기서는 편의상 완전계수(full rank) 모델, 즉 행렬 A 열 개수와 추정할 미지수가 모두 m인 상황($\text{rk}\, A = m$)으로 제한한다.

재생추정자를 구하기 위한 방법 중 하나는 식 (5.8d) 고정제약(fixed constraints) 가우스-마코프 모델 최적추정자를 선택하면 된다. 그러나 모델 식 (6.1)에서 이 추정자를 사용할 때 두 가지 점을 명확히 이해해야 한다. 첫째, 이

추정자는 모델 식 (6.1) 최적추정자가 아니며, 둘째, 식 (5.26a)와 (5.27a) 분산행렬은 모델 식 (6.1)에서는 정확하지 않다.

모델 식 (6.1) 재생추정자에 대한 올바른 분산행렬을 유도하기 위해 서로 다른 아래첨자를 사용하여 $\boldsymbol{\xi}$ 선형추정자를 표현한다.

[다양한 선형추정자]

$\hat{\boldsymbol{\xi}}_U$: 제약조건 없는 추정자 $\hat{\boldsymbol{\xi}}_U = N^{-1}\boldsymbol{c}$로서 모델 식 (6.1)에서 최적이 아니다.

$\hat{\boldsymbol{\xi}}_K$: 식 (5.8d) 재생추정자이며, 모델 식 (6.1)에서 최적이 아니다.

$\hat{\boldsymbol{\xi}}_S$: 식 (6.7a) 추정자를 나타내며, 모델 식 (6.1)에서 최적추정자다.

우선 추정자 $\hat{\boldsymbol{\xi}}_K$을 최적추정자 $\hat{\boldsymbol{\xi}}_S$ 함수로 표현하기 위해 식 (6.5b)를 이용해서 다시 표현할 수 있다.

$$\left(N + K^T P_0 K\right)^{-1} \boldsymbol{c} = \hat{\boldsymbol{\xi}}_S - \left(N + K^T P_0 K\right)^{-1} K^T P_0 \boldsymbol{z}_0 \tag{6.44}$$

이번에는 추정자 $\hat{\boldsymbol{\xi}}_K$을 표현하기 위해 식 (5.8d)를 활용한다. 모델 식 (6.1)에 부합하도록 N을 $\left(N + K^T P_0 K\right)$, 그리고 $\boldsymbol{\kappa}_0$를 $\boldsymbol{z}_0$로 치환하면 아래 식으로 나타낼 수 있다.

$$\begin{aligned}\hat{\boldsymbol{\xi}}_K = &\left(N + K^T P_0 K\right)^{-1} \boldsymbol{c} + \left(N + K^T P_0 K\right)^{-1} K^T \cdot \\ &\left[K\left(N + K^T P_0 K\right)^{-1} K^T\right]^{-1} \left[\boldsymbol{z}_0 - K\left(N + K^T P_0 K\right)^{-1} \boldsymbol{c}\right]\end{aligned} \tag{6.45}$$

따라서 식 (6.44)와 (6.45)를 이용하여 수식을 정리할 수 있다.

$$\begin{aligned}\hat{\boldsymbol{\xi}}_K &= \hat{\boldsymbol{\xi}}_S - \left(N + K^T P_0 K\right)^{-1} K^T P_0 \boldsymbol{z}_0 + \left(N + K^T P_0 K\right)^{-1} K^T \cdot \\ &\quad \left[K\left(N + K^T P_0 K\right)^{-1} K^T\right]^{-1} \left[\boldsymbol{z}_0 - K\left(N + K^T P_0 K\right)^{-1} \boldsymbol{c}\right] \\ &= \hat{\boldsymbol{\xi}}_S - \left(N + K^T P_0 K\right)^{-1} K^T \left[K\left(N + K^T P_0 K\right)^{-1} K^T\right]^{-1} \cdot \\ &\quad \left\{\left[K\left(N + K^T P_0 K\right)^{-1} K^T\right] P_0 \boldsymbol{z}_0 - \boldsymbol{z}_0 + K\left(N + K^T P_0 K\right)^{-1} \boldsymbol{c}\right\}\end{aligned}$$

중괄호에 포함된 항을 좀 더 간결하게 표현하기 위해 식 (6.7a)를 이용하여

$K\hat{\boldsymbol{\xi}}_S$으로 대체해서 쓸 수 있다.

$$\begin{aligned}\hat{\boldsymbol{\xi}}_K = \hat{\boldsymbol{\xi}}_S + \left(N + K^T P_0 K\right)^{-1} K^T \cdot \\ \left[K\left(N + K^T P_0 K\right)^{-1} K^T\right]^{-1}\left(\boldsymbol{z}_0 - K\hat{\boldsymbol{\xi}}_S\right)\end{aligned} \tag{6.46}$$

이를 통해 고정제약 추정자 $\hat{\boldsymbol{\xi}}_K$을 모델 식 (6.1) 최적추정자 $\hat{\boldsymbol{\xi}}_S$ 함수로 표현할 수 있다. 익숙한 $\left(N + K^T P_0 K\right)^{-1}$ 공식과 아래 관계식

$$\left(N + K^T P_0 K\right)^{-1} K^T P_0 = N^{-1} K^T \left(P_0^{-1} + K N^{-1} K^T\right)^{-1}$$

을 이용하면 식 (6.46)을 다시 표현할 수 있다.

$$\begin{aligned}\hat{\boldsymbol{\xi}}_K = \hat{\boldsymbol{\xi}}_S + \left[N^{-1} - N^{-1} K^T \left(P_0^{-1} + K N^{-1} K^T\right)^{-1} K N^{-1}\right] K^T \cdot \\ \left[K N^{-1} K^T \left(P_0^{-1} + K N^{-1} K^T\right)^{-1} P_0^{-1}\right]^{-1}\left(\boldsymbol{z}_0 - K\hat{\boldsymbol{\xi}}_S\right)\end{aligned} \tag{6.47}$$

식을 단순화하기 위해 식 (6.47) 첫 번째 대괄호 식을 정리하면 아래와 같다.

$$\begin{aligned}&\left[N^{-1} - N^{-1} K^T \left(P_0^{-1} + K N^{-1} K^T\right)^{-1} K N^{-1}\right] K^T \\ &\quad = N^{-1} K^T - N^{-1} K^T \left(P_0^{-1} + K N^{-1} K^T\right)^{-1}\left(P_0^{-1} + K N^{-1} K^T - P_0^{-1}\right) \\ &\quad = N^{-1} K^T \left(P_0^{-1} + K N^{-1} K^T\right)^{-1} P_0^{-1}\end{aligned} \tag{6.48}$$

두 번째 대괄호는 역행렬 곱 규칙을 연속으로 적용해서 정리한다.

$$\begin{aligned}&\left[K N^{-1} K^T \left(P_0^{-1} + K N^{-1} K^T\right)^{-1} P_0^{-1}\right]^{-1} \\ &\quad = P_0 \left(P_0^{-1} + K N^{-1} K^T\right)\left(K N^{-1} K^T\right)^{-1}\end{aligned} \tag{6.49}$$

식 (6.48)과 (6.49)를 식 (6.47)에 대입하면 최종식을 구할 수 있다.

$$\hat{\boldsymbol{\xi}}_K = \hat{\boldsymbol{\xi}}_S + N^{-1} K^T \left(K N^{-1} K^T\right)^{-1}\left(\boldsymbol{z}_0 - K\hat{\boldsymbol{\xi}}_S\right) \tag{6.50}$$

식 (6.50)은 최적추정자 $\hat{\boldsymbol{\xi}}_S$을 이용하여 “고정제약” 추정자 $\hat{\boldsymbol{\xi}}_K$을 세련되게 표현한 식이다. 확률제약 모델 식 (6.1)에서 P_0^{-1}를 0으로 치환하면 고정제약 모델 식 (5.1)이 되므로 식 (6.50)을 (6.51)로 치환할 수 있다. 이는 식 (6.45)에서도 명확히 알 수 있으며, 따라서 모델 식 (6.1)에 해당하는 적절한 분산행렬 $D\{\hat{\boldsymbol{\xi}}_K\}$을 쉽게 계산할 수 있다.

$$\hat{\boldsymbol{\xi}}_K = \hat{\boldsymbol{\xi}}_U + N^{-1} K^T \left(K N^{-1} K^T\right)^{-1}\left(\boldsymbol{z}_0 - K\hat{\boldsymbol{\xi}}_U\right) \tag{6.51}$$

$C\{\boldsymbol{z}_0, \boldsymbol{y}\} = 0$이므로 식 (6.51)에 분산연산자를 적용하면 아래와 같다.

$$\begin{aligned} D\{\hat{\boldsymbol{\xi}}_K\} &= D\{\hat{\boldsymbol{\xi}}_U - N^{-1}K^T\big(KN^{-1}K^T\big)^{-1}K\hat{\boldsymbol{\xi}}_U\} \\ &\quad + D\{N^{-1}K^T\big(KN^{-1}K^T\big)^{-1}\boldsymbol{z}_0\} \\ D\{\hat{\boldsymbol{\xi}}_S \to \hat{\boldsymbol{\xi}}_K\} &= \sigma_0^2 N^{-1} - \sigma_0^2 N^{-1}K^T\big(KN^{-1}K^T\big)^{-1}KN^{-1} \\ &\quad + \sigma_0^2 N^{-1}K^T\big(KN^{-1}K^T P_0 KN^{-1}K^T\big)^{-1}KN^{-1} \end{aligned} \tag{6.52}$$

식 (6.52)를 (5.16)과 비교하면 $D\{\hat{\boldsymbol{\xi}}_K\}$ 증가량을 알 수 있다.

$$\sigma_0^2 N^{-1}K^T\big(KN^{-1}K^T P_0 KN^{-1}K^T\big)^{-1}KN^{-1}$$

앞에서 이미 언급했듯이 $\hat{\boldsymbol{\xi}}_K$은 모델 식 (6.1)에서 차선(sub-optimal) (재생) 추정자다. 별도 유도과정은 생략하고, 최적 재생추정자는 다음과 같다(상세한 유도과정은 Schaffrin (1997a) 참고).

$$\hat{\boldsymbol{\xi}}_{opt-rep} = \hat{\boldsymbol{\xi}}_S + K^T\big(KK^T\big)^{-1}\big(\boldsymbol{z}_0 - K\hat{\boldsymbol{\xi}}_S\big) \tag{6.53}$$

식 (6.53) 우측 기호 $\hat{\boldsymbol{\xi}}_S$은 최적 ("비재생") 추정자를 나타낸다. N^{-1}를 I로 변경하면 식 (6.53)은 (6.50)과 동일하고, 분산행렬은 다음과 같이 주어진다.

$$\begin{aligned} D\{\hat{\boldsymbol{\xi}}_{opt-rep}\} &= D\{\hat{\boldsymbol{\xi}}_S\} + D\{K^T\big(KK^T\big)^{-1}\big(\boldsymbol{z}_0 - K\hat{\boldsymbol{\xi}}_S\big)\} \\ &= \sigma_0^2 N^{-1} - \sigma_0^2 N^{-1}K^T\big(P_0^{-1} + KN^{-1}K^T\big)^{-1}KN^{-1} \\ &\quad + \sigma_0^2 K^T\big(KK^T\big)^{-1}P_0^{-1}\big(P_0^{-1} + KN^{-1}K^T\big)^{-1}\cdot \\ &\qquad P_0^{-1}\big(KK^T\big)^{-1}K \end{aligned} \tag{6.54}$$

또한 아래 관계식 역시 성립함을 알 수 있다.

$$E\{\hat{\boldsymbol{\xi}}_{opt-rep}\} = \boldsymbol{\xi} \tag{6.55a}$$

$$\boldsymbol{z}_0 - K\boldsymbol{\xi}_{opt-rep} = \boldsymbol{0} \tag{6.55b}$$

$$D\{K\hat{\boldsymbol{\xi}}_{opt-rep}\} = D\{\boldsymbol{z}_0\} = \sigma_0^2 P_0^{-1} \tag{6.55c}$$

6.6 연습문제

1. 식 (6.23) 목적함수에 대해서 다음 질문에 답하시오.

$$\Phi(\boldsymbol{\xi}, \boldsymbol{\lambda}_0) = (\boldsymbol{y} - A\boldsymbol{\xi})^T P(\boldsymbol{y} - A\boldsymbol{\xi}) + 2\boldsymbol{\lambda}_0^T(K\boldsymbol{\xi} - \boldsymbol{z}_0) - \boldsymbol{\lambda}_0^T P_0^{-1}\boldsymbol{\lambda}_0$$

   (a) 식 (6.23a)를 이용하여 식 (6.4)와 (6.23)은 동등함을 보이시오.

   (b) 미지수 $\boldsymbol{\xi}$와 미지 라그랑지 승수벡터 $\boldsymbol{\lambda}_0$ 최소제곱해를 구하기 위한 오일러-라그랑지 필요조건을 나타내시오.

   (c) 최소화를 위한 충분조건을 어떻게 만족하는지 보이시오.

   (d) (b)에서 수립한 오일러-라그랑지 필요조건을 이용하여 미지수 추정벡터 $\hat{\boldsymbol{\xi}}$을 유도하고, 식 (6.7b)와 일치하는지 확인하시오.

2. 다음 식을 증명하여 식 (6.12a)가 옳음을 확인하시오.

$$C\left\{\begin{bmatrix}\boldsymbol{y}\\ \boldsymbol{z}_0\end{bmatrix}, \begin{bmatrix}A\\ K\end{bmatrix}\hat{\boldsymbol{\xi}}\right\} = D\left\{\begin{bmatrix}A\\ K\end{bmatrix}\hat{\boldsymbol{\xi}}\right\}$$

3. 5.7절 문제 4를 반복하되, 이번에는 아래 제약조건을 사용하시오.

   (a) $\boldsymbol{z}_0$는 1928.277 ft, 분산은 $\sigma^2 = (0.005\,\text{ft})^2$를 사용하여 계산한 값을 문제 4 결과와 비교하시오. 결과는 동일한가? 만일 그렇다면 이유는 무엇인가? 6.4절에서 설명한 가설검정식을 수립할 수 있는가?

   (b) 이번에는 다른 제약조건, 즉 측점 D는 A보다 248.750 ft만큼 높고, 분산으로 $\sigma^2 {=} 2(0.005^2)\,\text{ft}^2$ 제약조건을 추가하자. 관측식과 제약조건 일관성을 검증하기 위한 가설검정식을 세우시오.

4. 5.7절 문제 6을 반복하되, 이번에는 $\boldsymbol{z}_0$를 251.850 m로 설정하고 분산은 $\sigma^2 = (0.005\,\text{m})^2$를 사용한다. 계산 결과를 문제 6 결과와 비교하시오. 변경된 값과 그렇지 않은 값은 무엇인가? 관측방정식과 제약조건 일관성을 검증하기 위한 가설검정식을 세우시오.

5. $\boldsymbol{z}_0$는 2.046 m, 분산은 $\sigma^2 = (1\,\text{cm})^2$를 사용하여 5.7절 문제 7을 계산하고, 그 결과를 비교하시오. 변한 값과 그렇지 않은 값은 무엇인가? 관측방정식과 제약조건 일관성을 검증하기 위한 가설검정식을 세우시오.

6. 5.4절 예제 문제를 참고하여 벡터 $\boldsymbol{\kappa}_0$를 $\boldsymbol{z}_0$와 동일하게 설정하고, P_0^{-1}는 아래 행렬을 사용하시오(단위는 10^{-6}m^2).

$$P_0^{-1} = \begin{bmatrix} 2.840675848752570 & 0.533989733139618 & 0.535740019844372 \\ 0.533989733139618 & 2.141325754489090 & 0.531530384522843 \\ 0.535740019844372 & 0.531530384522843 & 2.193799082681080 \end{bmatrix}$$

또한 Smith et al. (2018) 분산요소 추정값을 반영하기 위해 여인자 행렬 P^{-1}에 0.017381을 곱하고, P_0^{-1}에는 8.709801을 곱하면 참고문헌과 동일한 결과를 얻을 수 있다. 다음 질문에 답하시오.

(a) 모든 측점 높이를 추정하시오.

(b) 관측방정식과 제약조건 사이 일관성을 점검하기 위한 가설검정식을 세우시오.

7. 전체 잔차벡터 $[\tilde{\boldsymbol{e}}^T, \tilde{\boldsymbol{e}}_0^T]^T$는 $[\boldsymbol{y}^T, \boldsymbol{z}_0^T]^T$를 $[A^T, K^T]^T$ 열공간으로 사영(projection)한 결과임을 보이시오.
Hint 식 (6.17)을 참고한다.

6.7 확률제약 가우스-마코프 모델 공식 요약

확률제약 가우스-마코프 모델은 다음과 같이 나타낼 수 있다.

$$\underset{n\times 1}{\boldsymbol{y}} = \underset{n\times m}{A}\,\boldsymbol{\xi} + \boldsymbol{e}$$

$$\underset{l\times 1}{\boldsymbol{z}_0} = \underset{l\times m}{K}\,\boldsymbol{\xi} + \boldsymbol{e}_0$$

$$\begin{bmatrix} \boldsymbol{e} \\ \boldsymbol{e}_0 \end{bmatrix} \sim \left(\begin{bmatrix} \boldsymbol{0} \\ \boldsymbol{0} \end{bmatrix}, \sigma_0^2 \begin{bmatrix} P^{-1} & 0 \\ 0 & P_0^{-1} \end{bmatrix} \right)$$

표 6.1: 확률제약 가우스-마코프 모델 최소제곱해 공식 요약

구분	공식	Eq.
모델 잉여도	$r = n - m + l$	(6.3)
추정미지수 벡터	$\hat{\boldsymbol{\xi}} = \left(N + K^T P_0 K\right)^{-1}\left(\boldsymbol{c} + K^T P_0 \boldsymbol{z}_0\right)$	(6.7a)
추정미지수 분산행렬	$D\{\hat{\boldsymbol{\xi}}\} = \sigma_0^2 \cdot \left(N + K^T P_0 K\right)^{-1}$	(6.9)
예측잔차벡터	$\tilde{e} = \boldsymbol{y} - A\hat{\boldsymbol{\xi}}$	(6.10)
잔차 분산행렬	$D\{\tilde{e}\} = \sigma_0^2 \cdot \left[P^{-1} - A\left(N + K^T P_0 K\right)^{-1} A^T\right]$	(6.13b)
사전정보 잔차벡터	$\tilde{e}_0 = \boldsymbol{z}_0 - K\hat{\boldsymbol{\xi}}$	(6.11a)
사전정보 잔차 분산행렬	$D\{\tilde{e}_0\} = \sigma_0^2 \cdot P_0^{-1}\left(I_l + P_0 K N^{-1} K^T\right)^{-1}$	(6.14)

(다음 쪽에 계속됨)

구분	공식	Eq.
잔차제곱합(SSR)	$\Omega + R(P_0) = \tilde{\boldsymbol{e}}^T P \tilde{\boldsymbol{e}} + \tilde{\boldsymbol{e}}_0^T P_0 \tilde{\boldsymbol{e}}_0$	(6.36), (6.37b)
분산요소 추정값	$\hat{\sigma}_0^2 = (\tilde{\boldsymbol{e}}^T P \tilde{\boldsymbol{e}} + \tilde{\boldsymbol{e}}_0^T P_0 \tilde{\boldsymbol{e}}_0)/(n - m + l)$	(6.35)
조정관측값 벡터	$\hat{\boldsymbol{\mu}}_y = \boldsymbol{y} - \tilde{\boldsymbol{e}}$	(6.18)
조정관측값 분산행렬	$D\{\hat{\boldsymbol{\mu}}_y\} = \sigma_0^2 \cdot A \big(N + K^T P_0 K\big)^{-1} A^T$	(6.20)
조정제약조건 벡터	$\hat{\boldsymbol{\mu}}_{z_0} = \boldsymbol{z}_0 - \tilde{\boldsymbol{e}}_0$	(6.19)
조정제약조건 분산행렬	$D\{\hat{\boldsymbol{\mu}}_{z_0}\} = \sigma_0^2 \cdot K \big(N + K^T P_0 K\big)^{-1} K^T$	(6.21)

(앞 쪽에서 이어짐)

제 7 장

순차조정계산

순차조정계산(sequential adjustment)은 연속한 두 데이터셋을 결합하여 동일한 미지수 셋을 추정하는 문제에 적용할 수 있다. 이 조정계산은 첫 번째 데이터셋 관측값은 없고 미지수 추정값과 분산행렬만 존재하는 상황에 특히 유용하다. 첫 번째 데이터셋으로 추정한 값에 기반하여 두 번째 데이터셋을 조정계산하도록 변경공식(update formulas)을 사용할 수 있으며, 두 데이터셋을 동시에 조정계산한 결과와 동등하다. 흔히 두 데이터셋을 각각 "첫 번째"와 "두 번째"라고 부르지만, 순차조정계산하는 연속한 임의의 두 데이터셋이라면 모두 가능하다(예를 들어, 아홉 번째와 열 번째).

7.1 모델 정의

순차조정계산 데이터 모델은 아래 첨자 1과 2로 표시한 "두 데이터셋"에 기반한다. 첫 번째 데이터셋은 n_1개 관측값으로 이루어져 있고, 두 번째는 n_2개다. 첫 번째 데이터셋 관측값 $\boldsymbol{y}_1$은 두 번째 관측값 $\boldsymbol{y}_2$와 "상관성이 없다" (uncorrelated)고 가정한다(다시 말해서, $C\{\boldsymbol{y}_1, \boldsymbol{y}_2\} = 0$). 또한 두 번째 데이터셋과 연관된 모든 미지수는 첫 번째 데이터셋과도 관련되어 있다. 따라서 데이터 모델은 다음과 같이 나타낼 수 있다.

$$\underset{n_1\times 1}{\boldsymbol{y}_1} = \underset{n_1\times m}{A_1}\,\boldsymbol{\xi} + \boldsymbol{e}_1 \tag{7.1a}$$

$$\underset{n_2\times 1}{\boldsymbol{y}_2} = \underset{n_2\times m}{A_2}\,\boldsymbol{\xi} + \boldsymbol{e}_2 \tag{7.1b}$$

$$\begin{bmatrix}\boldsymbol{e}_1\\ \boldsymbol{e}_2\end{bmatrix} \sim \left(\begin{bmatrix}\mathbf{0}\\ \mathbf{0}\end{bmatrix},\, \sigma_0^2\begin{bmatrix}P_1^{-1} & 0\\ 0 & P_2^{-1}\end{bmatrix}\right) \tag{7.1c}$$

계수행렬(coefficient matrices) 또는 설계행렬(design matrices) A_1과 A_2 계수(ranks)는 다음과 같다.

$$\operatorname{rk} A_1 = \operatorname{rk}\begin{bmatrix}A_1\\ A_2\end{bmatrix} = m \tag{7.2}$$

식 (7.1)과 (7.2)로부터 계수행렬 A_1은 완전열계수(full column rank)를 가진다. 또한 확률오차 벡터 $\boldsymbol{e}_1$과 $\boldsymbol{e}_2$는 상관성이 없고, 두 데이터셋은 동일한 분산요소 σ_0^2를 공유한다. 두 데이터셋으로부터 전체 관측값 개수를 정의한다.

$$n := n_1 + n_2 \tag{7.3}$$

7.1절에서 7.3절까지 사용한 정규방정식 변수 기호는 아래와 같고,

$$[N_{ii},\, \boldsymbol{c}_i] = A_i^T P_i\,[A_i,\, \boldsymbol{y}_i]\,,\quad i \in \{1,2\} \tag{7.4a}$$

이를 좀 더 구체적으로 표현하면 다음과 같다.

$$\begin{aligned} N_{11} &= A_1^T P_1 A_1 \quad & N_{22} &= A_2^T P_2 A_2\\ \boldsymbol{c}_1 &= A_1^T P_1 \boldsymbol{y}_1 \quad & \boldsymbol{c}_2 &= A_2^T P_2 \boldsymbol{y}_2 \end{aligned} \tag{7.4b}$$

[참고]

7.3절 이후 N과 $\boldsymbol{c}$ 아래첨자는 약간 다른 의미를 가지므로 해당 절에서 주의해서 정의를 확인해야 한다.

첫 번째 데이터셋만을 사용하여 추정한 값은 단일기호($\hat{\ }$), 두 데이터셋 모두 이용한 추정값은 이중기호($\hat{\hat{\ }}$)를 사용해서 나타낸다. 예를 들어, 미지수

추정벡터 $\hat{\boldsymbol{\xi}}$은 첫 번째 데이터셋만을 사용한 결과이고, 반면 $\hat{\hat{\boldsymbol{\xi}}}$은 두 데이터셋을 모두 사용하여 추정한 값이다. 이 표현은 두 데이터셋을 모두 사용한 추정값을 첫 번째 데이터셋만을 사용한 추정 결과에 대한 변경값으로 나타내기에 편리하다.

데이터 모델 식 (7.1)과 확률제약 가우스-마코프 모델 식 (6.1)은 구조가 유사하다. 따라서 두 번째 데이터셋을 확률제약조건이라고 간주하면 $\boldsymbol{\xi}$에 대한 최소제곱해와 분산행렬을 각각 식 (6.7b)와 (6.9) 형태로 쓸 수 있다.

$$\hat{\hat{\boldsymbol{\xi}}} = \hat{\boldsymbol{\xi}} + N_{11}^{-1}A_2^T\left(P_2^{-1} + A_2N_{11}^{-1}A_2^T\right)^{-1}\left(\boldsymbol{y}_2 - A_2\hat{\boldsymbol{\xi}}\right) \tag{7.5}$$

$$= \hat{\boldsymbol{\xi}} + \left(N_{11} + A_2^TP_2A_2\right)^{-1}A_2^TP_2\left(\boldsymbol{y}_2 - A_2\hat{\boldsymbol{\xi}}\right) \tag{7.6}$$

$$D\{\hat{\hat{\boldsymbol{\xi}}}\} = D\{\hat{\boldsymbol{\xi}}\} - \sigma_0^2N_{11}^{-1}A_2^T\left(P_2^{-1} + A_2N_{11}^{-1}A_2^T\right)^{-1}A_2N_{11}^{-1} \tag{7.7}$$

식 (7.5)에서 (7.6)으로 전개하는 과정에는 식 (A.8a)를 사용하였다. 행렬 $\left(N_{11} + A_2^TP_2A_2\right)$는 크기가 $m \times m$인 반면, $\left(P_2^{-1} + A_2N_{11}^{-1}A_2^T\right)$는 $n_2 \times n_2$라는 사실은 매우 중요하다. 따라서 두 번째 데이터셋 관측값이 딱 하나라면 (즉 $n_2 = 1$), 식 (7.5)를 이용하여 신속하게 업데이트할 수 있다. 예를 들어, 매 시점마다 새로운 관측값이 하나씩 추가되는 실시간 업무에 해당한다.

또한 식 (7.7)에서 차감하는 행렬은 양의정부호(positive-definite)다. 따라서 P_2에 반영된 두 번째 데이터셋 정밀도와 관계없이, 두 데이터셋을 이용해서 추정하는 미지수 분산은 첫 번째 데이터셋만 사용할 때보다 작아진다.

7.2 순차조정계산 검증

이 절에서는 첫 번째 데이터셋만을 사용한 결과(Case 1)가 두 데이터셋을 모두 사용한 조정계산(Case 2)과 서로 일관성이 있는지 확인하기 위해 순차조정계산을 검증한다. 일관성이 있다는 의미는 Case 1과 2 모두 모델에 적합하다는 뜻이다. 다시 말해서, 첫 번째 데이터셋만을 이용한 조정계산 잔차가 결합 데이터셋을 이용한 순차조정계산에서 크게 달라지지 않는다.

분산요소 추정값 $\hat{\sigma}_0^2$을 나타내기 위해 6장에서 수행한 유도과정을 되짚어 보면, 분산요소 추정값은 잔차제곱합(SSR) Ω와 SSR 변경값 $R(P_2)$로 구성되어 있다. Ω는 첫 번째 데이터셋만을 이용한 조정계산 결과이며, 식 (6.40) 유도과정에서 알 수 있듯이 $R(P_2)$는 두 번째 데이터셋이 SSR에 기여한 양을 가리킨다. 이를 이용하면 결합조정계산이 첫 번째 데이터셋만을 이용하는 상황과 일관성이 있는지 쉽게 가설검정할 수 있다.

분산요소 추정값 $\hat{\hat{\sigma}}_0^2$을 Ω와 $R(P_2)$로 분해하면 다음과 같이 표현할 수 있다.

$$\begin{aligned} \hat{\hat{\sigma}}_0^2(n-m) &= \Omega + R(P_2) \\ \Omega &= \hat{\sigma}_0^2(n_1 - m) \end{aligned} \tag{7.8a}$$

또한 $R(P_2)$는 아래와 같이 나타낼 수 있으므로,

$$\begin{aligned} R(P_2) &= -\big(\boldsymbol{y}_2 - A_2\hat{\boldsymbol{\xi}}\big)^T\hat{\hat{\boldsymbol{\lambda}}} \\ \hat{\hat{\boldsymbol{\lambda}}} &:= -\big(P_2^{-1} + A_2N_{11}^{-1}A_2^T\big)^{-1}\big(\boldsymbol{y}_2 - A_2\hat{\boldsymbol{\xi}}\big) \end{aligned} \tag{7.8b}$$

식 (7.8a)를 아래와 같이 다시 쓸 수 있고, 이때 $R(P_2)$ 형태는 식 (6.40) $R(P_0)$와 매우 유사하다.

$$\hat{\hat{\sigma}}_0^2(n-m) = \Omega + \big(\boldsymbol{y}_2 - A_2\hat{\boldsymbol{\xi}}\big)^T\big(P_2^{-1} + A_2N_{11}^{-1}A_2^T\big)^{-1}\big(\boldsymbol{y}_2 - A_2\hat{\boldsymbol{\xi}}\big) \tag{7.8c}$$

따라서 첫 번째 데이터셋과 결합데이터셋 모두 모델에 적합한지 검증하는 순차조정계산 검정통계량을 계산할 수 있다.

$$T = \frac{R/n_2}{\Omega/(n_1 - m)} \sim F(n_2, n_1 - m) \tag{7.9}$$

검정통계량은 자유도 n_2와 $n_1 - m$인 F-분포를 따른다. 임의의 유의수준 α에 대해서 $T \leq F_{\alpha,n_2,n_1-m}$이면 두 번째 데이터셋 관측값이 첫 번째 데이터셋과 일관성이 있다고 주장할 수 있다. 가설검정에 대해서는 9장을 참고한다.

7.3 정규방정식 다른 풀이

150쪽에서 설명한 “정규방정식 덧셈 이론”을 이용하여 정규방정식 행렬을 표현할 수 있으며, 마찬가지로 $\boldsymbol{\xi}$에 덧붙인 이중기호($\hat{\hat{}}$)는 두 데이터셋을 모두 사용한 해를 가리킨다.

$$\big(A_1^TP_1A_1 + A_2^TP_2A_2\big)\hat{\hat{\boldsymbol{\xi}}} = \big(A_1^TP_1\boldsymbol{y}_1 + A_2^TP_2\boldsymbol{y}_2\big) \tag{7.10a}$$

앞에서 정의한 기호를 이용하여 좀 더 간략하게 나타낼 수도 있다.

$$(N_{11} + N_{22})\hat{\hat{\boldsymbol{\xi}}} = (\boldsymbol{c}_1 + \boldsymbol{c}_2) \tag{7.10b}$$

이 정규방정식을 $\hat{\hat{\boldsymbol{\lambda}}} := P_2(A_2\hat{\hat{\boldsymbol{\xi}}} - \boldsymbol{y}_2)$를 이용하여 다시 정리하면,

$$N_{11}\hat{\hat{\boldsymbol{\xi}}} + N_{22}\hat{\hat{\boldsymbol{\xi}}} - \boldsymbol{c}_2 = \boldsymbol{c}_1 \tag{7.11a}$$

$$N_{11}\hat{\hat{\boldsymbol{\xi}}} + A_2^T\hat{\hat{\boldsymbol{\lambda}}}_2 = \boldsymbol{c}_1 \tag{7.11b}$$

$$\boldsymbol{y}_2 = A_2\hat{\hat{\boldsymbol{\xi}}} - P_2^{-1}\hat{\hat{\boldsymbol{\lambda}}} \tag{7.11c}$$

식 (7.11b)와 (7.11c)로부터 최소제곱 정규방정식을 구할 수 있다.

$$\begin{bmatrix} N_{11} & A_2^T \\ A_2 & -P_2^{-1} \end{bmatrix} \begin{bmatrix} \hat{\hat{\boldsymbol{\xi}}} \\ \hat{\hat{\boldsymbol{\lambda}}} \end{bmatrix} = \begin{bmatrix} \boldsymbol{c}_1 \\ \boldsymbol{y}_2 \end{bmatrix} \tag{7.12}$$

식 (7.12) 첫 행에서 라그랑지 승수 추정벡터 함수로 표현한 변경공식(update formula) 식 (7.13b)를 구할 수 있다.

$$\hat{\hat{\boldsymbol{\xi}}} = N_{11}^{-1}\boldsymbol{c}_1 - N_{11}^{-1}A_2^T\hat{\hat{\boldsymbol{\lambda}}} \tag{7.13a}$$

$$= \hat{\boldsymbol{\xi}} - N_{11}^{-1}A_2^T\hat{\hat{\boldsymbol{\lambda}}} \tag{7.13b}$$

별도 유도과정 없이 식 (7.13b)와 (7.5)를 비교하면 라그랑지 승수벡터 추정값 공식을 얻을 수 있으며 식 (7.8b)와 일치한다.

$$\hat{\hat{\boldsymbol{\lambda}}} = -\left(P_2^{-1} + A_2N_{11}^{-1}A_2^T\right)^{-1}\left(\boldsymbol{y}_2 - A_2\hat{\boldsymbol{\xi}}\right) \tag{7.14}$$

식 (7.13b)에 공분산 전파식을 적용하면 $\hat{\hat{\boldsymbol{\xi}}}$ 분산행렬을 구할 수 있다.

$$D\{\hat{\hat{\boldsymbol{\xi}}}\} = D\{\hat{\boldsymbol{\xi}}\} - \sigma_0^2N_{11}^{-1}A_2^T\left(P_2^{-1} + A_2N_{11}^{-1}A_2^T\right)^{-1}A_2N_{11}^{-1} \tag{7.15}$$

이 식에서는 $C\{\boldsymbol{y}_2, \hat{\boldsymbol{\xi}}\} = 0$이라는 사실을 이용했으며, 이는 두 번째 데이터셋 관측값이 첫 번째 데이터셋만으로 추정한 미지수와 상관성이 없음을 의미한다.

7.4 계수부족 순차조정계산

7.4.1 첫 데이터셋만 사용

행렬 A_1이 완전열계수를 가지지 않을 때, 다시 말해서 $\operatorname{rk} A_1 =: q_1 < m$이면 4.5절처럼 연립방정식을 추가로 분할하고 데이텀을 도입한다. A_1을 분할하여 $n_1 \times q_1$에 해당하는 부분을 A_{11}, $n_1 \times (m - q_1)$ 부분을 A_{12}라고 표기하자. 마찬가지로 미지수 벡터 $\boldsymbol{\xi}$를 $q_1 \times 1$에 해당하는 $\boldsymbol{\xi}_1$과 $(m - q_1) \times 1$ 벡터 $\boldsymbol{\xi}_2$로 분할한다.

$$A_1 = [A_{11}, A_{12}], \quad \operatorname{rk} A_{11} =: q_1, \quad \boldsymbol{\xi} = \left[\boldsymbol{\xi}_1^T, \boldsymbol{\xi}_2^T\right]^T \tag{7.16a}$$

> **[참고]**
> 이 분할에서 정규방정식에 도입하는 새로운 항은 행렬 N과 벡터 $\boldsymbol{c}$에 아래첨자를 이전과 다르게 사용한다. 가장 주목할 점은, 이 절에서는 첫 데이터셋만 사용했으므로 아래첨자 2는 두 번째 데이터셋이 아니라 행렬 N에서 블록 위치를 의미한다.

개별 항 N_{11}, N_{12}, $\boldsymbol{c}_1$은 각각 아래와 같이 정의한다.

$$\begin{bmatrix} A_{11}^T \\ A_{12}^T \end{bmatrix} P_1 \begin{bmatrix} A_{11} & A_{12} \end{bmatrix} = \left[\begin{array}{c|c} A_{11}^T P_1 A_{11} & A_{11}^T P_1 A_{12} \\ \hline A_{12}^T P_1 A_{11} & A_{12}^T P_1 A_{12} \end{array}\right] = \left[\begin{array}{c|c} N_{11} & N_{12} \\ \hline A_{12}^T P_1 A_{11} & A_{12}^T P_1 A_{12} \end{array}\right] \tag{7.16b}$$

$$\boldsymbol{c}_1 = A_{11}^T P_1 \boldsymbol{y}_1 \tag{7.16c}$$

기호 N_{21}과 $\boldsymbol{c}_2$는 다음 절에서 다른 방식으로 정의하기 위해 여기서는 일부러 사용하지 않았다. $\boldsymbol{\xi}_2 \to \boldsymbol{\xi}_2^0$가 되도록 데이텀 정보 $\boldsymbol{\xi}_2^0$를 도입하는데, 이때 마찬가지로 아랫첨자 2는 두 번째 데이터셋이 아니라 $\boldsymbol{\xi}$ 벡터 뒷부분 데이텀을 가리킨다.

첫 번째 데이터셋만을 이용해서 추정한 미지수와 분산행렬 공식은 각각 식 (3.43b)와 (3.44)와 동일하다.

$$\hat{\boldsymbol{\xi}}_1 = N_{11}^{-1}\big(\boldsymbol{c}_1 - N_{12}\boldsymbol{\xi}_2^0\big) \tag{7.17a}$$

$$D\{\hat{\boldsymbol{\xi}}_1\} = \sigma_0^2 N_{11}^{-1} \tag{7.17b}$$

분산요소 추정값 $\hat{\sigma}_0^2$은 식 (3.49), (3.52)와 약간 다른데, 아래 동등한 두 공식으로 표현할 수 있다.

$$\hat{\sigma}_0^2 = \frac{\boldsymbol{y}_1^T P_1\big(\boldsymbol{y}_1 - A_{11}\hat{\boldsymbol{\xi}}_1 - A_{12}\boldsymbol{\xi}_2^0\big)}{n_1 - q_1} \tag{7.17c}$$

$$= \frac{\boldsymbol{y}_1^T P_1 \boldsymbol{y}_1 - \boldsymbol{c}_1^T N_{11}^{-1}\boldsymbol{c}_1}{n_1 - q_1} \tag{7.17d}$$

식 (3.49)에서 (3.52)로 변환하는 과정은 식 (7.17c)에서 (7.17d) 단계에 그대로 적용할 수 있다.

7.4.2 두 데이터셋 모두 사용

이번에는 두 번째 데이터셋을 추가하고, 첫 번째 데이터셋과 동일하게 분할한다.

$$\boldsymbol{y}_2 = A_{21}\boldsymbol{\xi}_1 + A_{22}\boldsymbol{\xi}_2 + \boldsymbol{e}_2, \quad \boldsymbol{e}_2 \sim \big(\boldsymbol{0}, \sigma_0^2 P_2^{-1}\big) \tag{7.18}$$

행렬 A_{21} 크기는 $n_2 \times q_1$, A_{22}는 $n_2 \times (m - q_1)$이다. 두 번째 데이터셋은 데이텀 정보가 없으며, 다만 잉여도를 증가시킨다. 따라서 정규방정식 행렬 계수(rank)는 변하지 않으며, 2×2 블록 계수행렬(coefficient matrix)도 마찬가지다.

$$\text{rk}\begin{bmatrix} A_{11} & A_{12} \\ A_{21} & A_{22} \end{bmatrix} =: q = q_1 \tag{7.19}$$

좀 더 명확히 표현하면, 첫 번째 아랫첨자는 데이터셋 1 또는 2를 의미하고, 두 번째 아랫첨자는 미지수 벡터 $\boldsymbol{\xi}$에서 앞뒤를 나타낸다. 따라서 전체 최소제곱 정규방정식은 다음과 같이 표현할 수 있다.

$$\left[\begin{array}{c|c} A_{11}^T P_1 A_{11} + A_{21}^T P_2 A_{21} & A_{11}^T P_1 A_{12} + A_{21}^T P_2 A_{22} \\ \hline A_{12}^T P_1 A_{11} + A_{22}^T P_2 A_{21} & A_{12}^T P_1 A_{12} + A_{22}^T P_2 A_{22} \end{array}\right] \begin{bmatrix} \hat{\hat{\boldsymbol{\xi}}}_1 \\ \boldsymbol{\xi}_2^0 \end{bmatrix} = \left[\begin{array}{c|c} A_{11}^T P_1 & A_{21}^T P_2 \\ \hline A_{12}^T P_1 & A_{22}^T P_2 \end{array}\right] \begin{bmatrix} \boldsymbol{y}_1 \\ \boldsymbol{y}_2 \end{bmatrix} \tag{7.20}$$

식 (7.20) 첫 행에서 최소제곱해 $\hat{\hat{\boldsymbol{\xi}}}_1$을 직접 구할 수 있고, 이를 이용해서 분산행렬도 계산할 수 있다.

$$\begin{aligned} \hat{\hat{\boldsymbol{\xi}}}_1 = &\left(A_{11}^T P_1 A_{11} + A_{21}^T P_2 A_{21}\right)^{-1} \cdot \\ &\left[\left(A_{11}^T P_1 \boldsymbol{y}_1 + A_{21}^T P_2 \boldsymbol{y}_2\right) - \left(A_{11}^T P_1 A_{12} + A_{21}^T P_2 A_{22}\right)\boldsymbol{\xi}_2^0\right] \end{aligned} \tag{7.21}$$

$$D\{\hat{\hat{\boldsymbol{\xi}}}_1\} = \sigma_0^2 \left(A_{11}^T P_1 A_{11} + A_{21}^T P_2 A_{21}\right)^{-1} \tag{7.22}$$

변경공식을 유도하기 위해서는 식 (7.11a)에서 (7.12)처럼 다른 형태로 표현한 정규방정식을 도입한다. 식 (7.17a)를 아래와 같이 다시 쓸 수 있고,

$$\left(A_{11}^T P_1 A_{11}\right)\hat{\boldsymbol{\xi}}_1 = \left(A_{11}^T P_1 \boldsymbol{y}_1\right) - \left(A_{11}^T P_1 A_{12}\right)\boldsymbol{\xi}_2^0 \tag{7.23a}$$

$$N_{11}\hat{\boldsymbol{\xi}}_1 = \boldsymbol{c}_1 - N_{12}\boldsymbol{\xi}_2^0 \tag{7.23b}$$

이를 식 (7.20) 첫 행에서 차감하면 다음 식을 구할 수 있다.

$$\left(A_{21}^T P_2 A_{21}\right)\hat{\boldsymbol{\xi}}_1 = \left(A_{21}^T P_2 \boldsymbol{y}_2\right) - \left(A_{21}^T P_2 A_{22}\right)\boldsymbol{\xi}_2^0 \tag{7.23c}$$

$$N_{21}\hat{\boldsymbol{\xi}}_1 = \boldsymbol{c}_2 - N_{22}\boldsymbol{\xi}_2^0 \tag{7.23d}$$

[참고]

기호 N_{11}과 N_{12}는 식 (7.16b)에서 정의한 대로 사용하고 있으나, N_{22}와 N_{21} 정의는 식 (7.23c)를 (7.23d)와 비교하면 금세 알 수 있다.

식 (7.23b)와 (7.23d)는 식 (7.20) 첫 행을 구성하므로 두 식을 결합하면 다음 식을 얻을 수 있고,

$$\left(N_{11} + N_{21}\right)\hat{\hat{\boldsymbol{\xi}}}_1 = \boldsymbol{c}_1 + \boldsymbol{c}_2 - \left(N_{12} + N_{22}\right)\boldsymbol{\xi}_2^0 \tag{7.24a}$$

결과적으로 아래 관계식을 구할 수 있다.

$$\begin{aligned} N_{11}\hat{\hat{\boldsymbol{\xi}}}_1 + A_{21}^T\hat{\hat{\boldsymbol{\lambda}}} &= \boldsymbol{c}_1 - N_{12}\boldsymbol{\xi}_2^0 \\ \hat{\hat{\boldsymbol{\lambda}}} &:= P_2\big(A_{21}\hat{\hat{\boldsymbol{\xi}}}_1 - \boldsymbol{y}_2 + A_{22}\boldsymbol{\xi}_2^0\big) \end{aligned} \tag{7.24b}$$

> **[참고]**
> 식 (7.23a)–(7.23d)에서는 데이터셋 하나만을 가리키므로 $\boldsymbol{\xi}_1$ 추정값에 단일기호($\hat{}$)를 사용한다. 식 (7.24a) 이중기호($\hat{\hat{}}$)는 두 데이터셋에 기반한 $\boldsymbol{\xi}_1$ 추정값을 나타낸다.

식 (7.24b)로부터 정규방정식을 행렬식으로 나타낼 수 있다.

$$\begin{bmatrix} N_{11} & A_{21}^T \\ A_{21} & -P_2^{-1} \end{bmatrix} \begin{bmatrix} \hat{\hat{\boldsymbol{\xi}}}_1 \\ \hat{\hat{\boldsymbol{\lambda}}} \end{bmatrix} = \begin{bmatrix} \boldsymbol{c}_1 - N_{12}\boldsymbol{\xi}_2^0 \\ \boldsymbol{y}_2 - A_{22}\boldsymbol{\xi}_2^0 \end{bmatrix} \tag{7.25}$$

식 (7.25) 연립방정식 해는 식 (A.15)에 설명한 분할행렬 역행렬 공식을 적용해서 구할 수 있다.

$$\begin{aligned} \begin{bmatrix} \hat{\hat{\boldsymbol{\xi}}}_1 \\ \hat{\hat{\boldsymbol{\lambda}}} \end{bmatrix} &= \begin{bmatrix} N_{11} & A_{21}^T \\ A_{21} & -P_2^{-1} \end{bmatrix}^{-1} \begin{bmatrix} \boldsymbol{c}_1 - N_{12}\boldsymbol{\xi}_2^0 \\ \boldsymbol{y}_2 - A_{22}\boldsymbol{\xi}_2^0 \end{bmatrix} \\ &= \left[\begin{array}{c|c} N_{11}^{-1} - N_{11}^{-1}A_{21}^T S_2^{-1} A_{21} N_{11}^{-1} & N_{11}^{-1}A_{21}^T S_2^{-1} \\ \hline S_2^{-1}A_{21}N_{11}^{-1} & -S_2^{-1} \end{array}\right] \begin{bmatrix} \boldsymbol{c}_1 - N_{12}\boldsymbol{\xi}_2^0 \\ \boldsymbol{y}_2 - A_{22}\boldsymbol{\xi}_2^0 \end{bmatrix} \end{aligned} \tag{7.26}$$

$$S_2 := P_2^{-1} + A_{21}N_{11}^{-1}A_{21}^T \tag{7.27}$$

최종적으로 미지수와 라그랑지 승수 추정값은 다음과 같이 나타낼 수 있다.

$$\begin{aligned} \hat{\hat{\boldsymbol{\xi}}}_1 = N_{11}^{-1}\big(\boldsymbol{c}_1 - N_{12}\boldsymbol{\xi}_2^0\big) + N_{11}^{-1}A_{21}^T\big(P_2^{-1} + A_{21}N_{11}^{-1}A_{21}^T\big)^{-1}\cdot \\ \big[A_{21}N_{11}^{-1}\big(-\boldsymbol{c}_1 + N_{12}\boldsymbol{\xi}_2^0\big) + \boldsymbol{y}_2 - A_{22}\boldsymbol{\xi}_2^0\big] \end{aligned} \tag{7.28a}$$

$$\hat{\hat{\boldsymbol{\xi}}}_1 = \hat{\boldsymbol{\xi}}_1 + N_{11}^{-1}A_{21}^T\big(P_2^{-1} + A_{21}N_{11}^{-1}A_{21}^T\big)^{-1}\big(\boldsymbol{y}_2 - A_{21}\hat{\boldsymbol{\xi}}_1 - A_{22}\boldsymbol{\xi}_2^0\big) \tag{7.28b}$$

$$\hat{\hat{\boldsymbol{\lambda}}} = -\big(P_2^{-1} + A_{21}N_{11}^{-1}A_{21}^T\big)^{-1}\big(\boldsymbol{y}_2 - A_{21}\hat{\boldsymbol{\xi}}_1 - A_{22}\boldsymbol{\xi}_2^0\big) \tag{7.28c}$$

데이텀은 분산이 0 이므로(즉 $D\{\boldsymbol{\xi}_2^0\} = 0$), 라그랑지 승수벡터 추정값 분산 행렬은 다음과 같다.

$$D\{\hat{\hat{\boldsymbol{\lambda}}}\} = \left(P_2^{-1} + A_{21}N_{11}^{-1}A_{21}^T\right)^{-1} D\{\boldsymbol{y} - A_{21}\hat{\boldsymbol{\xi}}_1\}\left(P_2^{-1} + A_{21}N_{11}^{-1}A_{21}^T\right)^{-1} \tag{7.29}$$

마찬가지로 아래 관계식도 역시 성립함을 알 수 있다.

$$C\{\boldsymbol{y}_2, \hat{\boldsymbol{\xi}}_1\} = 0 \tag{7.30a}$$

$$D\{\boldsymbol{y} - A_{21}\hat{\boldsymbol{\xi}}_1\} = \sigma_0^2\left(P_2^{-1} + A_{21}N_{11}^{-1}A_{21}^T\right) \tag{7.30b}$$

$$D\{\hat{\hat{\boldsymbol{\lambda}}}\} = \sigma_0^2\left(P_2^{-1} + A_{21}N_{11}^{-1}A_{21}^T\right)^{-1} \tag{7.30c}$$

$$D\{\hat{\hat{\boldsymbol{\xi}}}_1\} = D\{\hat{\boldsymbol{\xi}}_1\} - \sigma_0^2 N_{11}^{-1}A_{21}^T\left(P_2^{-1} + A_{21}N_{11}^{-1}A_{21}^T\right)^{-1}A_{21}N_{11}^{-1} \tag{7.30d}$$

마지막으로 분산요소 추정값은 다음과 같이 나타낼 수 있다.

$$\begin{aligned}\hat{\hat{\sigma}}_0^2(n-q) = \hat{\sigma}_0^2(n_1 - q_1) + \left(\boldsymbol{y}_2 - A_{21}\hat{\boldsymbol{\xi}}_1 - A_{22}\boldsymbol{\xi}_2^0\right)^T \cdot \\ \left(P_2^{-1} + A_{21}N_{11}^{-1}A_{21}^T\right)^{-1}\left(\boldsymbol{y}_2 - A_{21}\hat{\boldsymbol{\xi}}_1 - A_{22}\boldsymbol{\xi}_2^0\right)\end{aligned} \tag{7.31a}$$

$$= \hat{\sigma}_0^2(n_1 - q_1) - \hat{\hat{\boldsymbol{\lambda}}}^T\left(\boldsymbol{y}_2 - A_{21}\hat{\boldsymbol{\xi}}_1 - A_{22}\boldsymbol{\xi}_2^0\right) \tag{7.31b}$$

거듭 강조하지만 이 절에서는 $N_{11} := A_{11}^T P_1 A_{11}$로 정의했다.

7.5 새로운 미지수 순차조정계산

이 절에서는 두 번째 데이터셋이 첫 데이터셋 미지수 일부에다가 (첫 데이터셋과 관련없는) 새로운 미지수를 포함하는 문제를 다룬다. 첫 데이터셋과 연관된 m_1개 미지수와 두 번째 데이터셋에서 추가된 미지수 m_2개를 대상으로 하므로 결합 데이터셋 전체 미지수 개수는 $m = m_1 + m_2$이다.

복합 아래첨자 중 첫 번째는 데이터셋을 가리키고, 두 번째는 행렬 분할을 의미한다. 예를 들어, A_{21}은 두 번째 데이터셋 설계행렬(design matrix) 중 원래 미지수에 해당한다. 반면, A_{22}는 두 번째 데이터셋에서 새로운 미지수와 연관되어 있다. 데이텀 정보를 포함하는 "사전처리된 관측값" 벡터를 나타내기 위해 새로운 기호(예를 들어 $\bar{\boldsymbol{y}}$)를 도입할 수도 있다. 그러나 여기에서는 $\boldsymbol{y}$를 계속 사용하되 관측값에 더해서 데이텀 정보를 포함할 수 있다고 명시한다.

데이터 모델에서 첫 번째와 두 번째 데이터셋 관측값은 상관성이 없다고 가정하고 분산요소 σ_0^2를 공유한다.

$$\begin{bmatrix} \boldsymbol{y}_1 \\ \boldsymbol{y}_2 \end{bmatrix} = \begin{bmatrix} A_{11} & 0 \\ A_{21} & A_{22} \end{bmatrix} \begin{bmatrix} \boldsymbol{\xi}_1 \\ \boldsymbol{\xi}_2 \end{bmatrix} + \begin{bmatrix} \boldsymbol{e}_1 \\ \boldsymbol{e}_2 \end{bmatrix}$$
$$\begin{bmatrix} \boldsymbol{e}_1 \\ \boldsymbol{e}_2 \end{bmatrix} \sim \left(\begin{bmatrix} \mathbf{0} \\ \mathbf{0} \end{bmatrix}, \sigma_0^2 \begin{bmatrix} P_1^{-1} & 0 \\ 0 & P_2^{-1} \end{bmatrix} \right) \tag{7.32}$$

연립방정식 크기는 아래 수학기호로 나타낼 수 있다.

$$\boldsymbol{y}_1 \in \mathbb{R}^{n_1},\ \ \boldsymbol{y}_2 \in \mathbb{R}^{n_2},\ \ \boldsymbol{\xi}_1 \in \mathbb{R}^{m_1},\ \ \boldsymbol{\xi}_2 \in \mathbb{R}^{m_2},\ \ \left[\boldsymbol{\xi}_1^T, \boldsymbol{\xi}_2^T\right]^T \in \mathbb{R}^m \tag{7.33a}$$

$$n = n_1 + n_2,\ \ m = m_1 + m_2 \tag{7.33b}$$

150쪽에서 설명한 "정규방정식 덧셈 이론"을 이용하여 아래와 같이 표현할 수 있고,

$$\begin{bmatrix} A_{11}^T & A_{21}^T \\ 0 & A_{22}^T \end{bmatrix} \begin{bmatrix} P_1 & 0 \\ 0 & P_2 \end{bmatrix} \begin{bmatrix} A_{11} & 0 \\ A_{21} & A_{22} \end{bmatrix} \begin{bmatrix} \hat{\hat{\boldsymbol{\xi}}}_1 \\ \hat{\hat{\boldsymbol{\xi}}}_2 \end{bmatrix} = \begin{bmatrix} A_{11}^T P_1 & A_{21}^T P_2 \\ 0 & A_{22}^T P_2 \end{bmatrix} \begin{bmatrix} \boldsymbol{y}_1 \\ \boldsymbol{y}_2 \end{bmatrix} \tag{7.34a}$$

$$\therefore \left[\begin{array}{c|c} A_{11}^T P_1 A_{11} + A_{21}^T P_2 A_{21} & A_{21}^T P_2 A_{22} \\ \hline A_{22}^T P_2 A_{21} & A_{22}^T P_2 A_{22} \end{array}\right] \begin{bmatrix} \hat{\hat{\boldsymbol{\xi}}}_1 \\ \hat{\hat{\boldsymbol{\xi}}}_2 \end{bmatrix} = \begin{bmatrix} A_{11}^T P_1 \boldsymbol{y}_1 + A_{21}^T P_2 \boldsymbol{y}_2 \\ A_{22}^T P_2 \boldsymbol{y}_2 \end{bmatrix} \tag{7.34b}$$

앞에서 설명한 대로 이중기호($\hat{\hat{}}$)는 두 데이터셋을 사용하여 추정한 값을 나타낸다.

상황에 따라 첫 번째 데이터셋을 더는 사용할 수 없고 조정계산 추정값만 존재할 수도 있다. 이때는 두 번째 관측값 데이터셋만으로 새로운 미지수를 추정하기 위해 식 (7.34b) 아래 행을 사용한다.

$$\hat{\hat{\boldsymbol{\xi}}}_2 = \left(A_{22}^T P_2 A_{22}\right)^{-1} A_{22}^T P_2 \left(\boldsymbol{y}_2 - A_{21} \hat{\hat{\boldsymbol{\xi}}}_1\right) \tag{7.35}$$

첫 데이터셋에 기반한 정규방정식으로부터 식 (7.36)을 (7.34b) 우측 윗 줄에 대입하고, 미지수 추정값을 구하기 위해 좌변 정규행렬의 역행렬을 계산한다.

$$A_{11}^T P_1 \boldsymbol{y}_1 = \left(A_{11}^T P_1 A_{11}\right)\hat{\boldsymbol{\xi}}_1 \tag{7.36}$$

편의상 역행렬에 아래와 같은 새로운 기호를 도입한다.

$$S_1 := A_{11}^T P_1 A_{11} + A_{21}^T P_2 A_{21} - A_{21}^T P_2 A_{22}\left(A_{22}^T P_2 A_{22}\right)^{-1} A_{22}^T P_2 A_{21} \tag{7.37a}$$

$$= A_{11}^T P_1 A_{11} + A_{21}^T \bar{P}_2 A_{21} \tag{7.37b}$$

$$\bar{P}_2 := P_2 - P_2 A_{22}\left(A_{22}^T P_2 A_{22}\right)^{-1} A_{22}^T P_2 \tag{7.37c}$$

$$N_{22} = A_{22}^T P_2 A_{22} \tag{7.37d}$$

여기서 $\bar{P}_2$는 축약가중행렬(reduced weight matrix)을 나타낸다. 식 (7.34b)에서 정규행렬 역행렬을 구하면(분할행렬 역행렬은 (A.15) 참고), $\hat{\hat{\boldsymbol{\xi}}}_1$과 $\hat{\hat{\boldsymbol{\xi}}}_2$ 해를 구할 수 있다.

$$\begin{bmatrix} \hat{\hat{\boldsymbol{\xi}}}_1 \\ \hat{\hat{\boldsymbol{\xi}}}_2 \end{bmatrix} = \left[\begin{array}{c|c} S_1^{-1} & -S_1^{-1}\left(A_{21}^T P_2 A_{22}\right)N_{22}^{-1} \\ \hline -N_{22}^{-1}\left(A_{22}^T P_2 A_{21}\right)S_1^{-1} & N_{22}^{-1} + N_{22}^{-1}\left(A_{22}^T P_2 A_{21}\right)S_1^{-1}\left(A_{21}^T P_2 A_{22}\right)N_{22}^{-1} \end{array}\right] \cdot \begin{bmatrix} \left(A_{11}^T P_1 A_{11}\right)\hat{\boldsymbol{\xi}}_1 + A_{21}^T P_2 \boldsymbol{y}_2 \\ A_{22}^T P_2 \boldsymbol{y}_2 \end{bmatrix} \tag{7.38}$$

식 (7.38) 첫 행에 식 (7.37b)와 (7.37c)를 적용하여 전개하면 “변경공식”(update formula) 형태로 표현할 수 있다.

$$\hat{\hat{\boldsymbol{\xi}}}_1 = S_1^{-1}\left[\left(A_{11}^T P_1 A_{11}\right)\hat{\boldsymbol{\xi}}_1 + A_{21}^T P_2 \boldsymbol{y}_2 - \left(A_{21}^T P_2 A_{22}\right)N_{22}^{-1} A_{22}^T P_2 \boldsymbol{y}_2\right] \tag{7.39a}$$

$$\begin{aligned} &= S_1^{-1}\left\{\left[\left(A_{11}^T P_1 A_{11}\right)\hat{\boldsymbol{\xi}}_1 + A_{21}^T \bar{P}_2 \boldsymbol{y}_2\right]\right. \\ &\qquad \left. + \left[\left(A_{21}^T \bar{P}_2 A_{21}\right) - \left(A_{21}^T \bar{P}_2 A_{21}\right)\right]\hat{\boldsymbol{\xi}}_1\right\} \end{aligned} \tag{7.39b}$$

$$= S_1^{-1} A_{21}^T \bar{P}_2\left(\boldsymbol{y}_2 - A_{21}\hat{\boldsymbol{\xi}}_1\right) + S_1^{-1}\left(A_{11}^T P_1 A_{11} + A_{21}^T \bar{P}_2 A_{21}\right)\hat{\boldsymbol{\xi}}_1 \tag{7.39c}$$

$$= S_1^{-1} A_{21}^T \bar{P}_2\left(\boldsymbol{y}_2 - A_{21}\hat{\boldsymbol{\xi}}_1\right) + \hat{\boldsymbol{\xi}}_1 \tag{7.39d}$$

$$\therefore\ \hat{\hat{\boldsymbol{\xi}}}_1 - \hat{\boldsymbol{\xi}}_1 = S_1^{-1} A_{21}^T \bar{P}_2\left(\boldsymbol{y}_2 - A_{21}\hat{\boldsymbol{\xi}}_1\right) \tag{7.39e}$$

모델 식 (7.32)에서 기술한 대로 P_2 역행렬이 존재한다고 가정하면, 축약가중행렬 $\bar{P}_2$ 계수(rank)를 점검할 필요가 있다. 행렬곱 $P_2^{-1}\bar{P}_2$가 멱등

(idempotent)임은 쉽게 확인할 수 있으므로, 식 (A.4)와 (1.7c)를 이용하여 $\bar{P}_2$ 계수를 구할 수 있다.

$$\begin{aligned}
\operatorname{rk}\bar{P}_2 &= \operatorname{rk}\left(P_2^{-1}\bar{P}_2\right) = \operatorname{tr}\left(P_2^{-1}\bar{P}_2\right) \\
&= \operatorname{tr}\left(I_{n_2} - A_{22}\left(A_{22}^T P_2 A_{22}\right)^{-1} A_{22}^T P_2\right) && (7.40a) \\
&= n_2 - \operatorname{tr}\left[\left(A_{22}^T P_2 A_{22}\right)^{-1} A_{22}^T P_2 A_{22}\right] && (7.40b) \\
&= n_2 - m_2 < n_2 && (7.40c)
\end{aligned}$$

따라서 원래 가중행렬 P_2를 변경하여 $\bar{P}_2$를 계산하면서 계수축약(rank reduction)이 발생하고, 이때 $\bar{P}_2$는 특이행렬(singular matrix)임을 알 수 있다. 추정미지수 분산행렬, 즉 $D\{\hat{\hat{\boldsymbol{\xi}}}_1\}$과 $D\{\hat{\hat{\boldsymbol{\xi}}}_2\}$은 다음 절 마지막에 설명한다.

7.6 작은 데이터셋 순차조정계산

식 (7.39e)에서 연립방정식을 풀기 위해서는 $m_1 \times m_1$ 행렬 S_1의 역행렬을 구해야 한다. 그러나 상황에 따라 두 번째 데이터셋 관측값 개수 n_2가 m_1에 비해 현저히 작을 수가 있다. 이때는 $n_2 \times n_2$ 행렬의 역행렬만 구하도록 식 (7.39e) 공식을 변형하여 표현한다.

식 (7.37b) 행렬 S_1 표현식을 이용하여 역행렬을 유도할 수 있다.

$$\begin{aligned}
S_1^{-1} &= \left[\left(A_{11}^T P_1 A_{11}\right) + \left(A_{21}^T \bar{P}_2 A_{21}\right)\right]^{-1} && (7.41a) \\
&= \left\{\left[I_{m_1} + \left(A_{21}^T \bar{P}_2 A_{21}\right)\left(A_{11}^T P_1 A_{11}\right)^{-1}\right]\left(A_{11}^T P_1 A_{11}\right)\right\}^{-1} && (7.41b) \\
&= \left(A_{11}^T P_1 A_{11}\right)^{-1}\left[I_{m_1} + \left(A_{21}^T \bar{P}_2 A_{21}\right)\left(A_{11}^T P_1 A_{11}\right)^{-1}\right]^{-1} && (7.41c)
\end{aligned}$$

따라서 식 (7.41c)를 이용해서 (7.39e)를 다시 쓸 수 있다.

$$\begin{aligned}
\hat{\hat{\boldsymbol{\xi}}}_1 - \hat{\boldsymbol{\xi}}_1 &= \left(A_{11}^T P_1 A_{11}\right)^{-1}\Big[I_{m_1} + \\
&\qquad \left(A_{21}^T \bar{P}_2 A_{21}\right)\left(A_{11}^T P_1 A_{11}\right)^{-1}\Big]^{-1} A_{21}^T \bar{P}_2\left(\boldsymbol{y}_2 - A_{21}\hat{\boldsymbol{\xi}}_1\right) && (7.42a) \\
&= \left(A_{11}^T P_1 A_{11}\right)^{-1} A_{21}^T \bar{P}_2\Big[I_{n_2} + \\
&\qquad A_{21}\left(A_{11}^T P_1 A_{11}\right)^{-1} A_{21}^T \bar{P}_2\Big]^{-1}\left(\boldsymbol{y}_2 - A_{21}\hat{\boldsymbol{\xi}}_1\right) && (7.42b)
\end{aligned}$$

식 (7.42a)에서 (7.42b)로 전개할 때 식 (A.8a)에서 행렬 A와 D를 단위 행렬로 설정했다. 식 (7.42a)에서 역행렬이 필요한 대괄호 내 행렬 크기는 $m_1 \times m_1$이지만, 식 (7.42b)에서는 크기가 $n_2 \times n_2$이다. 어느 식을 사용할지는 일반적으로 m_1과 n_2 중 작은 숫자에 따라 결정한다. 또한 아래 관계식이 성립하므로

$$-\hat{\hat{\boldsymbol{\lambda}}} = \left[I_{n_2} + A_{21}\left(A_{11}^T P_1 A_{11}\right)^{-1} A_{21}^T \bar{P}_2\right]^{-1}\left(\boldsymbol{y}_2 - A_{21}\hat{\boldsymbol{\xi}}_1\right) \tag{7.43}$$

미지수 첫 번째 부분집합 해는 다음과 같이 표현할 수 있다.

$$\hat{\hat{\boldsymbol{\xi}}}_1 - \hat{\boldsymbol{\xi}}_1 = -\left(A_{11}^T P_1 A_{11}\right)^{-1} A_{21}^T \bar{P}_2 \hat{\hat{\boldsymbol{\lambda}}} \tag{7.44}$$

식 (7.35)에 (7.42b)를 대입하면 미지수 추정해 $\hat{\hat{\boldsymbol{\xi}}}_2$을 라그랑지 승수 $\hat{\hat{\boldsymbol{\lambda}}}$으로 나타낼 수 있다.

$$\hat{\hat{\boldsymbol{\xi}}}_2 = \left(A_{22}^T P_2 A_{22}\right)^{-1} A_{22}^T P_2 \left(\boldsymbol{y}_2 - A_{21}\hat{\hat{\boldsymbol{\xi}}}_1\right) \tag{7.45a}$$

$$\begin{aligned} &= \left(A_{22}^T P_2 A_{22}\right)^{-1} A_{22}^T P_2 \cdot \Big\{\left(\boldsymbol{y}_2 - A_{21}\hat{\boldsymbol{\xi}}_1\right) - A_{21}\left(A_{11}^T P_1 A_{11}\right)^{-1} \cdot \\ &\quad A_{21}^T \bar{P}_2 \left[I_{n_2} + A_{21}\left(A_{11}^T P_1 A_{11}\right)^{-1} A_{21}^T \bar{P}_2\right]^{-1}\left(\boldsymbol{y}_2 - A_{21}\hat{\boldsymbol{\xi}}_1\right)\Big\} \end{aligned} \tag{7.45b}$$

$$= \left(A_{22}^T P_2 A_{22}\right)^{-1} A_{22}^T P_2 \left[I_{n_2} + A_{21}\left(A_{11}^T P_1 A_{11}\right)^{-1} A_{21}^T \bar{P}_2\right]^{-1}\left(\boldsymbol{y}_2 - A_{21}\hat{\boldsymbol{\xi}}_1\right) \tag{7.45c}$$

$$\therefore\ \hat{\hat{\boldsymbol{\xi}}}_2 = -\left(A_{22}^T P_2 A_{22}\right)^{-1} A_{22}^T P_2 \hat{\hat{\boldsymbol{\lambda}}} \tag{7.45d}$$

식 (7.45b)에서 (7.45c)로 변환하는 과정에서 식 (A.6a) 역행렬 공식을 사용했으며, 이때 식 (A.6a)에서 행렬 T, W, V는 적절한 크기의 단위행렬로 설정한다. 미지수 분산행렬을 쉽게 계산하기 위해 정규방정식을 아래 식으로 표현하는데, 식 (7.46b)는 변경공식 형태이다(식 (7.34b)와 (7.36) 참고).[1]

$$\left[\begin{array}{c|c} A_{11}^T P_1 A_{11} + A_{21}^T P_2 A_{21} & A_{21}^T P_2 A_{22} \\ \hline A_{22}^T P_2 A_{21} & A_{22}^T P_2 A_{22} \end{array}\right] \begin{bmatrix} \hat{\hat{\boldsymbol{\xi}}}_1 \\ \hat{\hat{\boldsymbol{\xi}}}_2 \end{bmatrix} = \begin{bmatrix} \left(A_{11}^T P_1 A_{11}\right)\hat{\boldsymbol{\xi}}_1 + A_{21}^T P_2 \boldsymbol{y}_2 \\ A_{22}^T P_2 \boldsymbol{y}_2 \end{bmatrix} \tag{7.46a}$$

[1]식 (7.46a)는 앞서 설명한 식 (7.34b)와 동등하다.

$$\left[\begin{array}{c|c} A_{11}^T P_1 A_{11} + A_{21}^T P_2 A_{21} & A_{21}^T P_2 A_{22} \\ \hline A_{22}^T P_2 A_{21} & A_{22}^T P_2 A_{22} \end{array}\right] \begin{bmatrix} \hat{\hat{\boldsymbol{\xi}}}_1 - \hat{\boldsymbol{\xi}}_1 \\ \hat{\hat{\boldsymbol{\xi}}}_2 \end{bmatrix} = \begin{bmatrix} A_{21}^T P_2 \big(\boldsymbol{y}_2 - A_{21}\hat{\boldsymbol{\xi}}_1\big) \\ A_{22}^T P_2 \big(\boldsymbol{y}_2 - A_{21}\hat{\boldsymbol{\xi}}_1\big) \end{bmatrix} \tag{7.46b}$$

식 (7.38)에서 이미 정규방정식 역행렬을 구했으므로, 개별 요소를 이용해서 미지수 분산과 공분산행렬을 나타낼 수 있다.

$$D\{\hat{\hat{\boldsymbol{\xi}}}_1\} = \sigma_0^2 S_1^{-1} = \sigma_0^2 \big(A_{11}^T P_1 A_{11} + A_{21}^T \bar{P}_2 A_{21}\big)^{-1} \tag{7.47a}$$

$$C\{\hat{\hat{\boldsymbol{\xi}}}_1, \hat{\hat{\boldsymbol{\xi}}}_2\} = -D\{\hat{\hat{\boldsymbol{\xi}}}_1\}\big(A_{21}^T P_2 A_{22}\big)\big(A_{22}^T P_2 A_{22}\big)^{-1} \tag{7.47b}$$

$$\begin{aligned} D\{\hat{\hat{\boldsymbol{\xi}}}_2\} &= \sigma_0^2 \big(A_{22}^T P_2 A_{22}\big)^{-1} \\ &\quad - \big(A_{22}^T P_2 A_{22}\big)^{-1}\big(A_{22}^T P_2 A_{21}\big) C\{\hat{\hat{\boldsymbol{\xi}}}_1, \hat{\hat{\boldsymbol{\xi}}}_2\} \end{aligned} \tag{7.47c}$$

식 (7.47a)부터 (7.47c) 개별 공분산행렬은 행렬 S_1^{-1}를 포함하고 있으며, 이를 위해서는 $m_1 \times m_1$ 크기 역행렬을 계산해야 한다. 그러나 I_{n_2}를 식 (7.47a)에 대입하고 행렬을 적절히 재구성하면, 역행렬 공식 식 (A.6a)를 적용해서 더 작은 크기의 역행렬을 구할 수 있다.

$$D\{\hat{\hat{\boldsymbol{\xi}}}_1\} = \sigma_0^2 \big[\big(A_{11}^T P_1 A_{11}\big) + \big(A_{21}^T \bar{P}_2\big) I_{n_2} A_{21}\big]^{-1} \tag{7.48a}$$

$$= \sigma_0^2 N_{11}^{-1} - \sigma_0^2 N_{11}^{-1} A_{21}^T \bar{P}_2 \big(I_{n_2} + A_{21} N_{11}^{-1} A_{21}^T \bar{P}_2\big)^{-1} A_{21} N_{11}^{-1} \tag{7.48b}$$

다시 한번 언급하지만, 식을 단순하게 나타내기 위해 $N_{11} := A_{11}^T P_1 A_{11}$을 사용하였다. 식 (7.48b)에서 역행렬이 필요한 괄호 항은 $n_2 \times n_2$ 행렬이고, 때에 따라 $m_1 \times m_1$ 행렬보다 훨씬 작다. 물론 행렬 $(A_{11}^T P_1 A_{11})^{-1}$ 역시 크기가 $m_1 \times m_1$이지만, 첫 번째 데이터셋 조정계산에서 이미 계산한 역행렬을 나중에 사용하기 위해 저장해 두었다고 가정한다. 식 (7.43)을 치환하면 분산요소 추정값을 다음과 같이 나타낼 수 있다.

$$\hat{\hat{\sigma}}_0^2 (n - m) = \hat{\sigma}_0^2 (n_1 - m_1) - \big(\boldsymbol{y}_2 - A_{21}\hat{\boldsymbol{\xi}}_1\big)^T \bar{P}_2 \hat{\hat{\boldsymbol{\lambda}}} \tag{7.49a}$$

$$\begin{aligned} &= \hat{\sigma}_0^2 (n_1 - m_1) + \big(\boldsymbol{y}_2 - A_{21}\hat{\boldsymbol{\xi}}_1\big)^T \bar{P}_2 \cdot \\ &\qquad \big[I_{n_2} + A_{21}\big(A_{11}^T P_1 A_{11}\big)^{-1} A_{21}^T \bar{P}_2\big]^{-1} \big(\boldsymbol{y}_2 - A_{21}\hat{\boldsymbol{\xi}}_1\big) \end{aligned} \tag{7.49b}$$

7.7 연습문제

1. 3.6절 문제 9에서 두 번째 관측을 실시했다고 가정하자. 원래 관측계획을 반복하지만, 첫 번째 관측과 달리 마지막 3개는 관측하지 않는다. 두 데이터셋은 표 7.1에 정리되어 있고, 그림 7.1은 수준망도를 나타낸다. 또한 두 데이터셋에서 개별 관측 가중값은 노선거리(마일 단위) 나누기 100으로 정의한다. 측점 D 높이를 1928.277 ft로 고정하여 데이텀 정보를 제공한다.

   (a) 첫 번째 데이터셋만으로 미지수 추정값 $\hat{\boldsymbol{\xi}}$과 여인자 행렬, 분산요소 추정값 $\hat{\sigma}_0^2$을 계산하시오.

   (b) 앞 단계 결과를 이용하여, 추정값 $\hat{\hat{\boldsymbol{\xi}}}$, $D\{\hat{\hat{\boldsymbol{\xi}}}\}$, 분산요소 추정값 $\hat{\hat{\sigma}}_0^2$을 계산하되, 첫 번째 데이터셋 관측값에 직접 의존하지 않는 변경공식(update formulas)을 이용하시오.

표 7.1: $\boldsymbol{y}_I$은 Rainsford (1968)에서 인용한 수준측량 데이터, $\boldsymbol{y}_{II}$는 모의데이터, d는 측점간 거리

시점	종점	번호	$\boldsymbol{y}_I$[ft]	$\boldsymbol{y}_{II}$[ft]	d[miles]
A	B	1	+124.632	+124.659	68
B	C	2	+217.168	+217.260	40
C	D	3	−92.791	−92.904	56
A	D	4	+248.754	+248.797	171
A	F	5	−11.418	−11.402	76
F	E	6	−161.107	−161.172	105
E	D	7	+421.234		80
B	F	8	−135.876		42
C	E	9	−513.895		66

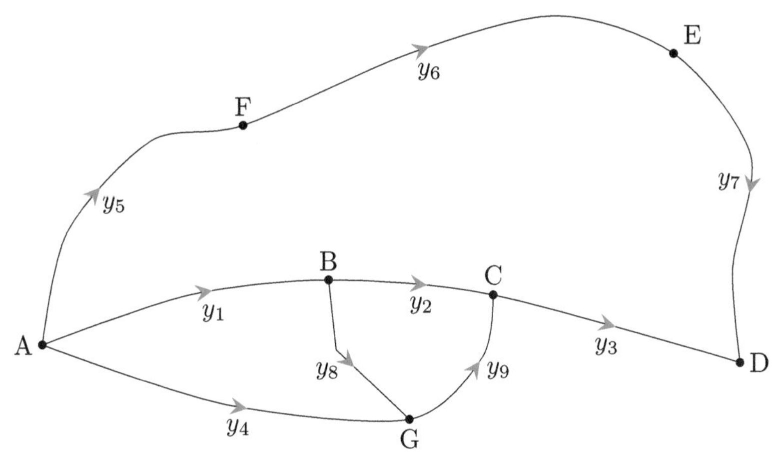

그림 7.1: Rainsford (1968) 수준망 모의 확장

표 7.2: 모의생성한 수준망 데이터 $\boldsymbol{y}_{II}$(d는 측점간 거리)

시점	종점	번호	$\boldsymbol{y}_{II}$[ft]	d[miles]
A	B	1	+124.659	68
B	C	2	+217.260	40
C	D	3	−92.904	56
A	G	4	+178.852	85
A	F	5	−11.402	76
F	E	6	−161.172	105
E	D	7	+421.212	80
B	G	8	+54.113	45
G	C	9	+162.992	45

2. 이번에는 그림 7.1에 묘사한 대로 두 번째 관측을 수행하는 동안 새로운 측점 G를 추가했다. 첫 번째 관측 데이터는 표 7.1과 같고, 두 번째 관측데이터는 표 7.2에 정리되어 있다.

$\hat{\hat{\boldsymbol{\xi}}}_1$과 $\hat{\hat{\boldsymbol{\xi}}}_2$을 계산하기 위해 각각 식 (7.39e)와 (7.35)를 사용하시오. $\hat{\hat{\boldsymbol{\xi}}}_1$은 식 (7.42b)를 사용해서 계산할 수도 있다.

Hint 수준망 데이텀 결함은 1이므로 두 번째 데이터셋 관측값 y_3와 y_7에서 데이텀 1928.277 ft를 빼서 관측벡터를 수정하고, 대신 측점 D 높이를 미지수에서 제외할 수 있다. 두 데이터셋을 하나로 합쳐서 3.5절처럼 미지수를 추정함으로써 계산 결과를 검증할 수도 있다.

제 8 장

미지수 조건방정식

8.1 모델 정의

이전 장에서 소개한 데이터 모델은 미지수 관측방정식 또는 미지수가 없는 조건방정식 중 하나다. 반면, 가우스-헬머트 모델(Gauss-Helmert Model, GHM)은 "조건방정식"과 "미지수를 포함한 방정식"을 하나의 모델로 결합한다. 따라서 GHM은 두 특징을 결합함으로써 가우스-마코프 모델(GMM)(3장)이나 조건방정식 모델(4장)보다 더 유연한 또는 일반적인 형태라고 볼 수 있다. 때에 따라서는 GHM이 복잡한 관측방정식을 다루는 데 유용하다. 예를 들어, 여러 관측값이 특정 (비선형) 방정식을 통해 하나 이상의 미지수와 함수관계가 있는 상황에 해당한다.

다른 사례에서는 GHM 최소제곱해(LESS)는 직교회귀(orthogonal regression) 또는 일반적인 표현으로 전최소제곱(total least-squares, TLS) 해와 동등하다. 이 해는 독립확률변수와 종속확률변수를 동시에 포함하는 모델에서 구하며, 2차원 직선이나 곡선 접합 문제에서 x와 y 좌표를 모두 측정한 상황을 들 수 있다. 변환 전후 좌표계 양쪽에서 좌표를 측정하는 좌표변환 문제 역시 이 범주에 해당한다. 이 장에서는 이러한 문제를 어떻게 다루는지 살펴본다.

8.2 GHM 예제

GMM과 조건방정식 모델 차이점을 비교하고, GHM이 두 모델에서 사용한 정보를 어떻게 결합하는지 보여주기 위해 수준망 예제로 설명한다.

그림 8.1은 네 점(P_1, P_2, P_3, P_4)으로 이루어진 수준망이며, 두 개 폐합망에서 얻은 전체 다섯 개 관측값$(y_1, y_2, y_3, y_4, y_5)$으로 구성되어 있다. (계수부족) 분할 GMM은 아래와 같고,

$$\boldsymbol{y} = A_1\boldsymbol{\xi}_1 + A_2\boldsymbol{\xi}_2 + \boldsymbol{e} \tag{8.1a}$$

$$\boldsymbol{e} \sim \left(\boldsymbol{0}, \sigma_0^2 P^{-1}\right) \tag{8.1b}$$

$$\operatorname{rk} A_1 = \operatorname{rk}\left[A_1 \,|\, A_2\right] =: q < m \tag{8.1c}$$

계수행렬(coefficient matrix) A와 미지수 벡터 $\boldsymbol{\xi}$는 각각 분할되어 있다.

$$A = \left[\begin{array}{c|c} \underset{n\times q}{A_1} & \underset{n\times(m-q)}{A_2} \end{array}\right], \quad \boldsymbol{\xi} = \left[\begin{array}{c|c} \underset{1\times q}{\boldsymbol{\xi}_1^T} & \underset{1\times(m-q)}{\boldsymbol{\xi}_2^T} \end{array}\right]^T \tag{8.2}$$

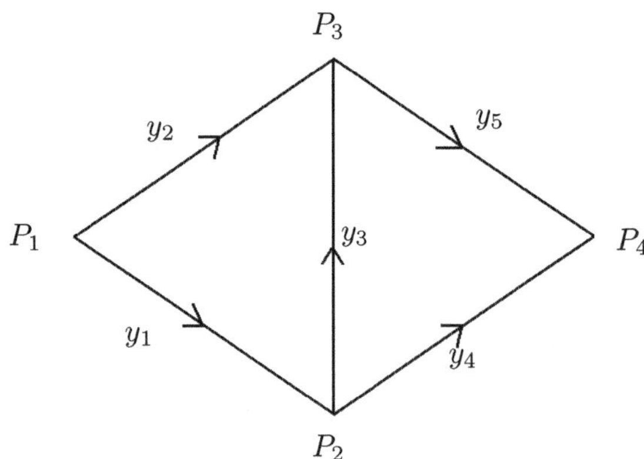

그림 8.1: 수준망(화살표는 수준측량 방향을 나타냄)

이 예제에서 미지수 개수는 $m = 4$(즉, 네 점 높이)이다. 수준측량 높이차는 높이 데이텀 정보를 제공하지 않으므로, 한 측점을 기준으로 나머지 세 점 높이만 추정할 수 있다. 그러므로 계수(rank)는 $\operatorname{rk} A =: q = 3 < m$이고, 데이텀부족(datum deficiency)은 $m - q = 1$이다.

따라서 추정가능한 3개 높이를 포함하는 $\boldsymbol{\xi}_1$과 추정 불가능한 높이("데이텀 값"을 할당해야 함) 하나를 가지는 $\boldsymbol{\xi}_2$로 모델을 분할하였다. 이 예제에서는 임의로 P_4를 추정불가능한 높이로 선택했다. 3.5절에서 언급한 대로, 어떤 $q \times (m-q)$ 행렬 L에 대해서 $A_2 = A_1 L$ 관계가 성립한다. 다시 말하면, 행렬 A_1 열을 선형결합해서 행렬 A_2를 표현할 수 있고, 그러므로 행렬 $A = [A_1 \,|\, A_2]$는 계수부족(rank deficiency)임을 나타낸다.

이 문제를 4장에서 소개한 조건방정식 모델로 풀 수도 있다. 조건방정식 모델, 직교조건(orthogonality condition), 계수조건(rank condition)은 각각 다음과 같다.

$$B\boldsymbol{y} = B\boldsymbol{e}, \quad \boldsymbol{e} \sim (\boldsymbol{0}, \sigma_0^2 P^{-1}) \tag{8.3a}$$

$$\text{i)}\ B \cdot \left[A_1 \;\middle|\; A_2 \right] = 0 \tag{8.3b}$$

$$\text{ii)}\ \operatorname{rk} B = r = n - \operatorname{rk} A_1 \tag{8.3c}$$

4.3절에서 설명한 대로, 이 두 조건은 모델 식 (8.1)과 (8.3a) 최소제곱해가 동등함을 보장한다.

점 P_i 높이를 h_i라고 할 때, 수준망 예제에서 설계행렬(design matrix)과 미지수 벡터는 아래와 같고,

$$A_1 = \begin{bmatrix} -1 & 1 & 0 \\ -1 & 0 & 1 \\ 0 & -1 & 1 \\ 0 & -1 & 0 \\ 0 & 0 & -1 \end{bmatrix}, \quad A_2 = \begin{bmatrix} 0 \\ 0 \\ 0 \\ 1 \\ 1 \end{bmatrix}, \quad A = \left[A_1 \;\middle|\; A_2 \right] \tag{8.4a}$$

$$B = \begin{bmatrix} 1 & -1 & 1 & 0 & 0 \\ 0 & 0 & -1 & 1 & -1 \end{bmatrix}, \quad \boldsymbol{\xi}_1 = \begin{bmatrix} h_1 \\ h_2 \\ h_3 \end{bmatrix}, \quad \boldsymbol{\xi}_2 = [h_4]$$

조건 i), ii)를 만족하는지는 쉽게 확인할 수 있다.

$$\begin{aligned} q &:= \operatorname{rk} A_1 = \operatorname{rk} A = 3 \\ r &:= \operatorname{rk} B = 2 = n - \operatorname{rk} A_1 = 5 - 3 = 2 \\ B{\cdot}A &= 0 \end{aligned} \tag{8.4b}$$

행렬 A를 영공간으로 가지지 않는 새로운 계수행렬 B를 도입하여 미지수 조건방정식 모델을 만들 수 있다. 여기서는 조건방정식 모델에서 사용한 계수행렬 B와 구분하기 위해 기호 $\bar{B}$를 사용한다.[1] 다른 항도 유사한 새로운 기호를 이용하여 GHM을 표현할 수 있다.

$$\bar{\boldsymbol{y}} = \bar{B}\boldsymbol{y} = \bar{\boldsymbol{w}} = \bar{B}A_1\boldsymbol{\xi}_1 + \bar{B}A_2\boldsymbol{\xi}_2 + \bar{B}\boldsymbol{e} \tag{8.5a}$$

$$\bar{B}\boldsymbol{e} \sim \left(\boldsymbol{0}, \sigma_0^2\bar{B}P^{-1}\bar{B}^T\right) \tag{8.5b}$$

$$\operatorname{rk}\left(\bar{B}\right) =: \bar{r} \tag{8.5c}$$

행렬 $\bar{B}$ 크기는 $\bar{r}{\times}n$이며, 이는 $\bar{B}$가 완전행계수(full row rank)를 가진다는 뜻이다. 식 (8.5) GHM이 식 (8.1) GMM과 동등하기 위한 필요충분조건은 다음과 같다.

iii) $\bar{B}A_1$에서 0으로 구성된 열이 $(n-\bar{r})$개이고,

iv) $\operatorname{rk}(\bar{B}A_1) + r = \bar{r}$

$$\therefore\ n = \bar{r} + q - \operatorname{rk}(\bar{B}A_1) = \operatorname{rk}\bar{B} + \operatorname{rk}A - \operatorname{rk}(\bar{B}A_1)$$

행렬 $\bar{B}$로 인해 소거하는 미지수마다 관측값이 하나씩 줄어든다는 점에 유의해야 한다. 수준망 예제에서 측점 P_3 높이(예를 들어, 특별한 관심대상이 아닌 임시 수준점)를 미지수에서 제외하기 위해서 예제 행렬 $\bar{B}$를 적용한다.

$$\bar{B} = \begin{bmatrix} 1 & 0 & 0 & 0 & 0 \\ 0 & 1 & -1 & 0 & 0 \\ 0 & 0 & 0 & 1 & 0 \\ 0 & 0 & 1 & 0 & 1 \end{bmatrix} \Rightarrow \bar{B}A_2 = \begin{bmatrix} 0 \\ 0 \\ 1 \\ 1 \end{bmatrix},\ \bar{B}A_1 = \begin{bmatrix} -1 & 1 & 0 \\ -1 & 1 & 0 \\ 0 & -1 & 0 \\ 0 & -1 & 0 \end{bmatrix}$$

[1] 행렬 A는 계수행렬 B 영공간에 포함되므로 $BA = 0$이지만, $\bar{B}$ 영공간에는 포함되지 않으므로 $\bar{B}A \neq 0$이다.

이 예제 행렬에서 $n = 5$, $r = 2$, $\bar{r} = \operatorname{rk}\bar{B} = 4$, $q = \operatorname{rk}A_1 = 3$, 그리고 $\operatorname{rk}(\bar{B}A_1) = 2$를 얻을 수 있다. $n - \bar{r} = 1$이므로 $\bar{B}A_1$에서 0으로 이루어진 하나의 열이 조건 iii)을 만족한다. 또한 조건 iv) 역시 $n = 5 = \operatorname{rk}\bar{B} + \operatorname{rk}A - \operatorname{rk}(\bar{B}A_1) = 4 + 3 - 2$에 의해 만족된다.

[보충]

본문 설명에 덧붙이자면, 식 (5.1)에 도입한 제약조건식을 분할하여 추정가능한 미지수 l개를 제거할 수도 있다.

$$\boldsymbol{\kappa}_0 = \underset{l\times m}{K}\,\boldsymbol{\xi} = [K_1,\, K_2]\begin{bmatrix}\boldsymbol{\xi}_1\\ \boldsymbol{\xi}_2\end{bmatrix} \tag{8.6a}$$

$$\therefore\ \boldsymbol{\xi}_1 = K_1^{-1}\boldsymbol{\kappa}_0 - K_1^{-1}K_2\boldsymbol{\xi}_2 \tag{8.6b}$$

이 식에서 K_1은 $l\times l$ 가역행렬이며, K_2 크기는 $l\times(m-l)$이다. 식 (8.6b) $\boldsymbol{\xi}_1$을 식 (8.1)에 대입하면 l개 미지수가 제거된 수정 관측방정식을 만들 수 있다(식 (8.7) 우측에서 $l\times 1$ 벡터 $\boldsymbol{\xi}_1$이 사라짐).

$$\begin{aligned}\boldsymbol{y} &= A_1\boldsymbol{\xi}_1 + A_2\boldsymbol{\xi}_2 + \boldsymbol{e}\\ &= A_1K_1^{-1}\boldsymbol{\kappa}_0 + (A_2 - A_1K_1^{-1}K_2)\boldsymbol{\xi}_2 + \boldsymbol{e}\end{aligned} \tag{8.7}$$

이 기법이 가능하기는 하나 실제로 자주 사용하지는 않는다.

8.3 최소제곱해

GHM 식 (8.5)에서 통계적 접근방법 BLUUE (Best Linear Uniformly Unbiased Estimate)를 이용하여 $\boldsymbol{\xi}$ 해를 유도할 수도 있다. 그러나 여기에서는 2.2절, 3.2절, 4.3절처럼 동등한 최소제곱해(LEast-Squares Solution, LESS) 원리를 적용한다. 아래 식에서는 계수행렬 A_1과 A_2를 단일 행렬 A로 다시 결합하고, 마찬가지로 분할 미지수를 하나의 벡터 $\boldsymbol{\xi} = [\boldsymbol{\xi}_1^T, \boldsymbol{\xi}_2^T]^T$로 만든다. 따라서 식 (8.5)를 편의상 다른 기호 $\bar{A} := \bar{B}A$를 사용해서 다시 쓸

수 있다.

$$\bar{\boldsymbol{w}} = \bar{B}A_1\boldsymbol{\xi}_1 + \bar{B}A_2\boldsymbol{\xi}_2 + \bar{B}\boldsymbol{e} = \bar{A}\boldsymbol{\xi} + \bar{B}\boldsymbol{e} \tag{8.8}$$

목적함수는 $B\boldsymbol{e}$가 아니라 확률오차 벡터 $\boldsymbol{e}$에 대한 이차식, 즉 $\boldsymbol{e}^T P\boldsymbol{e}$를 최소화해야 한다. 따라서 라그랑지 목적함수는 아래와 같이 쓸 수 있다.

$$\Phi(\boldsymbol{e},\boldsymbol{\xi},\boldsymbol{\lambda}) =: \boldsymbol{e}^T P\boldsymbol{e} + 2\boldsymbol{\lambda}^T\big(\bar{B}\boldsymbol{e} + \bar{A}\boldsymbol{\xi} - \bar{\boldsymbol{w}}\big) \tag{8.9}$$

목적함수는 미지벡터 $\boldsymbol{e}$, $\boldsymbol{\xi}$, $\boldsymbol{\lambda}$에 대해서 고정상태(stationary)가 되어야 하므로, 오일러-라그랑지 필요조건을 적용하면 최종 연립방정식을 만들 수 있다.

$$\frac{1}{2}\frac{\partial\Phi}{\partial\boldsymbol{e}} = P\tilde{\boldsymbol{e}} + \bar{B}^T\hat{\boldsymbol{\lambda}} \doteq \boldsymbol{0} \tag{8.10a}$$

$$\frac{1}{2}\frac{\partial\Phi}{\partial\boldsymbol{\xi}} = \bar{A}^T\hat{\boldsymbol{\lambda}} \doteq \boldsymbol{0} \tag{8.10b}$$

$$\frac{1}{2}\frac{\partial\Phi}{\partial\boldsymbol{\lambda}} = \bar{B}\tilde{\boldsymbol{e}} + \bar{A}\hat{\boldsymbol{\xi}} - \bar{\boldsymbol{w}} \doteq \boldsymbol{0} \tag{8.10c}$$

식 (8.10a)로부터 나머지 필요조건을 결합하면 정규방정식을 유도할 수 있다.

$$\begin{aligned}
\tilde{\boldsymbol{e}} &= -\big(P^{-1}\bar{B}^T\big)\hat{\boldsymbol{\lambda}} && \Big\downarrow (8.10a)\\
-\big(\bar{B}P^{-1}\bar{B}^T\big)\hat{\boldsymbol{\lambda}} &= \bar{\boldsymbol{w}} - \bar{A}\hat{\boldsymbol{\xi}} && \Big\downarrow (8.10c)\\
-\bar{A}^T\hat{\boldsymbol{\lambda}} &= \bar{A}^T\big(\bar{B}P^{-1}\bar{B}^T\big)^{-1}\big(\bar{\boldsymbol{w}} - \bar{A}\hat{\boldsymbol{\xi}}\big) = \boldsymbol{0} && \Big\downarrow (8.10b)\\
\bar{A}^T\big(\bar{B}P^{-1}\bar{B}^T\big)^{-1}\bar{A}\hat{\boldsymbol{\xi}} &= \bar{A}^T\big(\bar{B}P^{-1}\bar{B}^T\big)^{-1}\bar{\boldsymbol{w}}
\end{aligned}$$

최종적으로 구한 추정미지수와 예측잔차 계산식은 각각 다음과 같다.

$$\hat{\boldsymbol{\xi}} = \big[\bar{A}^T\big(\bar{B}P^{-1}\bar{B}^T\big)^{-1}\bar{A}\big]^{-1}\bar{A}^T\big(\bar{B}P^{-1}\bar{B}^T\big)^{-1}\bar{\boldsymbol{w}} \tag{8.11a}$$

$$\tilde{\boldsymbol{e}} = P^{-1}\bar{B}^T\big(\bar{B}P^{-1}\bar{B}^T\big)^{-1}\big(\bar{\boldsymbol{w}} - \bar{A}\hat{\boldsymbol{\xi}}\big) \tag{8.11b}$$

식 (8.11a)는 3.2절 GMM에서 유도한 최소제곱해와 같은 형태를 가지며, 식 (8.11b)는 조건방정식 모델에서 잔차벡터 공식 식 (4.5d)와 매우 유사하다.

식 (8.11a)를 적용하기 위해서는 행렬 $\bar{A}$가 완전열계수(full column rank)를 가져야 하므로 위 예제에서 데이텀부족(datum deficiency)을 먼저 해소해야 한다. 예를 들어, 7.5절과 7.7절 문제 2에서 언급한 대로 관측벡터를 수정("전처리")할 수 있다. 따라서 이 장 나머지에서는 데이터 모델에 계수부족이 없다고 가정한다. 추정미지수 벡터 $\hat{\boldsymbol{\xi}}$과 잔차벡터 분산행렬도 쉽게 구할 수 있다.

$$D\{\hat{\boldsymbol{\xi}}\} = \sigma_0^2 \big[\bar{A}^T \big(\bar{B}P^{-1}\bar{B}^T\big)^{-1} \bar{A}\big]^{-1} \tag{8.12}$$

$$\begin{aligned} D\{\tilde{\boldsymbol{e}}\} = P^{-1}\bar{B}^T \big(\bar{B}P^{-1}\bar{B}^T\big)^{-1} \big[&B \cdot D\{\boldsymbol{e}\} \cdot \bar{B}^T \\ &- \bar{A} \cdot D\{\hat{\boldsymbol{\xi}}\} \cdot \bar{A}^T\big] \big(\bar{B}P^{-1}\bar{B}^T\big)^{-1} \bar{B}P^{-1} \end{aligned} \tag{8.13}$$

참고로 모델 식 (8.1)에서 설명한 대로 $D\{\boldsymbol{e}\} = \sigma_0^2 P^{-1}$이다.

[기호 변경]

이 장 나머지 부분에서는 편의상 상단 표시(¯)를 제외한다. 이 기호는 식 (8.5) 행렬 B와 4장 조건방정식 모델에서 사용한 기호를 구분하기 위해 처음 도입했고, 상단 표시를 제외하면 $\bar{B} \to B$, $\bar{\boldsymbol{w}} \to \boldsymbol{w}$, $\bar{A} \to BA$가 된다. 덧붙여서, 식 유도과정에서 사용한 행렬곱 BA를 기호 A 자체로 변경하면 모델을 더 일반적인 형태로 나타낼 수 있다. 행렬 BA는 가우스-마코프 모델(GMM) 계수행렬(coefficient matrix) A를 포함하지만, GHM 최소제곱조정 공식을 좀 더 일반적인 형태로 표현하기 위해서는 GMM에서 사용하는 항을 언급할 필요는 없다.

따라서 최소제곱해 식 (8.11a)를 단순화한 기호로 다시 쓸 수 있다.

$$\hat{\boldsymbol{\xi}} = \big[A^T \big(BP^{-1}B^T\big)^{-1} A\big]^{-1} A^T \big(BP^{-1}B^T\big)^{-1} \boldsymbol{w} \tag{8.14}$$

$\hat{\boldsymbol{\xi}}$ 분산은 두 단계로 나누어서 유도할 수 있으며,

$$\begin{aligned} D\{A^T \big(BP^{-1}B^T\big)^{-1} \boldsymbol{w}\} &= A^T \big(BP^{-1}B^T\big)^{-1} B \cdot D\{\boldsymbol{y}\} \cdot B^T \big(BP^{-1}B^T\big)^{-1} A \\ &= \sigma_0^2 A^T \big(BP^{-1}B^T\big)^{-1} A \end{aligned}$$

$$D\{\hat{\boldsymbol{\xi}}\} = D\Big\{\big[A^T \big(BP^{-1}B^T\big)^{-1} A\big]^{-1} \cdot A^T \big(BP^{-1}B^T\big)^{-1} \boldsymbol{w}\Big\}$$

최종 공식은 아래와 같이 간략하게 표현할 수 있다.

$$D\{\hat{\boldsymbol{\xi}}\} = \sigma_0^2 \big[A^T \big(BP^{-1}B^T\big)^{-1} A\big]^{-1} \tag{8.15}$$

8.4 반복선형 GHM

이 절에서는 반복선형 모델로서 가우스-헬머트 모델(GHM)을 다루는데, 반복계산 단계마다 모델과 최소제곱해를 어떻게 구하는지 설명한다. 개발한 알고리즘은 측지학과 다른 분야에서 접할 수 있는 문제에 유용하게 적용할 수 있다. 이 절에서 사용하는 계수행렬(coefficient matrices) A와 B는 각각 GMM과 조건방정식 모델에서 사용한 계수행렬과 동일하지 않으며, 유도과정에서 상세히 설명한다.

m개 미지수 $\boldsymbol{\Xi}$를 n개 관측값 $\boldsymbol{y}$에 연결하는 비선형 함수모델이 주어져 있고, 그 중 $m+r$개 비선형 조건식 $\boldsymbol{b}$는 사상 $\boldsymbol{b}:\mathbb{R}^{m+n}\rightarrow\mathbb{R}^{m+r}$을 나타낸다고 하자. 이때 식 (8.16)은 잉여도 r인 비선형 가우스-헬머트 모델이다.

$$\boldsymbol{b}(\underbrace{\boldsymbol{y}-\boldsymbol{e}}_{n\times 1},\underbrace{\boldsymbol{\Xi}}_{m\times 1})=\boldsymbol{0},\ \ \boldsymbol{b}\in\mathbb{R}^{m+r},\ \ \boldsymbol{e}\sim(\boldsymbol{0},\sigma_0^2\underset{n\times n}{P^{-1}}) \tag{8.16}$$

관측가능한 $n\times 1$ "참값" 벡터 $\boldsymbol{\mu}$를 도입하면,

$$\boldsymbol{\mu}:=\boldsymbol{y}-\boldsymbol{e}=E\{\boldsymbol{y}\} \tag{8.17}$$

모델 식 (8.16) 최소제곱 목표는 아래와 같이 정의할 수 있다.

$$\boldsymbol{e}^TP\boldsymbol{e}=\min\quad(\text{조건}\ :\ \boldsymbol{b}(\boldsymbol{\mu},\boldsymbol{\Xi})=\boldsymbol{0}) \tag{8.18}$$

미지수 $\boldsymbol{\Xi}$ 최소제곱추정, 미지 확률오차 $\boldsymbol{e}$ 예측과 더불어, 식 (8.16)을 반복선형화하는 과정은 다음과 같다.

[반복선형화]

먼저 미지수 $\boldsymbol{\mu}$와 $\boldsymbol{\Xi}$에 초기값 $\boldsymbol{\mu}_0$와 $\boldsymbol{\Xi}_0$를 각각 대입한다. 초기값은 $\boldsymbol{\mu}_0=\boldsymbol{y}-\underset{\sim}{\boldsymbol{0}}$ 또는 근사적인 방법(가령, 선형화가 필요하지 않으면 GMM 최소제곱해 이용)으로 구할 수 있다. 선택한 임계값 δ, ϵ과 $j\in\mathbb{N}$에 대해

$$\delta<\|\hat{\boldsymbol{\xi}}_j\|\ \text{또는}\ \epsilon<\|\tilde{\boldsymbol{e}}^{(j)}-\tilde{\boldsymbol{e}}^{(j-1)}\| \tag{8.19}$$

조건을 만족하는 동안 아래 과정을 수행한다.

(i) 참조점 $(\boldsymbol{\mu}_j, \boldsymbol{\Xi}_j)$에 대해 축약 테일러 전개식을 사용한다.

$$\left[\frac{\partial \boldsymbol{b}}{\partial \boldsymbol{\mu}^T}\Big|_{\boldsymbol{\mu}_j,\boldsymbol{\Xi}_j}, \quad \frac{\partial \boldsymbol{b}}{\partial \boldsymbol{\Xi}^T}\Big|_{\boldsymbol{\mu}_j,\boldsymbol{\Xi}_j}\right] \cdot \begin{bmatrix} \boldsymbol{\mu} - \boldsymbol{\mu}_j \\ \boldsymbol{\Xi} - \boldsymbol{\Xi}_j \end{bmatrix} + \boldsymbol{b}(\boldsymbol{\mu}_j, \boldsymbol{\Xi}_j) = \boldsymbol{0} \tag{8.20a}$$

식 (8.17)에 따라 $\boldsymbol{\mu}$를 $\boldsymbol{y} - \boldsymbol{e}$로 대치하고, 새로운 기호를 도입한다.

$$\underset{m\times 1}{\boldsymbol{\xi}_{j+1}} := \boldsymbol{\Xi} - \boldsymbol{\Xi}_j$$

$$\underset{(m+r)\times m}{A^{(j)}} := -\frac{\partial \boldsymbol{b}}{\partial \boldsymbol{\Xi}^T}\Big|_{\boldsymbol{\mu}_j,\boldsymbol{\Xi}_j} \tag{8.20b}$$

$$\underset{(m+r)\times n}{B^{(j)}} := \frac{\partial \boldsymbol{b}}{\partial \boldsymbol{\mu}^T}\Big|_{\boldsymbol{\mu}_j,\boldsymbol{\Xi}_j}$$

$$\underset{(m+r)\times 1}{\boldsymbol{w}_j} := \boldsymbol{b}(\boldsymbol{\mu}_j, \boldsymbol{\Xi}_j) + B^{(j)} \cdot (\boldsymbol{y} - \boldsymbol{\mu}_j) \tag{8.20c}$$

이를 통해 선형 가우스-헬머트 모델을 만든다.

$$\boldsymbol{w}_j = A^{(j)}\boldsymbol{\xi}_{j+1} + B^{(j)}\boldsymbol{e}, \quad \boldsymbol{e} \sim (\boldsymbol{0}, \sigma_0^2 P^{-1}) \tag{8.20d}$$

(ii) 식 (8.20d)로부터 $(j+1)$번째 최소제곱해를 계산한다.

$$\hat{\boldsymbol{\xi}}_{j+1} = \left\{(A^{(j)})^T\left[(B^{(j)})P^{-1}(B^{(j)})^T\right]^{-1}(A^{(j)})\right\}^{-1} \cdot (A^{(j)})^T\left[(B^{(j)})P^{-1}(B^{(j)})^T\right]^{-1}\boldsymbol{w}_j \tag{8.20e}$$

$$\tilde{\boldsymbol{e}}^{(j+1)} = P^{-1}(B^{(j)})^T\left[(B^{(j)})P^{-1}(B^{(j)})^T\right]^{-1} \cdot (\boldsymbol{w}_j - (A^{(j)})\hat{\boldsymbol{\xi}}_{j+1}) \tag{8.20f}$$

(iii) 새로운 비확률 근사값을 계산한다.

$$\boldsymbol{\Xi}_{j+1} := \hat{\boldsymbol{\Xi}}^{(j+1)} - \underset{\sim}{\boldsymbol{0}} = \boldsymbol{\Xi}_j + \hat{\boldsymbol{\xi}}_{j+1} - \underset{\sim}{\boldsymbol{0}} \tag{8.20g}$$

$$\boldsymbol{\mu}_{j+1} := \hat{\boldsymbol{\mu}}^{(j+1)} - \underset{\sim}{\boldsymbol{0}} = \boldsymbol{y} - \tilde{\boldsymbol{e}}^{(j+1)} - \underset{\sim}{\boldsymbol{0}} \tag{8.20h}$$

여기서 $\underset{\sim}{\boldsymbol{0}}$은 적절한 크기의 "확률영벡터"(random zero vector)를 나타낸다(Harville, 1986 참고). 이는 j번째 (근사) 추정값에서 값은 유지하면서도 확률성질을 제거한다는 의미다. 형식상 $\underset{\sim}{\boldsymbol{0}}$을 사용함으로써 비확률 양에 확률값을 할당하지 않도록 한다. 그러나 수치결과에 영향을 미치지 않으므로 실제로는 그다지 중요하지 않다.

수렴조건을 만족할 때까지 반복계산한다.

앞서 언급한 대로, $\boldsymbol{\mu}$ 초기 근사값은 $\boldsymbol{\mu}_0 := \boldsymbol{y} - \underset{\sim}{\mathbf{0}}$을 통해 관측값 벡터 $\boldsymbol{y}$로부터 얻을 수 있다. 그러나 이 방법은 i번째 반복계산에서 소위 말하는 "폐합오차벡터"(misclosure vector) $\boldsymbol{w}_i$를 $\boldsymbol{b}(\boldsymbol{\mu}_i, \boldsymbol{\Xi}_i)$를 이용해서 갱신한다는 오해를 초래하기도 한다(실제 올바른 갱신은 식 (8.20c) 이용). 또한 식 (8.20c)에서 $\boldsymbol{w}_j$ 표현은 근사적으로 $\boldsymbol{b}(\boldsymbol{y}, \boldsymbol{\Xi}_j)$와 같으며, 때로는 완전히 똑같은 상황도 있다. 그러나 일부 사례에서는 이를 사용하면 부정확한 해로 수렴할 수도 있다.

비선형 최소제곱 문제를 다룰 때 발생하는 잠재적 위험에 대처하는 방법은 Pope (1972)에 소개되어 있으므로 한 번 읽어보기를 권한다. 이 주제와 관련한 더 자세한 설명은 Schaffrin and Snow (2010)를 참고한다.

8.5 분산요소 추정

잔차벡터 $\tilde{\boldsymbol{e}}$에 대한 P-가중 norm은 다음과 같이 정의한다.

$$\Omega := \tilde{\boldsymbol{e}}^T P \tilde{\boldsymbol{e}} \tag{8.21a}$$

$$= \big(\hat{\boldsymbol{\lambda}}^T B P^{-1}\big) P \big(P^{-1} B^T \hat{\boldsymbol{\lambda}}\big) \tag{8.21b}$$

$$= \big[-\big(\boldsymbol{w} - A\hat{\boldsymbol{\xi}}\big)^T \big(BP^{-1}B^T\big)^{-1}\big]\big(BP^{-1}B^T\big)\hat{\boldsymbol{\lambda}} \tag{8.21c}$$

$$= \big(\boldsymbol{w} - A\hat{\boldsymbol{\xi}}\big)^T \big(BP^{-1}B^T\big)^{-1}\big(\boldsymbol{w} - A\hat{\boldsymbol{\xi}}\big) \tag{8.21d}$$

$$= \big(B\tilde{\boldsymbol{e}}\big)^T \big(BP^{-1}B^T\big)^{-1}\big(B\tilde{\boldsymbol{e}}\big) \tag{8.21e}$$

따라서 분산요소 σ_0^2 균일불편추정량(uniformly unbiased estimate)을 다음 식으로 구할 수 있다.

$$\hat{\sigma}_0^2 = \frac{\big(B\tilde{\boldsymbol{e}}\big)^T \big(BP^{-1}B^T\big)^{-1}\big(B\tilde{\boldsymbol{e}}\big)}{r} = \frac{\tilde{\boldsymbol{e}}^T P \tilde{\boldsymbol{e}}}{r} = \frac{-\boldsymbol{w}^T\hat{\boldsymbol{\lambda}}}{r} \tag{8.22}$$

행렬 B가 완전행계수(full row rank), 행렬 A가 완전열계수(full column rank)를 가진다고 할 때, 잉여도(redundancy) r은 B 행 개수에서 A 열 개수를 뺀 값으로 정의한다.

$$r := \operatorname{rk} B - \operatorname{rk} A \tag{8.23}$$

8.6 동등한 정규방정식

식 (8.10b), (8.10c) 아래 두 번째 식, 그리고 193쪽에서 설명한 기호 변경을 감안하면 정규방정식을 다음과 같이 쓸 수 있다.

$$\begin{bmatrix} BP^{-1}B^T & -A \\ -A^T & 0 \end{bmatrix} \begin{bmatrix} \hat{\boldsymbol{\lambda}} \\ \hat{\boldsymbol{\xi}} \end{bmatrix} = \begin{bmatrix} -\boldsymbol{w} \\ \mathbf{0} \end{bmatrix}$$
$$\therefore \begin{bmatrix} \hat{\boldsymbol{\lambda}} \\ \hat{\boldsymbol{\xi}} \end{bmatrix} = \left[\begin{array}{c|c} BP^{-1}B^T & -A \\ \hline -A^T & 0 \end{array}\right]^{-1} \begin{bmatrix} -\boldsymbol{w} \\ \mathbf{0} \end{bmatrix} \tag{8.24}$$

따라서 이 연립방정식 해가 식 (8.14) 해와 동일한 $\hat{\boldsymbol{\xi}}$인지 살펴볼 필요가 있다. 분할행렬 역행렬 공식(식 (A.15) 참고)을 적용하고, 관심대상이 아닌 항을 나타내기 위해 기호 X_1과 X_2를 사용해서 아래와 같이 표현할 수 있다.

$$\begin{bmatrix} \hat{\boldsymbol{\lambda}} \\ \hat{\boldsymbol{\xi}} \end{bmatrix} = \left[\begin{array}{c|c} X_1 & X_2 \\ \hline -W^{-1}A^T(BP^{-1}B^T)^{-1} & (0-W)^{-1} \end{array}\right] \begin{bmatrix} -\boldsymbol{w} \\ \mathbf{0} \end{bmatrix}$$

여기서 $W := A^T(BP^{-1}B^T)^{-1}A$이며, 미지수에 대한 최종해 $\hat{\boldsymbol{\xi}}$은 식 (8.14)와 동일함을 알 수 있다.

$$\begin{bmatrix} \hat{\boldsymbol{\lambda}} \\ \hat{\boldsymbol{\xi}} \end{bmatrix} = \begin{bmatrix} -X_1\boldsymbol{w} \\ \left[A^T(BP^{-1}B^T)^{-1}A\right]^{-1}A^T(BP^{-1}B^T)^{-1}\boldsymbol{w} \end{bmatrix} \tag{8.25}$$

8.7 예제

가우스-헬머트 모델(GHM)을 어떻게 사용하는지 이해를 돕기 위해 예제를 이용하여 설명한다.

8.7.1 포물선 접합

이 예제에서는 x와 y 좌표를 모두 관측한 상황에서 GHM을 이용하여 포물선에 어떻게 접합할지 보여준다. 이는 3.2.1절에서 종속변수(y 좌표)만 측정값으로 간주하여 GMM으로 다루는 사례와 대조적이다. 관측벡터 $\boldsymbol{y}$는 $n/2$ 개 관측점 모든 쌍으로 이루어져 있다. 예를 들어, $\boldsymbol{y}$를 다음과 같이 정의할 수 있다.

$$\underset{n\times 1}{\boldsymbol{y}} = \left[x_1, x_2, \cdots, x_{n/2}, y_1, y_2, \cdots, y_{n/2}\right]^T \tag{8.26}$$

물론 $\boldsymbol{y}$ 요소를 좌표쌍 순서 $\boldsymbol{y} = [x_1, y_1, \cdots, x_{n/2}, y_{n/2}]^T$로 정렬할 수도 있다. 핵심은 계수행렬(coefficient matrix) B, 확률오차 벡터 $\boldsymbol{e}$, 관측값 여인자 행렬에서 순서 일관성이 유지되어야 한다는 점이다.

미지 참값 변수를 $i = 1, 2, \cdots, n/2$에 대해서 μ_{x_i}와 μ_{y_i}로 표시하면, i번째 관측변수 쌍 (x_i, y_i)에 대해서 다음 식으로 나타낼 수 있다.

$$x_i = \mu_{x_i} + e_{x_i},\ E\{e_{x_i}\} = 0 \ \Rightarrow\ E\{x_i\} = \mu_{x_i} \tag{8.27a}$$

$$y_i = \mu_{y_i} + e_{y_i},\ E\{e_{y_i}\} = 0 \ \Rightarrow\ E\{y_i\} = \mu_{y_i} \tag{8.27b}$$

관측오차는 독립동일분포(iid)라고 가정한다. 확률오차항을 각각 벡터 $\boldsymbol{e}_x$와 $\boldsymbol{e}_y$에 정리하면 확률성질을 간결하게 표현할 수 있다.

$$\underset{n\times 1}{\boldsymbol{e}} = \begin{bmatrix} \boldsymbol{e}_x \\ \boldsymbol{e}_y \end{bmatrix} \sim \left(\begin{bmatrix} \boldsymbol{0} \\ \boldsymbol{0} \end{bmatrix}, \sigma_0^2 \begin{bmatrix} I_{n/2} & 0 \\ 0 & I_{n/2} \end{bmatrix} \right) \tag{8.28}$$

i번째 변수쌍 (μ_{x_i}, μ_{y_i})를 비확률 미지수 $\boldsymbol{\Xi} = [\Xi_1, \Xi_2, \Xi_3]^T$와 연계하는 비선형 함수는 아래와 같고,

$$b_i(\Xi_1, \Xi_2, \Xi_3, \mu_{x_i}, \mu_{y_i}) = \mu_{y_i} - \mu_{x_i}^2 \Xi_1 - \mu_{x_i}\Xi_2 - \Xi_3 = 0,\ \ i \in \{1, 2, \cdots, n/2\} \tag{8.29a}$$

이 식을 $(\boldsymbol{u}_{i0}, \boldsymbol{\Xi}_0)$에 대해서 선형화하고 고차항을 생략한다.

$$b_i^0 + \mathrm{d}\mu_{y_i} - (2\mu_{x_i}^0 \Xi_1^0 + \Xi_2^0)\, \mathrm{d}\mu_{x_i} - (\mu_{x_i}^2)^0\, \mathrm{d}\Xi_1 - \mu_{x_i}^0\, \mathrm{d}\Xi_2 - \mathrm{d}\Xi_3 = 0 \tag{8.29b}$$

윗첨자 0은 미분값을 계산하는 참조점(expansion point) $\boldsymbol{u}_{i0} = [\mu_{x_i}^0, \mu_{y_i}^0]^T$와 $\boldsymbol{\Xi}_0 = [\Xi_1^0, \Xi_2^0, \Xi_3^0]^T$를 가리킨다. 간략하게 나타내기 위해 b_i 인자 목록은 생략했다. 식 전개를 위해 $n/2$개 방정식을 다음과 같이 정의한다.

$$\boldsymbol{\xi} = \left[\mathrm{d}\Xi_1,\ \mathrm{d}\Xi_2,\ \mathrm{d}\Xi_3\right]^T = \boldsymbol{\Xi} - \boldsymbol{\Xi}_0 \tag{8.30a}$$

$$-A_i = \left[-(\mu_{x_i}^0)^2,\ -\mu_{x_i}^0,\ -1\right] \tag{8.30b}$$

$$B_i = \left[-2\mu_{x_i}^0 \Xi_1^0 - \Xi_2^0,\ 1\right] \tag{8.30c}$$

A_i는 $(m+r)\times m$ 행렬 A에서 i번째 행을 가리킨다. 이 예제에서 $m=3$, r은 모델 잉여도, $n=2(m+r)$이 된다.

반면 B_i는 $(m+r)\times n$ 행렬 B 행에서 0이 아닌 요소만을 나타낸다. 이 두 요소는 행렬 B의 i번째 행에서 각각 i번째와 $2i$번째 열에 해당한다(관측값 순서는 식 (8.26)으로 가정).

$$\begin{aligned} \mathrm{d}\mu_{x_i} &= \mu_{x_i} - \mu_{x_i}^0 = x_i - \mu_{x_i}^0 - e_{x_i} \\ \mathrm{d}\mu_{y_i} &= \mu_{y_i} - \mu_{y_i}^0 = y_i - \mu_{y_i}^0 - e_{y_i} \end{aligned} \tag{8.30d}$$

그 외 추가적인 벡터 정의는 아래와 같다.

$$\begin{aligned} \boldsymbol{e}_i &= \left[e_{x_i},\ e_{y_i}\right]^T \\ w_i &= b_i^0 + B_i\left[x_i - \mu_{x_i}^0,\ y_i - \mu_{y_i}^0\right]^T \end{aligned} \tag{8.30e}$$

따라서 식 (8.29b)를 i번째 관측좌표쌍에 대해서 다시 쓸 수 있고,

$$-A_i\boldsymbol{\xi} - B_i\boldsymbol{e}_i + w_i = 0 \tag{8.31}$$

최종적으로 $n/2 = m+r$개 전체 방정식을 GHM 형태로 표현할 수 있다.

$$\boldsymbol{w} = A\boldsymbol{\xi} + B\boldsymbol{e} \tag{8.32}$$

GHM 최소제곱해는 8.4절에서 설명한 알고리즘으로 계산할 수 있다. 수렴 불능 또는 잘못된 해에 수렴하는 위험을 피하기 위해 8.4절 마지막 단락에 언급한 내용을 주의깊게 살펴볼 필요가 있다. 실제 적용하기 위해서는 이전 단계에서 계산한 수치값을 이용하여 모든 항 A, B, $\boldsymbol{w}$을 각 반복계산 단계마다 갱신해야 한다는 의미이다.

앞서 설명한 공식은 2차원과 3차원 공간에서 여러 다른 종류의 함수(선형, 평면, 이차곡면 포함) 접합에 적용할 수 있다. 잔차쌍 $(\tilde{e}_{x_i}, \tilde{e}_{y_i})$는 접합곡선(또는 3차원 곡면)에 직교하는 벡터를 정의하므로, 데이터가 독립동일분포(iid)라면 이 조정계산은 이른바 "직교회귀"(orthogonal regression) 문제에 해당한다. 일반적인 가중행렬 P에서는 가중값이 2차원과 3차원 잔차벡터 방향에 영향을 미치기 때문에 "P-가중 직교회귀"라는 용어가 더 적절하다.

8.7.2 타원 접합

타원방정식은 중심점 (z_1, z_2), 장반경(semi-major axis) a, 단반경(semi-minor axis) b, z_1축에서 장축까지 반시계방향 각 α에 관한 함수로 표현할 수 있다(그림 8.2 참고). 따라서 $i \in \{1, \cdots, n/2\}$에 대해서 $n/2$개 확률변수 쌍 $(\mu_{x_i},\ \mu_{y_i})$ 중 i번째와 비확률 미지수$(\mu_\alpha,\ \mu_a,\ \mu_b,\ \mu_{z_1},\ \mu_{z_2})$를 연관시키는 함수는 다음과 같이 주어진다.

$$\begin{aligned}
&b_i\left(\mu_\alpha, \mu_a, \mu_b, \mu_{z_1}, \mu_{z_2}, \mu_{x_i}, \mu_{y_i}\right) \\
&\quad = \mu_b^2\big[\cos^2\mu_\alpha(\mu_{x_i} - \mu_{z_1})^2 + 2\cos\mu_\alpha\sin\mu_\alpha(\mu_{x_i} - \mu_{z_1})(\mu_{y_i} - \mu_{z_2}) \\
&\qquad\qquad + \sin^2\mu_\alpha(\mu_{y_i} - \mu_{z_2})^2\big] \\
&\quad + \mu_a^2\big[\sin^2\mu_\alpha(\mu_{x_i} - \mu_{z_1})^2 - 2\sin\mu_\alpha\cos\mu_\alpha(\mu_{x_i} - \mu_{z_1})(\mu_{y_i} - \mu_{z_2}) \\
&\qquad\qquad + \cos^2\mu_\alpha(\mu_{y_i} - \mu_{z_2})^2\big] \\
&\quad - \mu_a^2\mu_b^2 = 0
\end{aligned} \tag{8.33}$$

미지수를 벡터 $\boldsymbol{\Xi} = [\mu_\alpha, \mu_a, \mu_b, \mu_{z_1}, \mu_{z_2}]^T$로 정리하고, 식 (8.29a)를 (8.33)으로 대치하면 8.7.1절에서 설명한 GHM 최소제곱해로 값을 추정할 수 있다.

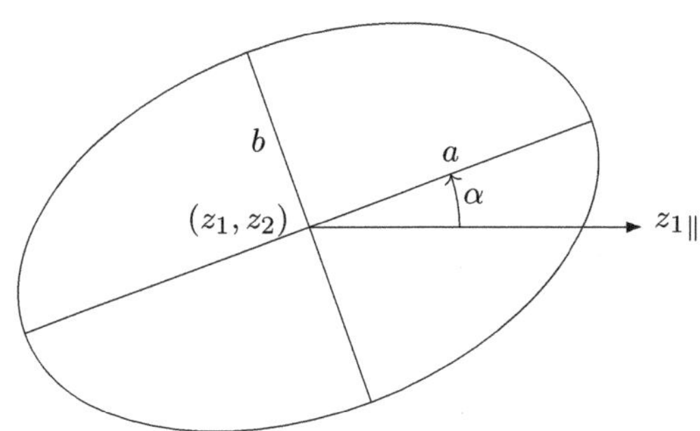

그림 8.2: 장반경 a, 단반경 b, 중심 (z_1, z_2), 회전각 α인 타원

8.7.3 2D 닮음변환

$n/2$개 좌표쌍 (X_i, Y_i)와 (x_i, y_i)는 두 좌표계, 다시 말해서 대상("신") 좌표계와 원시("구") 좌표계에서 각각 관측되었다면, 2D 닮음변환 모델은

GHM으로 나타낼 수 있다.

$$\boldsymbol{b}(\boldsymbol{\mu},\boldsymbol{\xi}) := \begin{bmatrix} \cdots \\ X_i \\ Y_i \\ \cdots \end{bmatrix} - \begin{bmatrix} \cdots \\ e_{X_i} \\ eY_i \\ \cdots \end{bmatrix} - \begin{bmatrix} \cdots & \cdots & \cdots & \cdots \\ 1 & 0 & x_i - e_{x_i} & -(y_i - e_{y_i}) \\ 0 & 1 & y_i - e_{y_i} & x_i - e_{x_i} \\ \cdots & \cdots & \cdots & \cdots \end{bmatrix} \begin{bmatrix} \xi_1 \\ \xi_2 \\ \xi_3 \\ \xi_4 \end{bmatrix} = \mathbf{0} \tag{8.34a}$$

모델에 사용한 각 항은 다음과 같이 정의한다.

$$\boldsymbol{y} := \left[\cdots, X_i, Y_i, \cdots, x_i, y_i, \cdots\right]^T \quad (2n \times 1 \text{ 관측좌표 벡터}) \tag{8.34b}$$

$$\boldsymbol{e} := \left[\cdots, e_{X_i}, e_{Y_i}, \cdots, e_{x_i}, e_{y_i}, \cdots\right]^T \quad (2n \times 1 \text{ 확률오차 벡터}) \tag{8.34c}$$

$$\boldsymbol{\mu} := \boldsymbol{y} - \boldsymbol{e} \quad (2n \times 1 \text{ 실제 (“참값”) 좌표}) \tag{8.34d}$$

$$\boldsymbol{\xi} := \left[\xi_1, \xi_2, \xi_3, \xi_4\right]^T \quad (4 \times 1 \text{ 미지수 벡터}) \tag{8.34e}$$

$$\xi_3 := \omega \cos\alpha, \;\; \xi_4 := \omega \sin\alpha \tag{8.34f}$$

ξ_1과 ξ_2는 각각 X, Y축 방향 평행이동 성분이며, ω는 축척계수, α는 반시계방향 회전각을 나타낸다.

[다른 예제]

아래 논문은 관심 있는 독자가 참고할만한 GHM 수치 예제를 포함하고 있다. 이 자료 외에도, 반복선형모델로 데이터를 조정계산할 때 일어날 수 있는 위험을 최대한 피하는 방법을 이해하기 위해서는 Pope (1972) 논문을 추천한다.

- 원접합 : Schaffrin and Snow (2010)
- 3D 선접합 : Snow and Schaffrin (2016)
- 2D 닮음변환 : Neitzel and Petrovic (2008)

8.8 연습문제

1. Schaffrin and Snow (2010)에 제시한 예제로서 표 8.1 관측좌표셋을 원(circle)에 접합시키려고 한다. x, y 좌표 모두 측정했고, 관련 확률 오차는 독립동일분포(iid)로 가정한다.

   (a) 원 중심좌표와 반지름을 미지수로 하는 적절한 가우스-헬머트 모델을 세우시오. 모델 잉여도는 얼마인가?

   (b) 원 중심과 반지름을 최소제곱추정으로 계산하시오. 미지수 초기값으로 $\Xi_0 = [3, 1, 4]^T$ (순서대로 중심점 x, y 좌표, 반지름)을 사용하시오.

   (c) 분산요소 추정값과 추정한 미지수의 경험적 rms(즉, 추정한 분산행렬 대각선 요소 제곱근)를 계산하시오.

   (d) 추정한 원 중심과 개별 관측/조정 좌표쌍의 기하학적 관계는 무엇인가?

표 8.1: 원접합을 위해 측정한 좌표(단위 무시)

순번	x	y
1	0.7	4.0
2	3.3	4.7
3	5.6	4.0
4	7.5	1.3
5	6.4	−1.1
6	4.4	−3.0
7	0.3	−2.5
8	−1.1	1.3

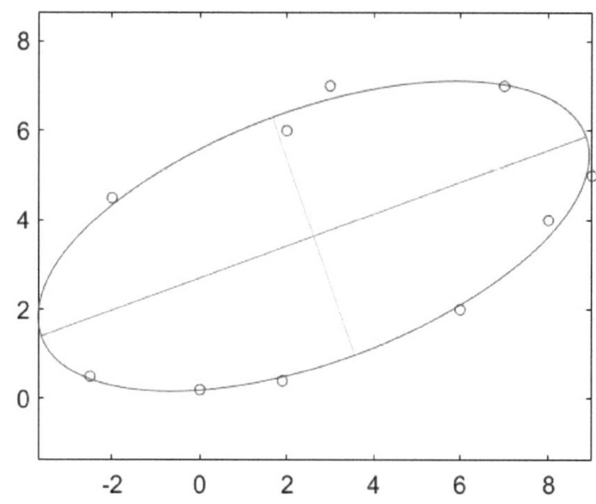

그림 8.3: 접합 타원과 2차원 평면에서 측정한 좌표(표 8.2에 정리)

표 8.2: 타원접합을 위해 측정한 좌표(단위 무시)

순번	z_1	z_2
1	2.0	6.0
2	7.0	7.0
3	9.0	5.0
4	3.0	7.0
5	6.0	2.0
6	8.0	4.0
7	−2.0	4.5
8	−2.5	0.5
9	1.9	0.4
10	0.0	0.2

2. 그림 8.3과 표 8.2에 주어진 관측좌표셋에 타원을 접합하고자 한다. z_1과 z_2 좌표 모두 측정했으며, 관련 확률오차는 iid로 가정한다.

   (a) 다섯 개 미지수(타원 중심좌표 z_1과 z_2, 장반경 a, 단반경 b, 그리고 z_1축과 장축 사잇각 α)를 포함하는 적절한 가우스-헬머트 모델을 세우시오(8.7.2절 참고). 모델 잉여도는 얼마인가?

   (b) 타원 미지수에 대한 최소제곱 추정값을 계산하시오. 미지수 초기값으로 $\boldsymbol{\Xi}_0 = [0, 7, 3, 3, 4]^T$을 사용하시오($\mu_\alpha^0$, μ_a^0, μ_b^0, $\mu_{z_1}^0$, $\mu_{z_1}^0$ 순서).

   (c) 분산요소 추정값과 추정미지수의 경험적 rms(즉, 추정한 분산행렬 대각요소 제곱근)를 계산하시오.

표 8.3: 포물선 접합을 위해 측정한 좌표(단위는 m)

순번	x	y
1	1.007	1.827
2	1.999	1.911
3	3.007	1.953
4	3.998	2.016
5	4.999	2.046
6	6.015	2.056
7	7.014	2.062
8	8.014	2.054
9	9.007	2.042
10	9.988	1.996
11	11.007	1.918
12	12.016	1.867

3. 그림 3.1 포물선 접합 데이터가 표 8.3에 제시되어 있다. x, y 좌표 여인자 행렬이 각각 $Q_x = (0.010\,\mathrm{m})^2 \cdot I_n$, $Q_y = (0.005\,\mathrm{m})^2 \cdot I_n$라고 가정할 때, 8.7.1절 모델을 이용하여 다음 각 항목을 계산하시오.

   (a) 포물선 접합 세 개 미지수 추정값

   (b) 분산요소 추정값

   (c) 추정미지수의 경험적 rms(즉, 추정한 분산행렬 대각요소 제곱근)

8.9 가우스-헬머트 모델 공식 요약

앞 절에서 사용한 BA를 행렬 A 자체로 대체하는 내용은 8.3절 마지막 단락을 참고한다. 선형 가우스-헬머트 모델은 다음과 같이 주어진다.

$$\underset{(r+m)\times 1}{\boldsymbol{w}} = \underset{(r+m)\times m}{A}\,\boldsymbol{\xi} + \underset{(r+m)\times n}{B}\,\boldsymbol{e}, \quad \underset{n\times 1}{\boldsymbol{e}} \sim (\boldsymbol{0}, \sigma_0^2 P^{-1})$$

표 8.4: 가우스-헬머트 모델 최소제곱해 공식 요약

구분	공식	Eq.
모델 잉여도	$r = \operatorname{rk} B - \operatorname{rk} A$	(8.23)
추정미지수 벡터	$\hat{\boldsymbol{\xi}} = \left[A^T\left(BP^{-1}B^T\right)^{-1}A\right]^{-1}A^T\left(BP^{-1}B^T\right)^{-1}\boldsymbol{w}$	(8.11a)
추정미지수 분산행렬	$D\{\hat{\boldsymbol{\xi}}\} = \sigma_0^2\cdot\left[A^T\left(BP^{-1}B^T\right)^{-1}A\right]^{-1}$	(8.12)
예측잔차벡터	$\tilde{\boldsymbol{e}} = P^{-1}B^T\left(BP^{-1}B^T\right)^{-1}\left(\boldsymbol{w} - A\hat{\boldsymbol{\xi}}\right)$	(8.11b)
잔차 분산행렬	$D\{\tilde{\boldsymbol{e}}\} = P^{-1}B^T\left(BP^{-1}B^T\right)^{-1}\left[B\cdot D\{\boldsymbol{e}\}\cdot B^T - A\cdot D\{\hat{\boldsymbol{\xi}}\}\cdot A^T\right]\left(BP^{-1}B^T\right)^{-1}BP^{-1}$	(8.13)
잔차제곱합 (SSR)	$\Omega = \tilde{\boldsymbol{e}}^T P \tilde{\boldsymbol{e}}$	(8.21a)
분산요소 추정값	$\hat{\sigma}_0^2 = \Omega/r$	(8.22)

제 9 장

통계분석

이 책 독자는 확률이론 또는 적어도 기초통계학 강의를 수강하여 통계분석 가설검정에 어느 정도 익숙하다고 가정한다. 따라서 주요 용어나 개념은 개략적으로만 설명하고, 주로 앞 장에서 설명한 최소제곱조정으로 추정한 미지수에 가설검정을 어떻게 적용할지에 중점을 둔다. 통계 방법에 대한 폭넓은 논의, 특히 가설검정에 대한 좋은 복습자료가 필요하면 Snedecor and Cochran (1980)을 참고한다.

(스칼라) 확률변수 y가 정규분포를 따르고, 일차에서 4차모멘트가 다음과 같다고 하자.

$$E\{y\} = \mu \tag{9.1a}$$

$$E\{(y-\mu)^2\} = D\{y\} = \sigma^2 \tag{9.1b}$$

$$E\{(y-\mu)^3\} = 0 \tag{9.1c}$$

$$E\{(y-\mu)^4\} = 3(\sigma^2)^2 \tag{9.1d}$$

식 (9.1c)에서 3차모멘트가 0이므로 확률변수 분포에 비대칭도(skewness)가 없으며, 식 (9.1d) 우변은 분포에서 첨도(kurtosis)가 없음을 나타낸다. 만일 식 (9.1c)나 (9.1d)를 만족하지 않으면 변수는 정규분포가 아니며, 다음과 같은 특성을 가진다.

$$E\{(y-\mu)^3\} > 0 \qquad \Leftrightarrow \text{ 분포가 양수쪽으로 비스듬함} \tag{9.2a}$$

$$E\{(y-\mu)^3\} < 0 \quad \Leftrightarrow \text{ 분포가 음수쪽으로 비스듬함} \tag{9.2b}$$

$$E\{(y-\mu)^4\} - 3(\sigma^2)^2 > 0 \quad \Leftrightarrow \text{ 분포가 양의 첨도를 가짐(더 뾰족함)} \tag{9.2c}$$

$$E\{(y-\mu)^4\} - 3(\sigma^2)^2 < 0 \quad \Leftrightarrow \text{ 분포가 음의 첨도를 가짐(더 평평함)} \tag{9.2d}$$

비대칭도는 확률변수 그래프(예를 들어 히스토그램)에서 최고값이 중심에서 이동한 형태로 나타난다. 양의 첨도는 기댓값 μ 근처에서 더 높은 확률을 가지고, 결과적으로 좁고 뾰족한 그래프가 된다. 음의 첨도는 그래프 꼬리에서 더 높은 확률을 보이므로 정규분포보다 평평한 형태로 나타난다.

정규분포를 따르는 (스칼라) 확률변수 y에 대한 확률밀도함수(probability density function, pdf)는 다음과 같고,

$$f(y) = \frac{1}{\sqrt{2\pi\sigma^2}}\, e^{-(y-\mu)^2/2\sigma^2} \tag{9.3}$$

μ는 기댓값(모집단 평균), σ는 표준편차, σ^2는 분산, e는 오일러 수(자연로그 밑, $e \approx 2.71828$)를 가리킨다. 또한 $1/\sqrt{2\pi\sigma^2} \approx 0.4/\sigma$항은 곡선 그래프 진폭을 나타내며, μ는 정점이 중심으로부터 떨어진 거리, σ는 중심에서 곡선 변곡점까지 거리를 나타낸다.

정규분포를 따르는 확률변수의 누적분포함수(cumulative distribution function, cdf)는 아래와 같이 나타낼 수 있다.

$$F(y) = \int_{-\infty}^{y} f(t)\,dt = \frac{1}{\sigma\sqrt{2\pi}} \int_{-\infty}^{y} e^{-(t-\mu)^2/2\sigma^2}\,dt \tag{9.4}$$

그림 9.1은 다양한 μ와 σ^2에 대한 정규분포 pdf와 cdf이며, 선 형태는 두 그림에서 동일하다. 각 그림에서 곡선 중 하나는 표준정규분포를 나타낸다.

측지학에서 확률변수 y는 관측값, 조정관측값, 예측잔차 등이 될 수 있다. 확률변수 y에서 평균을 빼고, 표준편차로 나누는 변환을 통해 표준화할 수 있다.

$$z = \frac{y-\mu}{\sigma} \tag{9.5}$$

표준화된 확률변수 z의 모멘트와 확률함수는 아래와 같다.

$$E\{z\} = 0 \tag{9.6a}$$

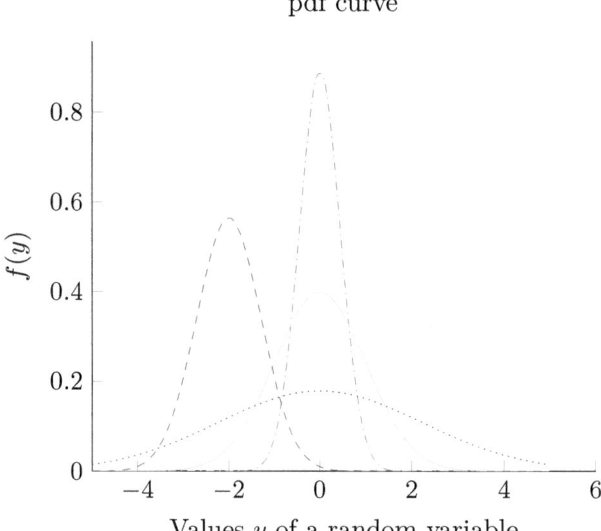

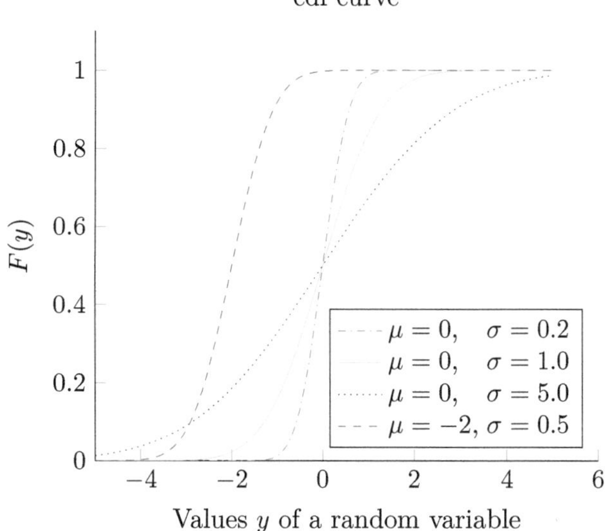

그림 9.1: 정규분포 pdf(위)와 cdf(아래) 곡선. 선 형태와 범례는 동일함

$$D\{z\} = 1 \tag{9.6b}$$

$$\text{pdf}: \; f(z) = \frac{1}{\sqrt{2\pi}} e^{-z^2/2} \tag{9.6c}$$

$$\text{cdf}: \; F(z) = \int_{-\infty}^{z} f(t)\,dt = \frac{1}{\sqrt{2\pi}} \int_{-\infty}^{z} e^{-t^2/2}\,dt \tag{9.6d}$$

z의 확률밀도함수(pdf)는 그림 9.2와 같으며, Student t-분포 곡선(아래에서 설명) 예제와 같이 플롯했다.

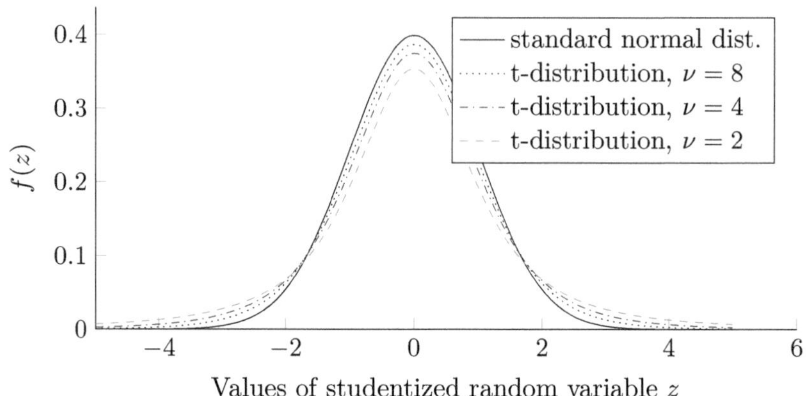

그림 9.2: 표준확률변수 Student t-분포와 표준정규분포 곡선

다변수 확률변수 $\boldsymbol{y}$는 $n \times 1$ 벡터이며, $n \times n$ 분산(공분산)행렬 $\Sigma = D\{\boldsymbol{y}\}$, $n \times 1$ 기댓값 벡터 $\boldsymbol{\mu} = E\{\boldsymbol{y}\}$를 가진다. 따라서 확률밀도함수(pdf)와 누적분포함수(cdf)는 아래와 같이 쓸 수 있다.

$$f(\boldsymbol{y}) = \frac{1}{(2\pi)^{n/2}\sqrt{\det \Sigma}}\, e^{-(\boldsymbol{y}-\boldsymbol{\mu})^T \Sigma^{-1} (\boldsymbol{y}-\boldsymbol{\mu})/2} \tag{9.7}$$

$$F(y_1, \cdots, y_n) = \int_{-\infty}^{y_n} \cdots \int_{-\infty}^{y_1} f(t_1, \cdots, t_n)\, dt_1 \cdots dt_n \tag{9.8}$$

$\boldsymbol{y}$ 요소, 즉 $y_1, \cdots, y_n$이 통계적으로 독립이기 위한 필요충분조건은

$$f(t_1, \cdots, t_n) = f(t_1) \cdot f(t_2) \cdots f(t_n) \tag{9.9a}$$

이고, 아래와 같이 표현할 수도 있다.

$$C\{y_i, y_j\} = 0 \;\; (i \neq j) \tag{9.9b}$$

식 (9.9b)는 확률벡터 $\boldsymbol{y}$ 요소는 서로 공분산이 없다는 의미다. 다변수 3차, 4차모멘트는 $i, j, k, l = \{1, \cdots, n\}$에 대해 각각 식 (9.10a), (9.10b)와 같다.

$$E\{(y_i - \mu_i)(y_j - \mu_j)(y_k - \mu_k)\} = 0 \tag{9.10a}$$

$$E\{(y_i - \mu_i)(y_j - \mu_j)(y_k - \mu_k)(y_l - \mu_l)\} = 3(\sigma_i^2)\delta_{ijkl} \tag{9.10b}$$

이 식에서 δ_{ijkl}은 크로네커-델타 함수(Kronecker-delta function)이며, $i = j = k = l$일 때만 $\delta_{ijkl} = 1$이고 그 이외는 0이다.

아래에서는 Student t-분포를 따르는 "Studentized" 잔차에 대해서 설명한다. t-분포를 따르고 자유도(degrees of freedom) $\nu = n - 1$인 (스칼라) 변수의 확률밀도함수는 다음과 같이 정의한다.

$$f(t) = \frac{1}{\sqrt{(n-1)\pi}} \cdot \frac{\Gamma(n/2)}{\Gamma\left(\frac{n-1}{2}\right)} \cdot \frac{1}{\left(1 + \frac{t^2}{n-1}\right)^{n/2}} \tag{9.11}$$

$n \in \mathbb{N}$에 대해서 감마함수(gamma function) 정의는 다음과 같다.

$$\Gamma(n) := (n-1)\Gamma(n-1) = \int_0^\infty e^{-t} t^{n-1}\, dt = (n-1)! \tag{9.12}$$

기초통계학 설명에 따르면 Student t-분포 확률밀도함수는 n이 약 30이 되면 표준정규분포 확률밀도함수와 유사해지고, $\nu = \infty$이면 두 분포는 동일하다. 자유도 $\nu = 2, 4, 8$에 대해서 Student t-분포와 표준정규분포 pdf는 그림 9.2에 제시되어 있다.

9.1 표준잔차와 Studentized 잔차

이 절에서는 (완전계수) 가우스-마코프 모델과 그 예측확률오차 벡터를 먼저 기술한다.

$$\boldsymbol{y} = A\boldsymbol{\xi} + \boldsymbol{e}, \quad \boldsymbol{e} \sim \left(\boldsymbol{0}, \sigma_0^2 P^{-1}\right), \quad \text{rk}\, A = m \tag{9.13a}$$

$$\tilde{\boldsymbol{e}} = \left(I_n - AN^{-1}A^T P\right)\boldsymbol{y} = \left(I_n - AN^{-1}A^T P\right)\boldsymbol{e} \tag{9.13b}$$

앞에서와 마찬가지로, 관측값 벡터 $\boldsymbol{y}$ 크기는 $n \times 1$, 계수행렬(coefficient matrix) A는 $n \times m$이며, 정규방정식 변수는 $[N, \boldsymbol{c}] := A^T P[A, \boldsymbol{y}]$로 정의한다.

e는 미지 변수이므로 식 (9.13b) 마지막 식은 실제로 계산할 수 없지만, 분석 목적으로는 유용한 표현이다.

아래 설명에서는 확률오차 벡터 e가 정규분포를 따른다고 가정하고 $e \sim \mathcal{N}(\mathbf{0}, \sigma_0^2 P^{-1})$로 표기한다(기호 $\mathcal{N}$은 정규분포를 가리킴). 이 가정은 통계분석에서 가설검정 목적이므로 설정한 pdf 함수를 이용하여 검정통계량[1]을 계산해야 한다. 이 가정은 Bjerhammar (1973, p. 35)에서 언급한 중심극한정리(central limit theorem)에 근거하고 있다(이 책 228쪽 각주 참고). 그러나 e와 σ_0^2는 미지값이므로 예측값 $\tilde{e}$와 추정값 $\hat{\sigma}_0^2$을 대신 사용한다. 결과적으로 가설검정 공식은 정규분포 대신 Student t-분포를 사용한다.

9.1.1 표준잔차

흔히 말하는 표준잔차(standardized residual) 벡터는 잔차벡터 $\tilde{\boldsymbol{e}}$와 분산행렬 $D\{\tilde{e}\}$ 함수로 나타낼 수 있다.

$$D\{\tilde{e}\} = \sigma_0^2 \big(P^{-1} - AN^{-1}A^T\big) =: \sigma_0^2 Q_{\tilde{e}} \tag{9.14a}$$

$$\sigma_{\tilde{e}_j}^2 = \boldsymbol{\eta}_j^T D\{\tilde{e}\} \boldsymbol{\eta}_j = E\{\tilde{e}_j^2\} \tag{9.14b}$$

분산행렬에서 j번째 대각요소를 추출하는 단위벡터는 다음과 같이 정의한다.

$$\boldsymbol{\eta}_j := \big[0, \cdots, 0, \underset{j\text{th}}{1}, 0, \cdots, 0\big]^T \tag{9.14c}$$

따라서 j번째 표준잔차 정의는 아래와 같다.

$$\tilde{z}_j := \tilde{e}_j / \sigma_{\tilde{e}_j} \tag{9.15}$$

9.1.2 Studentized 잔차

모델 식 (9.13a)에서 분산요소 σ_0^2는 미지수로 간주하므로, 이를 추정값 $\hat{\sigma}_0^2$으로 대체하면 유사한 형태로 Studentized 잔차를 나타낼 수 있다.

$$\hat{\sigma}_0^2 = \frac{\tilde{\boldsymbol{e}}^T P \tilde{\boldsymbol{e}}}{n - \text{rk}(A)} = \frac{\boldsymbol{y}^T P \boldsymbol{y} - \boldsymbol{c}^T N^{-1} \boldsymbol{c}}{n - m} \tag{9.16a}$$

---

[1] "검정통계량"(test statistic)을 Snedecor and Cochran (1980, p. 65)에서는 검정기준(test criterion)으로 부른다.

$$\hat{D}\{\tilde{\boldsymbol{e}}\} = \hat{\sigma}_0^2\big(P^{-1} - AN^{-1}A^T\big) =: \hat{\sigma}_0^2 Q_{\tilde{e}} \tag{9.16b}$$

$$\hat{\sigma}_{\tilde{e}_j}^2 = \boldsymbol{\eta}_j^T \hat{D}\{\tilde{\boldsymbol{e}}\}\boldsymbol{\eta}_j = \hat{E}\{\tilde{e}_j^2\} \tag{9.16c}$$

따라서 Studentized 잔차는 다음과 같이 정의한다.

$$\tilde{t}_j := \tilde{e}_j / \hat{\sigma}_{\tilde{e}_j} \tag{9.17}$$

분산요소 σ_0^2는 미지 상수이므로 식 (9.15) 분모는 상수인 반면, 확률 성질을 가지는 추정값 $\hat{\sigma}_0^2$으로 인해 식 (9.17) 분모는 확률값이다. 물론 두 식 모두 분자는 확률 성질을 가진다.

일반적으로 여인자 행렬 Q를 사용하여 표준잔차와 Studentized 잔차를 다른 형태로 표현할 수 있다.

표준잔차 $$\tilde{z}_j := \tilde{e}_j \Big/ \sqrt{\sigma_0^2\big(Q_{\tilde{e}}\big)_{jj}} \sim \mathcal{N}(0,1) \tag{9.18a}$$

Studentized 잔차 $$\tilde{t}_j := \tilde{e}_j \Big/ \sqrt{\hat{\sigma}_0^2\big(Q_{\tilde{e}}\big)_{jj}} \sim t(n-1) \tag{9.18b}$$

$\sigma_0^2 Q_{\tilde{e}} = D\{\tilde{\boldsymbol{e}}\}$ 관계가 성립하고, $(Q_{\tilde{e}})_{jj}$는 잔차 여인자 행렬 $Q_{\tilde{e}}$에서 j번째 대각요소를 나타낸다. 표준잔차는 정규분포를 따른다고 가정했으므로 Studentized 잔차는 Student t-분포를 따른다. 거듭 언급하지만, 분산요소 σ_0^2를 알 수 없으면 식 (9.18a)는 계산할 수 없다.

[Studentized 잔차 예제]

이 예제는 가중행렬 $P = I_n$인 단일 미지수 μ 직접관측식 모델에서 Studentized 잔차를 다룬다.

$$\boldsymbol{y} = \boldsymbol{\tau}\mu + \boldsymbol{e},\ \ \boldsymbol{e} \sim \mathcal{N}\big(\boldsymbol{0}, \sigma_0^2 I_n\big),\ \ \boldsymbol{\tau} = [1, \cdots, 1]^T$$

$$\hat{\mu} = \frac{\boldsymbol{\tau}^T\boldsymbol{y}}{\boldsymbol{\tau}^T\boldsymbol{\tau}} = \frac{1}{n}\big(y_1 + \cdots + y_n\big) \sim \mathcal{N}\big(\mu, \sigma_0^2/n\big)$$

$$\tilde{\boldsymbol{e}} = \boldsymbol{y} - \boldsymbol{\tau}\hat{\mu} \sim \mathcal{N}(\boldsymbol{0}, \sigma_0^2\big[I_n - n^{-1}\cdot\boldsymbol{\tau}\boldsymbol{\tau}^T\big])$$

$$Q_{\tilde{e}} = I_n - n^{-1}\cdot\boldsymbol{\tau}\boldsymbol{\tau}^T$$

$$\hat{\sigma}_0^2 = \frac{\tilde{\boldsymbol{e}}^T\tilde{\boldsymbol{e}}}{(n-1)}$$

$Q_{\tilde{e}}$ 공식으로부터 $(Q_{\tilde{e}})_{jj} = (n-1)/n$이므로, 관측값이 많을수록(즉, n이

커지면) “예측” 확률오차 분산 $D\{\tilde{e}\}$는 “참값” 확률오차 분산 $D\{e\}$에 더 가까워진다는 사실을 알 수 있다. 이 예제에서 표준잔차와 Studentized 잔차는 다음과 같이 쓸 수 있다.

$$\text{표준잔차} \qquad \tilde{z}_j = \frac{\tilde{e}_j}{\sqrt{\sigma_0^2(Q_{\tilde{e}})_{jj}}} = \frac{\tilde{e}_j\sqrt{n}}{\sigma_0\sqrt{n-1}} \sim \mathcal{N}(0,1) \tag{9.19a}$$

$$\text{(다른 표현)} \qquad \tilde{z}_j = \frac{\tilde{e}_j}{\sqrt{(Q_{\tilde{e}})_{jj}}} = \frac{\tilde{e}_j\sqrt{n}}{\sqrt{n-1}} \sim \mathcal{N}(0,\sigma_0^2) \tag{9.19b}$$

$$\text{Studentized 잔차} \qquad \tilde{t}_j = \frac{\tilde{e}_j}{\sqrt{\hat{\sigma}_0^2(Q_{\tilde{e}})_{jj}}} = \frac{\tilde{e}_j}{\sqrt{\tilde{\boldsymbol{e}}^T\tilde{\boldsymbol{e}}}}\sqrt{n} \sim t(n-1) \tag{9.19c}$$

유의수준 α에 대해 미지수 추정값 $\hat{\mu}$을 특정값 μ_0에 대비하는 가설검정을 추가하여 예제를 확장할 수 있다.

$$\text{가설검정} \qquad H_0 : E\{\hat{\mu}\} = \mu_0 \quad \text{vs.} \quad H_A : E\{\hat{\mu}\} \neq \mu_0$$

$$\text{검정통계량} \qquad t = \frac{\hat{\mu}-\mu_0}{\sqrt{\hat{\sigma}_0^2}}\sqrt{n} \sim t(n-1)$$

만약 $t_{-\alpha/2} \leq t \leq t_{\alpha/2}$이면 귀무가설(null hypothesis) H_0를 채택하고, 그렇지 않으면 H_0를 기각한다. j번째 잔차에 대해서도 유사한 검정($H_0 : E\{\tilde{e}_j\} = 0$)을 수행할 수 있다. 이때 검정통계량은 식 (9.19c)로 계산한 Studentized 잔차가 된다.

9.2 가우스-마코프 모델 가설검정

9.1절에서 설명한 단일 미지수 직접관측식 가설검정을 가우스-마코프 모델(GMM)로 확장해 보자. 3장에서 GMM을 도입할 때 확률관측오차에 대한 확률밀도함수 대신 일차, 이차모멘트만 명시했으며, GMM 최소제곱추정 문제를 풀기에는 충분하다. 그러나 최소제곱추정 계산 이후 가설검정을 수행하기 위해서는 확률분포가 명시되어야 한다. 일반적으로 관측오차가 “정규분포”를 따른다고 가정하면 (완전계수) GMM을 간결하게 쓸 수 있다.

$$\underset{n\times 1}{\boldsymbol{y}} = \underset{n\times m}{A}\,\boldsymbol{\xi} + \boldsymbol{e}, \quad \text{rk}\,A = m, \quad \boldsymbol{e} \sim \mathcal{N}\big(\boldsymbol{0}, \sigma_0^2 P^{-1}\big) \tag{9.20}$$

기호 $\mathcal{N}$은 정규분포를 가리킨다. 최소제곱조정으로 관측오차를 최소화하면 미지수 추정벡터, 예측확률오차, 관련 정규분포를 구할 수 있다.[2]

$$\hat{\boldsymbol{\xi}} = N^{-1}\boldsymbol{c} \qquad \sim \mathcal{N}\big(\boldsymbol{\xi}, \sigma_0^2 N^{-1}\big) \tag{9.21a}$$

$$\tilde{\boldsymbol{e}} = \big(I_n - AN^{-1}A^T P\big)\boldsymbol{y} \sim \mathcal{N}\big(\boldsymbol{0}, \sigma_0^2\big[P^{-1} - AN^{-1}A^T\big]\big) \tag{9.21b}$$

동등한 예측잔차벡터를 여인자 행렬을 이용하여 나타낼 수도 있다.

$$\tilde{\boldsymbol{e}} = \big(I_n - AN^{-1}A^T P\big)\boldsymbol{e} = Q_{\tilde{\boldsymbol{e}}}P\boldsymbol{y} \sim \mathcal{N}\big(\boldsymbol{0}, \sigma_0^2 Q_{\tilde{\boldsymbol{e}}}\big) \tag{9.22a}$$

$$Q_{\tilde{\boldsymbol{e}}} := P^{-1} - AN^{-1}A^T \tag{9.22b}$$

따라서 j번째 표준잔차와 Studentized 잔차는 다음과 같다.

$$j\text{번째 표준잔차} \qquad \tilde{z}_j := \tilde{e}_j \Big/ \sqrt{\sigma_0^2 (Q_{\tilde{\boldsymbol{e}}})_{jj}} \sim \mathcal{N}(0,1) \tag{9.23}$$

$$j\text{번째 Studentized 잔차} \quad \tilde{t}_j := \tilde{e}_j \Big/ \sqrt{\hat{\sigma}_0^2 (Q_{\tilde{\boldsymbol{e}}})_{jj}} \sim t(n-m) \tag{9.24}$$

3장에서 살펴본 대로 GMM 분산요소 추정값은 모델 잉여도 $n-m$을 이용해서 계산한다.

$$\hat{\sigma}_0^2 = \frac{\tilde{\boldsymbol{e}}^T P \tilde{\boldsymbol{e}}}{n-m} \tag{9.25}$$

j번째 Studentized 잔차 가설검정은 아래와 같다.

$$H_0 : E\{\tilde{e}_j\} = 0 \quad \text{vs.} \quad H_A : E\{\tilde{e}_j\} \neq 0 \tag{9.26}$$

마찬가지로, 추정미지수 벡터 $\hat{\boldsymbol{\xi}}$ 개별요소를 검정할 수도 있다. 예를 들어, j번째 요소 $\hat{\xi}_j$을 특정값 $\xi_j^{(0)}$와 비교하려면 귀무가설과 검정통계량을 다음과 같이 정의한다.

$$H_0 : E\{\hat{\xi}_j\} = \xi_j^{(0)} \quad \text{vs.} \quad H_A : E\{\hat{\xi}_j\} \neq \xi_j^{(0)} \tag{9.27a}$$

$$t_j = \frac{\hat{\xi}_j - \xi_j^{(0)}}{\sqrt{\hat{\sigma}_0^2 \big(N^{-1}\big)_{jj}}} \sim t(n-m) \tag{9.27b}$$

---

[2] 가설검정을 위해 관측값은 정규분포를 따른다고 가정했으므로 추정벡터와 예측잔차도 정규분포를 따른다.

또는 검정통계량을 다른 형태로 계산할 수도 있다.

$$t_j^2 = \frac{(\hat{\xi}_j - \xi_j^{(0)})\left[\left(N^{-1}\right)_{jj}\right]^{-1}(\hat{\xi}_j - \xi_j^{(0)})/1}{(\tilde{e}^T P\tilde{e})/(n-m)} \sim F(1, n-m) \tag{9.27c}$$

식 (9.27b)와 (9.27c)로부터 Student t-분포 검정통계량 제곱은 F-분포를 따른다는 사실을 알 수 있다.

주어진 유의수준 α에 대해 $t_{-\alpha/2} \le t_j \le t_{\alpha/2}$를 만족하면 H_0를 채택하고, 그렇지 않으면 H_0를 기각한다($t_{\alpha/2}(n-m)$ 값은 t-분포 cdf 표 활용). α는 1종오류를 범할 확률(검정 유의수준이라고도 함)이며, $n-m$은 $\hat{\sigma}_0^2$과 관련된 자유도를 나타낸다. F-분포에서 분자와 연관된 자유도는 1이다.

9.3 신뢰구간

모집단 평균이나 데이터 모델 미지수를 추정하면 정확도를 언급할 필요가 있다. 통계학에서 언급하는 정확도는 추정한 양이 어떤 구간에 속할 확률을 의미하며, 이때 참값이지만 미지인 평균(또는 모델 미지수)을 중심으로 구간이 설정된다. 이 구간을 신뢰구간(confidence interval)이라고 부르고, 상한과 하한을 신뢰한계(confidence limits)라고 한다. 신뢰타원(2-D), 신뢰타원체(3-D), 신뢰초타원체(n-D)는 각각 해당 차원에서 신뢰구간에 해당한다.

9.3.1 일변수(univariate)

누적밀도함수(cdf) 정의에 따르면 확률변수 X의 cdf는 미지량 X가 표본 x와 같거나 작을 확률을 나타낸다.

$$F_X(x) = P(X \le x), \quad -\infty < x < \infty \tag{9.28}$$

따라서 X가 구간 $(a, b]$에 포함될 확률은 다음과 같이 표현할 수 있다.

$$P(a < X \le b) = F_X(b) - F_X(a) \tag{9.29}$$

식 (9.5) 표준정규확률변수 z에 식 (9.29)를 적용하면 평균으로부터 각각 $\pm 1\sigma$, $\pm 2\sigma$, $\pm 3\sigma$ 범위에 해당하는 신뢰구간 확률을 계산할 수 있다. 식 (9.6a)와

(9.6b)에 의해 $z \sim \mathcal{N}(0,1)$이므로 $\sigma = 1$이다.

$$P(-1 < z \le 1) = P(\mu - \sigma < y \le \mu + \sigma) = 68.3\% \tag{9.30a}$$

$$P(-2 < z \le 2) = P(\mu - 2\sigma < y \le \mu + 2\sigma) = 95.5\% \tag{9.30b}$$

$$P(-3 < z \le 3) = P(\mu - 3\sigma < y \le \mu + 3\sigma) = 99.7\% \tag{9.30c}$$

확률과 연관된 구간을 흔히 1-시그마(1-sigma), 2-시그마, 3-시그마라고 각각 부른다. 흔히 말하는 90%, 95%, 99% 신뢰구간도 자주 사용하는 구간이다. 정규분포를 따르는 확률변수 z에 대해서 신뢰구간 확률은 아래와 같다.

$$90\% = P(-1.645 < z \le 1.645) \tag{9.31a}$$

$$95\% = P(-1.960 < z \le 1.960) \tag{9.31b}$$

$$99\% = P(-2.576 < z \le 2.576) \tag{9.31c}$$

확률한계(probability limits)는 해당 확률밀도함수 그래프 아래쪽 면적에 해당한다. 예를 들어, 그림 9.2에서 $\pm\sigma$ 구간에서 표준정규분포 그래프 아래 면적은 0.683이며, $\pm 3\sigma$ 구간은 0.997이다. 이 영역을 벗어나는 지역을 그래프 꼬리(tails)라고 부른다. 그림 1.2는 $\pm\sigma$, $\pm 2\sigma$, $\pm\ 3\sigma$에 해당하는 면적을 그래프로 표시했으며, 편의상 그림 9.3에 다시 옮긴다.

9.3.2 이변수(bivariate)

$\boldsymbol{y}$가 2-D 확률벡터이고, 기댓값이 $\boldsymbol{\mu}$, 즉 $\boldsymbol{\mu} = E\{\boldsymbol{y}\}$인 이변수에 대해서 살펴보자. $\boldsymbol{y}$ 분산은 2×2 분산행렬 Σ로 주어지고, 이를 요약하면 다음과 같다.

$$\begin{aligned} \boldsymbol{y} &= \begin{bmatrix} y_1 \\ y_2 \end{bmatrix}, \quad \boldsymbol{\mu} = \begin{bmatrix} \mu_1 \\ \mu_2 \end{bmatrix} = E\left\{ \begin{bmatrix} y_1 \\ y_2 \end{bmatrix} \right\} \\ \Sigma &:= D\{\boldsymbol{y}\} = \begin{bmatrix} \sigma_1^2 & \sigma_{12} \\ \sigma_{21} & \sigma_2^2 \end{bmatrix}, \quad \sigma_{12} = \sigma_{21} \end{aligned} \tag{9.32}$$

식 (9.32) 벡터와 행렬 요소에서 μ_1은 y_1 기댓값, σ_1^2는 y_1 분산(σ_1은 표준편차라고 부름), 그리고 σ_{12}는 y_1과 y_2 사이 공분산이라고 한다.

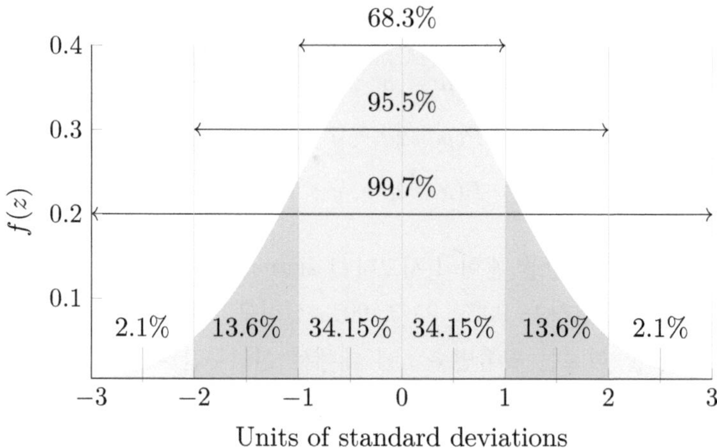

그림 9.3: 정규분포곡선과 곡선 아래 면적 비율. 그림은 John Canning (Senior Lecturer at the University of Brighton) Ti*k*Z 코드에서 가져옴 (http://johncanning.net/wp/?p=1202).

신뢰구간에 해당하는 2-D 표현은 신뢰타원(confidence ellipse)이며, 다음과 같은 방법으로 구할 수 있다.

$$(\boldsymbol{y}-\boldsymbol{\mu})^T\Sigma^{-1}(\boldsymbol{y}-\boldsymbol{\mu}) = \tag{9.33a}$$

$$\frac{1}{(1-\rho_{12}^2)}\left(\frac{(y_1-\mu_1)^2}{\sigma_1^2} - 2\rho_{12}\frac{(y_1-\mu_1)(y_2-\mu_2)}{\sigma_1\sigma_2} + \frac{(y_2-\mu_2)^2}{\sigma_2^2}\right) = k^2 \tag{9.33b}$$

여기서 k는 상수이며, 상관계수(correlation coefficient) ρ는 아래와 같이 정의한다.

$$\rho_{12} = \frac{\sigma_{12}}{\sigma_1\sigma_2} \tag{9.34}$$

k를 변경하면 일련의 타원을 생성할 수 있고, 각각 연관된 상수값 확률을 갖는다. 예를 들어, $k = 1$로 설정하면 표준신뢰타원(standard confidence ellipse)이 된다. 아래에서 설명한 대로, 이변수 확률밀도함수와 연관된 표면을 (y_1, y_2) 좌표평면(그림 9.4 참고)에 평행하게 자르면 이 타원을 얻을 수 있다.

식 (9.32)에 정의한 항과 식 (9.7)을 이용하면 $\boldsymbol{y}$ 결합확률밀도함수(joint pdf) 또는 이변수밀도함수(bivariate density function)를 명시적으로 쓸 수

있다.

$$f(\boldsymbol{y}) = f(y_1, y_2) = \frac{1}{2\pi\sqrt{\sigma_1^2\sigma_2^2 - \sigma_{12}^2}} \cdot \\ \exp\left\{-\frac{\sigma_1^2\sigma_2^2}{2(\sigma_1^2\sigma_2^2 - \sigma_{12}^2)}\left[\frac{(y_1-\mu_1)^2}{\sigma_1^2} - 2\sigma_{12}\frac{(y_1-\mu_1)}{\sigma_1^2}\frac{(y_2-\mu_2)}{\sigma_2^2} + \frac{(y_2-\mu_2)^2}{\sigma_2^2}\right]\right\} \tag{9.35a}$$

$$= \frac{1}{2\pi\sigma_1\sigma_2\sqrt{1-\rho_{12}^2}} \cdot \\ \exp\left\{-\frac{1}{2(1-\rho_{12}^2)}\left[\left(\frac{y_1-\mu_1}{\sigma_1}\right)^2 - 2\rho_{12}\left(\frac{y_1-\mu_1}{\sigma_1}\right)\left(\frac{y_2-\mu_2}{\sigma_2}\right) + \left(\frac{y_2-\mu_2}{\sigma_2}\right)^2\right]\right\} \tag{9.35b}$$

이 식에서 exp는 지수함수, 즉 $\exp\{x\} = e^x$를 나타낸다. 밀도함수는 (y_1, y_2) 좌표평면에서 (μ_1, μ_2)를 중심으로 종모양 표면을 이룬다. ρ를 무시하면 해당 한계확률밀도함수(marginal pdf) $f(y_1)$과 $f(y_2)$로 나타낼 수 있다.

$$f(y_1) = \frac{1}{2\pi}\exp\left\{-\frac{1}{2}\left(\frac{y_1-\mu_1}{\sigma_1}\right)^2\right\} \tag{9.36a}$$

$$f(y_2) = \frac{1}{2\pi}\exp\left\{-\frac{1}{2}\left(\frac{y_2-\mu_2}{\sigma_2}\right)^2\right\} \tag{9.36b}$$

이변수밀도함수 $f(y_1, y_2)$와 한계밀도함수 $f(y_1)$, $f(y_2)$를 그림 9.4에 도시했으며, 단면을 따라 생성되는 타원도 함께 표시했다.

벡터 $\boldsymbol{y}$ 각 요소는 식 (9.5)를 이용하여 정규화할 수 있으며, 정규화한 벡터 $\boldsymbol{z}$의 j번째 요소는 $\boldsymbol{y}$ 벡터 j번째 요소를 이용하여 표현할 수 있다. 다시 말해서, $z_j = (y_j - \mu_j)/\sigma_j$, $j = 1, 2$이다. z_j를 식 (9.35b)에 대입하면 정규화한 2-D 벡터 $\boldsymbol{z}$에 대한 pdf를 나타낼 수 있다.

$$f(z_1, z_2) = \frac{1}{2\pi\sigma_1\sigma_2\sqrt{1-\rho_{12}^2}} \cdot \exp\left\{-\frac{1}{2(1-\rho_{12}^2)}\left(z_1^2 - 2\rho_{12}z_1z_2 + z_2^2\right)\right\} \tag{9.37}$$

밀도함수 식 (9.37) 종모양 표면을 (y_1, y_2) 좌표평면에 평행하게 자르면 일련의 타원을 생성할 수 있다(그림 9.4 참고). 밀도함수를 단면 높이에 해당하는 상수값으로 설정하면 타원 공식을 정의할 수 있고, 수식을 단순하게 정리하면 식 (9.33b) 모양이 된다.

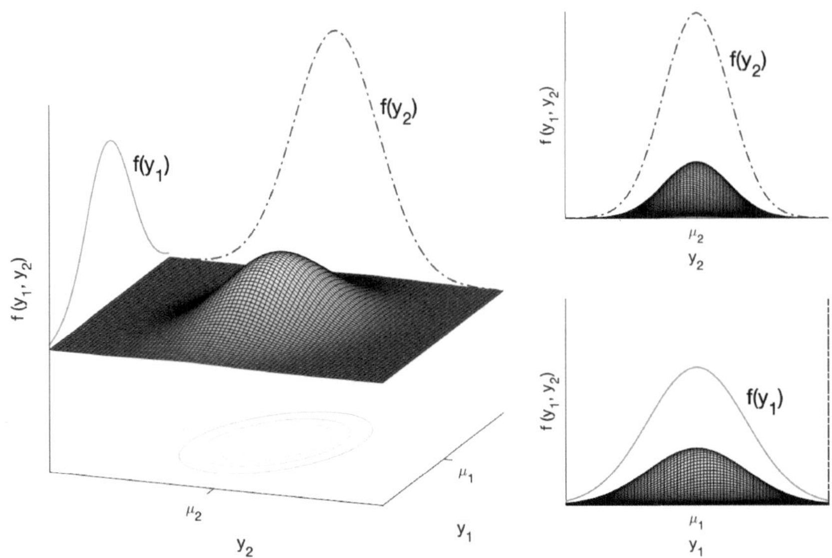

그림 9.4: 이변수밀도함수와 한계밀도함수, 단면으로 생성되는 타원. Mikhail and Gracie (1981, p. 221) 옮김

Mikhail and Gracie (1981, p. 221)에 따르면 (y_1, y_2) 좌표평면에서 단면 높이 h와 식 (9.33b) 상수 k는 $k^2 = \ln[4\pi^2 h^2 \sigma_1^2 \sigma_2^2 (1 - \rho_{12}^2)]^{-1}$ 관계가 있다. 위에서 언급했지만, $k = 1$로 설정하면 표준신뢰타원 공식이 된다.

$$z_1^2 - 2\rho_{12} z_1 z_2 + z_2^2 = 1 - \rho_{12}^2 \tag{9.38}$$

신뢰타원 크기, 형태, 방향은 분산행렬 Σ 고유값(eigenvalues)과 고유벡터(eigenvectors)에 의해 결정된다.

9.3.3 고유값-고유벡터 분해

2×2 행렬 Σ 고유값-고유벡터 분해를 위해 고유벡터를 $\boldsymbol{u}_j$, 고유값을 λ_j $(j = 1, 2)$ 라고 하자. 고유값-고유벡터 관계식으로부터 특성방정식(characteristic equation)을 구할 수 있다.

$$\Sigma \boldsymbol{u}_j = \lambda \boldsymbol{u}_j \tag{9.39}$$

$$\begin{aligned}\det\left(\Sigma - \lambda I_2\right) &= \left(\sigma_1^2 - \lambda\right)\left(\sigma_2^2 - \lambda\right) - \sigma_{12}^2 \\ &= \lambda^2 - \left(\sigma_1^2 + \sigma_2^2\right)\lambda + \left(\sigma_1^2\sigma_2^2 - \sigma_{12}^2\right) = 0\end{aligned} \tag{9.40}$$

식 (9.40)에서는 고유값 λ_1 또는 λ_2를 나타내기 위해 λ를 공통으로 사용했다. 관례상 $\lambda_1 \geq \lambda_2 > 0$이라고 할 때, 특성방정식 식 (9.40) 근은 다음과 같이 쓸 수 있다.

$$\lambda_{1 \text{ or } 2} = \frac{\sigma_1^2 + \sigma_2^2}{2} \pm \sqrt{\left(\frac{\sigma_1^2 + \sigma_2^2}{2}\right)^2 - \frac{1}{4}4\sigma_1^2\sigma_2^2 + \frac{4\sigma_{12}^2}{4}} \tag{9.41a}$$

$$\therefore\ \lambda_{1 \text{ or } 2} = \frac{\sigma_1^2 + \sigma_2^2}{2} \pm \frac{1}{2}\sqrt{\left(\sigma_1^2 - \sigma_2^2\right)^2 + 4\sigma_{12}^2} > 0 \tag{9.41b}$$

Σ는 양의정부호(positive definite)이므로 이 식으로부터 고유값이 0보다 커야 한다는 사실을 알 수 있다.

상응하는 두 개 고유벡터를 구하기 위해, 행렬 U가 두 개 고유벡터 $\boldsymbol{u}_1$과 $\boldsymbol{u}_2$로 이루어져 있다고 하자(즉, $U := [\boldsymbol{u}_1, \boldsymbol{u}_2]$). 또한 고유값으로 구성된 대각행렬을 $\Lambda := \mathrm{diag}(\lambda_1, \lambda_2)$로 정의하면, 식 (9.39)에 따라 다음 관계식이 성립한다.

$$\Sigma U = U\Lambda \tag{9.42a}$$

$$= \begin{bmatrix}\sigma_1^2 & \sigma_{12} \\ \sigma_{12} & \sigma_2^2\end{bmatrix}\begin{bmatrix}u_{11} & u_{12} \\ u_{21} & u_{22}\end{bmatrix} = \begin{bmatrix}u_{11} & u_{12} \\ u_{21} & u_{22}\end{bmatrix}\begin{bmatrix}\lambda_1 & 0 \\ 0 & \lambda_2\end{bmatrix} \tag{9.42b}$$

$$= \left[\begin{array}{c|c}\sigma_1^2 u_{11} + \sigma_{12}u_{21} & \sigma_1^2 u_{12} + \sigma_{12}u_{22} \\ \hline \sigma_{12}u_{11} + \sigma_2^2 u_{21} & \sigma_{12}u_{12} + \sigma_2^2 u_{22}\end{array}\right] = \begin{bmatrix}\lambda_1 \cdot u_{11} & \lambda_2 \cdot u_{12} \\ \lambda_1 \cdot u_{21} & \lambda_2 \cdot u_{22}\end{bmatrix} \tag{9.42c}$$

식 (9.42c) 양쪽 첫 번째 열을 등치하고 두 번째 열에도 동일하게 적용하면, 네 개 미지수 u_{11}, u_{12}, u_{21}, u_{22}에 대한 식을 만들 수 있다.

$$\begin{aligned} u_{21} &= \frac{\left(\lambda_1 - \sigma_1^2\right)u_{11}}{\sigma_{12}}, \qquad & u_{21} &= \frac{\sigma_{12}u_{11}}{\lambda_1 - \sigma_2^2} \\ u_{12} &= \frac{\sigma_{12}u_{22}}{\lambda_2 - \sigma_1^2}, \qquad & u_{12} &= \frac{\left(\lambda_2 - \sigma_2^2\right)u_{22}}{\sigma_{12}} \end{aligned} \tag{9.43}$$

고유벡터 $\boldsymbol{u}_1 = [u_{11}, u_{21}]^T$은 신뢰타원 장축(semimajor axis) 방향을 정의하고, 반면 고유벡터 $\boldsymbol{u}_2 = [u_{12}, u_{22}]^T$는 $\boldsymbol{u}_1$에 직각인 단축(semiminor axis)

방향을 나타낸다. 고유값 λ_1 제곱근은 장축 길이고, 마찬가지로 고유값 λ_2 제곱근은 단축 길이가 된다. θ를 z_1축에서 신뢰타원 장축까지 반시계방향으로 측정한 각이라면, 행렬 U를 다음과 같이 쓸 수 있다.

$$U = [\boldsymbol{u}_1,\ \boldsymbol{u}_2] = \begin{bmatrix} \cos\theta & -\sin\theta \\ \sin\theta & \cos\theta \end{bmatrix} \tag{9.44}$$

식 (9.43)과 (9.44)를 이용하면 각 θ를 유도할 수 있다.

$$\begin{aligned} \tan\theta &= \frac{\sin\theta}{\cos\theta} = \frac{u_{21}}{u_{11}} = \frac{\lambda_1 - \sigma_1^2}{\sigma_{12}} = \frac{\sigma_{12}}{\lambda_1 - \sigma_2^2} \\ &= -\frac{u_{12}}{u_{22}} = \frac{\sigma_2^2 - \lambda_2}{\sigma_{12}} = \frac{\sigma_{12}}{\sigma_1^2 - \lambda_2} \end{aligned} \tag{9.45a}$$

$$\tan(2\theta) = \frac{2\tan\theta}{1 - \tan^2\theta} = \left(\frac{2\sigma_{12}}{\lambda_1 - \sigma_2^2}\right)\frac{1}{1 - \frac{\sigma_{12}^2}{\left(\lambda_1 - \sigma_2^2\right)^2}}\left(\frac{\lambda_1 - \sigma_2^2}{\lambda_1 - \sigma_2^2}\right) \tag{9.45b}$$

$$\therefore\ \tan(2\theta) = \frac{2\sigma_{12}\left(\lambda_1 - \sigma_2^2\right)}{\left(\lambda_1 - \sigma_2^2\right)^2 - \sigma_{12}^2} = \frac{2\sigma_{12}\left(\lambda_1 - \sigma_2^2\right)4}{\left[2\left(\lambda_1 - \sigma_2^2\right)\right]^2 - 4\sigma_{12}^2} \tag{9.45c}$$

식 (9.41b)를 변형하면 다음 식을 구할 수 있다.

$$2\left(\lambda_1 - \sigma_2^2\right) = \left(\sigma_1^2 - \sigma_2^2\right) \pm \sqrt{\left(\sigma_1^2 - \sigma_2^2\right)^2 + 4\sigma_{12}^2} \tag{9.46a}$$

$$\begin{aligned} \therefore\ \left[2\left(\lambda_1 - \sigma_2^2\right)\right]^2 = 2\left(\sigma_1^2 - \sigma_2^2\right)^2 \pm 2\left(\sigma_1^2 - \sigma_2^2\right)\cdot \\ \sqrt{\left(\sigma_1^2 - \sigma_2^2\right)^2 + 4\sigma_{12}^2} + 4\sigma_{12}^2 \end{aligned} \tag{9.46b}$$

식 (9.46a)와 (9.46b)를 식 (9.45c)에 대입하면 회전각으로 표현할 수 있다.

$$\tan(2\theta) = \frac{4\sigma_{12}\left[\left(\sigma_1^2 - \sigma_2^2\right) \pm \sqrt{\left(\sigma_1^2 - \sigma_2^2\right)^2 + 4\sigma_{12}^2}\right]}{2\left(\sigma_1^2 - \sigma_2^2\right)\left[\left(\sigma_1^2 - \sigma_2^2\right) \pm \sqrt{\left(\sigma_1^2 - \sigma_2^2\right)^2 + 4\sigma_{12}^2}\right]} \tag{9.47a}$$

$$\therefore\ \tan(2\theta) = \frac{2\sigma_{12}}{\sigma_1^2 - \sigma_2^2} \tag{9.47b}$$

Mikhail and Gracie (1981, p. 227)에서 언급한 대로 “2θ 사분면은 분자 $2\sigma_{12}$와 분모 $(\sigma_1^2 - \sigma_2^2)$ 부호로부터 통상적인 방식으로 결정한다.”

식 (9.33a)에 표현한 상수확률 타원 개념으로 돌아가면, 다양한 k 값에 대한 확률은 변형방정식을 이용하여 매우 쉽게 결정할 수 있다. 이때 변형식은 $\boldsymbol{\mu}$를 중심으로 y_1, y_2축이 고유벡터 $\boldsymbol{u}_1$, $\boldsymbol{u}_2$축과 일치하도록 회전한다. 따라서 상관성 있는 좌표 y_1, y_2 대신 비상관 좌표 u_1, u_2와 해당 분산 λ_1, λ_2를 구할 수 있다(식 (9.41b) 참고).

장축과 단축이 각각 $k\sqrt{\lambda_1}$, $k\sqrt{\lambda_2}$인 타원 내부에 속할 확률은 설정한 유의수준 α에 대해 다음과 같이 나타낼 수 있다.

$$P\left\{\frac{u_1^2}{\lambda_1}+\frac{u_2^2}{\lambda_2}<k^2\right\}=P\{\chi^2<k^2\}=1-\alpha \tag{9.48}$$

u_1, u_2를 정규분포에서 추출한다고 가정하므로 그 제곱합은 χ^2 분포를 따른다. χ^2 분포에 대한 설명은 9.4.1절을 참고한다.

주어진 값 $P=1-\alpha$에 대해 k 값(또는 반대 순서도 마찬가지)은 χ^2 밀도함수표에서 구할 수 있다. MATLAB® 사용자는 $P=$ `chi2cdf`$(k^2,2)$ 명령어를 이용하여 k^2 값에 대한 P를 생성할 수 있고, 반대 상황에는 $k^2=$ `chi2inv`$(P,2)$ 명령어를 사용하면 된다. 자주 사용하는 값은 표 9.1에 정리되어 있다. 1-시그마 신뢰타원과 연관된 확률은 39.4%인 반면, 식 (9.30a)처럼 일변수 1-시그마 신뢰구간은 68.3%이다.

표 9.1: 다양한 신뢰타원에 대한 "k-sigma" 확률($P=1-\alpha$)

P	0.394	0.500	0.900	0.950	0.990
k	1.000	1.177	2.146	2.448	3.035

9.3.4 경험적 표준오차타원

공분산행렬 Σ를 추정행렬 $\hat{\Sigma}$으로 대체했다는 점에서 경험적 오차타원(empirical error ellipse)은 위에서 설명한 신뢰타원과 차이가 있다(예를 들어, $\hat{\Sigma}^{-1}=\hat{\sigma}_0^{-2}Q^{-1}$이고, $\hat{\sigma}_0^2$은 분산요소 추정값, Q는 주어진 여인자행렬). 따라서 경험적 표준오차타원($k:=1$)에 대해서 식 (9.33a) 대신 아래 식으로 표현한다.

$$\frac{(\boldsymbol{y}-\hat{\boldsymbol{\mu}})^T Q^{-1}(\boldsymbol{y}-\hat{\boldsymbol{\mu}})}{\hat{\sigma}_0^2} = k^2 = 1 \tag{9.49}$$

$n/2$개 2-D 점을 분석할 때(즉, Q^{-1} 크기는 $n \times n$), 각 점에서 경험적 오차타원을 만들기 위해서는 $\hat{\sigma}_0^{-2}Q^{-1}$에서 $n/2$개 2×2 블록 대각행렬을 독립적으로 다루면 된다. 그러나 비대각 요소를 무시했으므로 개별 블록 대각행렬이 전부를 설명하지는 않는다. 어느 상황이든, 연관된 비대각 요소 상관계수 크기가 상대적으로 작은지를 검증할 필요가 있다.

오차타원과 신뢰타원 모양은 동일하지만 중심이 다르다. 다시 말해서, 오차타원은 추정한 점$(\hat{\mu}_1, \hat{\mu}_2)$이 중심이고, 신뢰타원은 참값 위치$(\mu_1, \mu_2)$에 해당한다. 따라서 1-시그마 오차타원은 "참값"이 내부에 포함될 확률이 약 40%인 반면, 1-시그마 신뢰타원은 "추정"한 점이 약 40% 확률로 발견되는 영역이라고 해석한다. 분산요소 추정값(즉 $\hat{\sigma}_0^2$)이 관련되어 있으면 "경험적 오차타원"이라는 용어가 적절하다.

9.3.5 가우스-마코프 모델 예제

예제 1

GMM 식 (9.20) 최소제곱해와 분산은 식 (9.21a)에 주어져 있다. 미지수 $\boldsymbol{\xi}$가 연속한 2-D 점 좌표로 구성되어 있다고 가정한다. 예를 들어, $(\hat{\xi}_{2i-1}, \hat{\xi}_{2i})$은 i번째 점 좌표추정값을 나타낸다.

추정값을 주어진 고정값 $(\xi^0_{2i-1}, \xi^0_{2i})$, 예를 들어 이전 조정계산에서 공표한 결과와 비교하기 위한 귀무가설(null hypothesis)과 경험적 표준오차타원 공식은 다음과 같이 나타낼 수 있다. 여기에서는 편의상 $k := 2i$와 $j := k-1$을 색인으로 사용했다.[3]

$$H_0 : E\{[\hat{\xi}_j, \hat{\xi}_k]^T\} = [\xi^0_j, \xi^0_k]^T \tag{9.50a}$$

$$\frac{1}{\hat{\sigma}_0^2}\begin{bmatrix}\hat{\xi}_j - \xi^0_j \\ \hat{\xi}_k - \xi^0_k\end{bmatrix}^T \begin{bmatrix} N_{j,j} & N_{j,k} \\ N_{k,j} & N_{k,k}\end{bmatrix}\begin{bmatrix}\hat{\xi}_j - \xi^0_j \\ \hat{\xi}_k - \xi^0_k\end{bmatrix} = 1 \tag{9.50b}$$

[3] 색인 k는 식 (9.33b)와 (9.48)에서 사용한 상수 k와 당연히 다르다.

예제 2

추정해를 고정값과 비교하는 대신, 두 조정계산 결과(2-D 좌표추정값)를 비교한다고 가정하자. 앞에서 정의한 색인을 이용하여 i번째 점에 대한 두 번째 조정계산 추정값을 $(\hat{\hat{\xi}}_j, \hat{\hat{\xi}}_k)$이라고 하면, 두 번째 조정계산 결과는 첫 번째 조정계산과 통계적으로 동등한가? 오차타원이 통계적으로 유의미하게 겹치지 않으면 질문에 대한 답은 "아니오"가 타당하다. 귀무가설 H_0와 검정통계량 f는 다음과 같이 정의한다.

$$H_0 : E\{[\hat{\xi}_j,\ \hat{\xi}_k]^T\} = E\{[\hat{\hat{\xi}}_j,\ \hat{\hat{\xi}}_k]^T\} \tag{9.51a}$$

$$f := \frac{1/2}{\hat{\sigma}_0^2/\sigma_0^2} \begin{bmatrix} \hat{\xi}_j - \hat{\hat{\xi}}_j \\ \hat{\xi}_k - \hat{\hat{\xi}}_k \end{bmatrix}^T D\left\{ \begin{bmatrix} \hat{\xi}_j - \hat{\hat{\xi}}_j \\ \hat{\xi}_k - \hat{\hat{\xi}}_k \end{bmatrix} \right\}^{-1} \begin{bmatrix} \hat{\xi}_j - \hat{\hat{\xi}}_j \\ \hat{\xi}_k - \hat{\hat{\xi}}_k \end{bmatrix} \tag{9.51b}$$
$$\sim F(2, n - \operatorname{rk} A)$$

분자 1/2은 자유도 2와 관련 있으며, 이는 미지수에서 두 개 요소를 검정하기 때문이다. 또한 분모에 있는 미지 분산요소 σ_0^2는 분산행렬에 포함된 같은 항과 상쇄된다. 게다가 검정통계량 f를 계산할 때 분산요소 추정값 $\hat{\sigma}_0^2$은 두 조정계산에서 공통이라고 가정하며, 이는 9.4절에서 설명하는 동질성검정(homogeneity test) $H_0 : E\{\hat{\sigma}_0^2\} = E\{\hat{\hat{\sigma}}_0^2\}$으로 증명할 수 있다.

행렬 A 계수(rank)는 두 조정계산에서 동등하다고 가정한다. 따라서 모델 정의 식 (9.20)에 따라 미지수 개수 m과 같다. 두 조정계산이 서로 상관성이 없다면 미지수 차이에 대한 분산행렬 역행렬은 두 분산행렬 합을 역변환하여 대체할 수 있다.

예제 3

3D 네트워크 최소제곱조정을 수행하고, 측점 중 하나에서 수평좌표 추정값에 대한 분산과 상관계수를 얻었다.

$$\sigma_x^2 = (0.035)^2\,\mathrm{m}^2,\quad \sigma_y^2 = (0.022)^2\,\mathrm{m}^2,\quad \rho_{xy} = 0.31$$

추정좌표값을 중심으로 하는 경험적 오차타원을 그리시오. "추정" 좌표에 중심을 둔 오차타원에 "참값" 좌표가 포함될 확률은 얼마인가? 표준오차타원 대신, 추정값을 중심으로 하는 타원에 참값 좌표가 포함될 확률이 95%가 되려면 타원은 어떻게 달라지는가?

표 9.2: 경험적 표준오차타원 해

장축 길이	$a = 0.035989\,\mathrm{m}$
단축 길이	$b = 0.020341\,\mathrm{m}$
회전각	$\theta = 16.396123°$
확률	39.4%

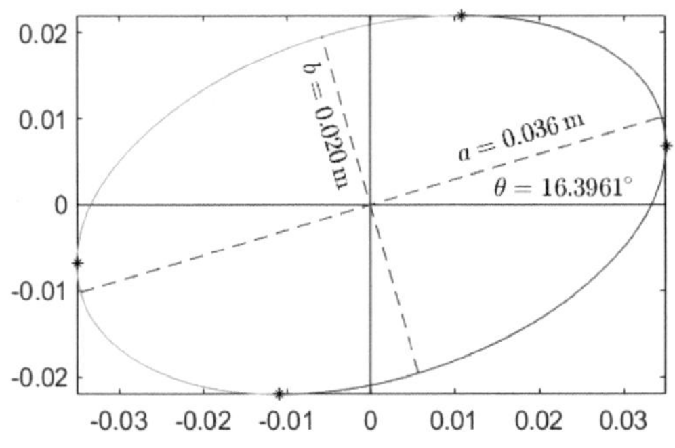

그림 9.5: 경험적 표준오차타원

표 9.3: 여러 신뢰타원체에 대한 "k-sigma" 확률$(P = 1 - \alpha)$

P	0.199	0.500	0.900	0.950	0.990
k	1.000	1.538	2.500	2.796	3.365

표 9.1에 따라 95% 오차타원에 대해 장축과 단축 길이는 2.447배 증가하지만, 타원 방향은 변하지 않는다.

9.3.6 신뢰타원체와 초타원체

3-D 상황에서는 신뢰타원이 신뢰타원체로 확장된다. 그러나 일반적인 GMM 공식은 다차원 공간을 다루기 때문에 신뢰초타원체(confidence hyperellipsoids)에 대해서 인급할 필요가 있다. 3-D 이상 차원은 2-D를 자연스럽게 확장할 수 있으므로 추가 설명은 필요 없다. 그러나 표 9.3은 3-D 상황에서 신뢰타원체와 연관된 확률을 보여준다. 표 내용은 앞 절 설명과 동일한 MATLAB® 명령어로 생성할 수 있지만 두 번째 인자(자유도)는 2 대신 3을 입력해야 한다.

9.4 χ^2-분포, 분산검정, F-분포

이 절에서는 분산검정을 포함하여 χ^2-분포와 F-분포에 관한 통계적인 주제를 다룬다.

9.4.1 χ^2-분포

χ^2-분포는 1876년 이래 독일 측지학자 F.R. Helmert가 제시했다. GMM (미지) 확률오차 벡터 $\boldsymbol{e}$가 정규분포를 따른다면(즉, $\boldsymbol{e} \sim \mathcal{N}(\boldsymbol{0}, \sigma_0^2 P^{-1})$), 이차식 $\boldsymbol{e}^T P \boldsymbol{e}$는 자유도(degrees of freedom) $\nu := \operatorname{rk} P = n$인 χ^2-분포를 따르고, 이를 다음과 같이 나타낼 수 있다.

$$\frac{\boldsymbol{e}^T P \boldsymbol{e}}{\sigma_0^2} \sim \chi^2(\nu) \tag{9.52}$$

$x := \boldsymbol{e}^T P \boldsymbol{e} / \sigma_0^2$로 정의하면 $\boldsymbol{e}$와 σ_0^2가 미지수이므로 실제 계산할 수는 없지만 x 확률밀도함수는 아래와 같이 쓸 수 있다.

$$f(x) = \begin{cases} \dfrac{1}{2^{\nu/2}\Gamma(\nu/2)} x^{(\nu-2)/2} e^{-x/2} & (x > 0) \\ 0 & (x \le 0) \end{cases} \tag{9.53}$$

여기서 e는 오일러 수(Euler's number) $2.71828\cdots$이다. 감마함수(gamma function) $\Gamma(\cdot)$는 식 (9.12)에 정의되어 있다. 그림 9.6은 $\nu = \{1, 3, 5, 8, 10, 30\}$

에 대해 χ^2-분포를 서로 다른 형태로 플롯한 그림이다. ν가 증가함에 따라 곡선 정점은 오른쪽으로 움직이며, ν가 10 이상이면 정규분포곡선에 근사한다. 이는 χ^2-분포가 중심극한정리(central limit theorem)에 의해 정규분포에 "점근"한다는 예상과 일치한다.[4]

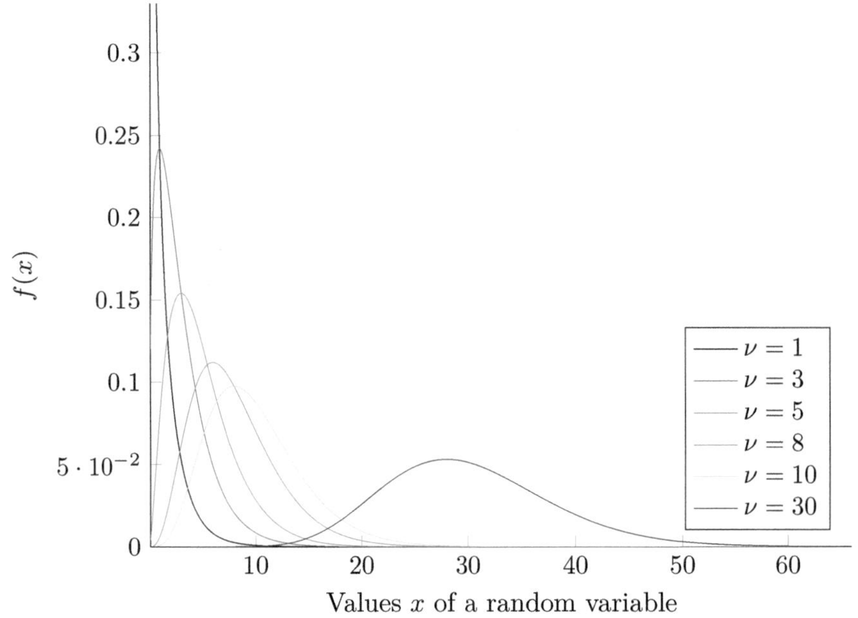

그림 9.6: 다양한 자유도 ν를 가지는 χ^2-분포 곡선

3.3절 분산요소 유도과정으로부터 $E\{\boldsymbol{e}^T P \boldsymbol{e}\} = n \cdot \sigma_0^2$이므로 아래 식으로 쓸 수 있다.

$$E\{\boldsymbol{e}^T P \boldsymbol{e}/\sigma_0^2\} = \operatorname{tr}\big(P \cdot E\{\boldsymbol{e}\boldsymbol{e}^T\}/\sigma_0^2\big) = \operatorname{tr} I_n = n \tag{9.54a}$$

$$\begin{aligned} E\{\tilde{\boldsymbol{e}}^T P \tilde{\boldsymbol{e}}/\sigma_0^2\} &= \operatorname{tr}\big(P \cdot E\{\tilde{\boldsymbol{e}}\tilde{\boldsymbol{e}}^T\}/\sigma_0^2\big) \\ &= \operatorname{tr}\big(I_n - AN^{-1}A^T P\big) = n - \operatorname{rk} A = n - m \end{aligned} \tag{9.54b}$$

따라서 식 (9.25)와 (9.54b)를 이용하면 다음 관계식이 성립한다.

$$\tilde{\boldsymbol{e}}^T P \tilde{\boldsymbol{e}}/\sigma_0^2 = \nu \hat{\sigma}_0^2/\sigma_0^2 \sim \chi^2(\nu) \tag{9.55a}$$

[4] Bjerhammar (1973, Section 2.15)에 따르면, "동일한 기댓값과 분산을 가지는 n개 독립확률변수 합은 $n \to \infty$이면 정규분포로 수렴한다"는 이론이 중심극한정리이다.

$$\nu := n - m \tag{9.55b}$$

ν는 자유도(degrees of freedom)를 의미하며, 이 책 다른 부분에서는 잉여도 (redundancy) r로 나타낸다.

확률오차 벡터 e와 예측잔차 $\tilde{e}$를 중심으로 설명했지만, 식 (9.55a) 관계식은 정규분포를 따르는 변수로 이루어진 모든 이차식에 적용된다. 따라서 정규분포를 따르는 변수 벡터에 상응하는 이차식은 χ^2-분포를 따른다.

9.4.2 분산검정

분산요소 추정값 $\hat{\sigma}_0^2$을 주어진 값 σ^2와 비교한다고 가정하자.[5] 선택한 유의수준 α(예를 들어, $\alpha = 0.05$)에 대해서 다음 가설검정을 수행한다.

$$H_0 : E\{\hat{\sigma}_0^2\} \le \sigma^2 \quad \text{vs.} \quad H_A : E\{\hat{\sigma}_0^2\} > \sigma^2 \tag{9.56a}$$

$$t := (n-m) \cdot \left(\hat{\sigma}_0^2/\sigma^2\right) \sim \chi^2(n-m) \tag{9.56b}$$

$$t \le \chi^2_{\alpha,n-m}\text{이면 } H_0 \text{ 채택; 그렇지 않으면 } H_0 \text{ 기각} \tag{9.56c}$$

귀무가설에서 추정량 기댓값이 주어진 값보다 같거나 작을 때만 다루므로 이 검정은 단방향(one-tailed) 검정이라고 한다. H_0에서 $\geq$를 사용하더라도 마찬가지로 단방향 검정이다. 이와 반대로, 양방향(two-tailed) 검정은 귀무가설에서 등호(=)를 사용한다. 단방향이라는 용어는 $1-\alpha$가 단방향 검정에서 pdf 곡선 아래 면적 중 우측 꼬리 왼쪽을 나타내기 때문이다. 마찬가지로, 양방향은 좌우 꼬리 사이에 포함된 면적을 가리킨다(좌우 꼬리 면적은 각각 $\alpha/2$).

데이터 모델이 정확하다는 가정을 바탕으로, 추정값 $\hat{\sigma}_0^2$이 주어진 값 σ^2보다 통계적으로 작으면 관측값이 가중행렬 P에 반영된 수준보다 더 정밀하다고 간주한다. 반대로, $\hat{\sigma}_0^2$이 주어진 값보다 통계적으로 크면 관측값이 덜 정밀하다고 판단한다. 대개 주요 관심사는 관측값이 가중행렬 P만큼 정밀한지를 $\hat{\sigma}_0^2$이 제대로 알려주는지 여부다. 따라서 실제로는 단방향 가설검정이 흔히 사용된다.

---

[5] 주어진 값과 미지 "참값"을 혼동하지 않기 위해 σ^2에는 아래첨자 0을 사용하지 않는다.

다른 한편으로는, 분산요소 추정값 $\hat{\sigma}_0^2$과 주어진 값 σ^2가 대등한지 검증하려면 가설검정이 $\alpha/2$에 의존하도록 변경해야 한다.

$$H_0 : E\{\hat{\sigma}_0^2\} = \sigma^2 \quad \text{vs.} \quad H_A : E\{\hat{\sigma}_0^2\} \neq \sigma^2 \tag{9.57a}$$

$$t := (n-m) \cdot \left(\hat{\sigma}_0^2/\sigma^2\right) \sim \chi^2(n-m) \tag{9.57b}$$

$$\chi^2_{1-\alpha/2,n-m} < t < \chi^2_{\alpha/2,n-m} \text{이면 } H_0 \text{ 채택; 그렇지 않으면 } H_0 \text{ 기각} \tag{9.57c}$$

> **[참고]**
>
> χ^2-분포표 중 일부는 $\chi^2_{\alpha,\mathrm{df}}$ 오른쪽 곡선 아래 면적 대신에 $\chi^2_{p,\mathrm{df}}$ 곡선 왼쪽 아래 면적을 가리키는 "백분율"을 표시할 때가 있다. 여기서 df는 자유도(degrees of freedom)를 나타내며, 때로는 ν로 표기하기도 한다. $p = 1-\alpha$ 관계를 감안하면 어느 형태 표를 사용해도 무방하다.

독립적인 두 조정계산에서 추정한 분산요소 $\hat{\sigma}_{0,1}^2$과 $\hat{\sigma}_{0,2}^2$을 비교할 때는 검정통계량으로 F-분포를 따르는 비율을 계산해야 한다(분자와 분모 모두 χ^2-분포를 따른다고 가정). t_1과 t_2가 개별 조정계산에서 계산한 검정통계량이라면 아래 식으로 쓸 수 있다.

$$\frac{t_1/(n_1-m_1)}{t_2/(n_2-m_2)} = \hat{\sigma}_{0,1}^2/\hat{\sigma}_{0,2}^2 \sim F(n_1-m_1, n_2-m_2) \tag{9.58}$$

이 식에서 $n_i - m_i (i=1,2)$는 두 조정계산에서 자유도를 가리킨다.

9.4.3 F-분포

처음 발견한 R.A. Fisher (1925) 이름을 따서 F-분포라고 명명한 사람은 G.W. Snedacor (1935)이다. χ^2-분포를 따르고 서로 독립인 두 확률변수(자유도는 각각 $v_1 := m$, $v_2 := n-m$)의 비율이 따르는 분포로서, 이 확률변수의 확률밀도함수는 다음과 같이 주어진다.

$$f(w) = \frac{\Gamma\left(\frac{m}{2} + \frac{n-m}{2}\right) m^{m/2} (n-m)^{(n-m)/2} w^{(m/2)-1}}{\Gamma(\frac{m}{2})\Gamma\left(\frac{n-m}{2}\right)(n-m+mw)^{(m/2+(n-m)/2)}} \tag{9.59a}$$

$$= \frac{(v_1/v_2)^{v_1/2}\Gamma\big((v_1+v_2)/2\big)w^{(v_1/2)-1}}{\Gamma(v_1/2)\Gamma(v_2/2)\big(1+v_1 w/v_2\big)^{(v_1+v_2)/2}} \tag{9.59b}$$

n이 m에 비해 커지면 F-분포 곡선은 정규분포 곡선에 가까워진다.

9.5 추정미지수 가설검정

GMM에서 특정값 $\boldsymbol{\xi}^0$를 미지수 추정벡터 $\hat{\boldsymbol{\xi}}$과 비교하여 전체 모델을 점검할 수 있다. 이때, 차이 벡터 $\hat{\boldsymbol{\xi}}-\boldsymbol{\xi}^0$와 예측잔차벡터 $\tilde{e}$에 가중값을 적용한 norm 비율을 검정통계량으로 사용한다.

$$w := \frac{(\hat{\boldsymbol{\xi}}-\boldsymbol{\xi}^0)^T A^T P A(\hat{\boldsymbol{\xi}}-\boldsymbol{\xi}^0)}{\sigma_0^2 m} \cdot \frac{\sigma_0^2(n-m)}{\tilde{\boldsymbol{e}}^T P \tilde{\boldsymbol{e}}} \sim F(m, n-m) \tag{9.60}$$

여기서는 행렬 A가 완전계수(full rank), 즉 $\operatorname{rk} A = m$라고 가정했다. 분자와 분모는 통계적으로 서로 독립이므로 식 (9.60)에서 검정통계량 w는 자유도 m, $n-m$인 F-분포를 따른다. 따라서 전체적인 모델 점검을 위한 가설검정은 아래와 같다.

$$H_0 : E\{\hat{\boldsymbol{\xi}}\} = \boldsymbol{\xi}^0 \quad \text{vs.} \quad H_A : E\{\hat{\boldsymbol{\xi}}\} \neq \boldsymbol{\xi}^0 \tag{9.61a}$$

$$w \leq F_{\alpha,m,n-m} \text{ 이면 } H_0 \text{ 채택; 그렇지 않으면 } H_0 \text{ 기각} \tag{9.61b}$$

F-분포를 사용하기 위해서는 검정통계량 w에서 분자와 분모가 실제로 독립인지를 증명해야 하고, 이를 위해서는 다음 식이 성립함을 보이면 된다.

$$C\{\tilde{e}^T P\tilde{e}, (\hat{\boldsymbol{\xi}}-\boldsymbol{\xi})^T(A^T PA)(\hat{\boldsymbol{\xi}}-\boldsymbol{\xi})\} = 0 \tag{9.62}$$

이 식에서는 일반성을 해치지 않는 범위에서 $\boldsymbol{\xi}^0$를 $\boldsymbol{\xi}$로 대체했다. 식 (4.5e)로부터 $\tilde{e} = [I_n - AN^{-1}A^T P]\boldsymbol{e}$이므로 아래 전개식이 성립한다.

$$\begin{aligned}
\tilde{\boldsymbol{e}}^T P\tilde{\boldsymbol{e}} &= \boldsymbol{e}^T\big[I_n - PAN^{-1}A^T\big]P\big[I_n - AN^{-1}A^T P\big]\boldsymbol{e} \\
&= \boldsymbol{e}^T\big[P - PAN^{-1}A^T P\big]\boldsymbol{e} =: \boldsymbol{e}^T M_1 \boldsymbol{e} \qquad (9.63\text{a})
\end{aligned}$$

$$\begin{aligned}
A(\hat{\boldsymbol{\xi}}-\boldsymbol{\xi}) &= \boldsymbol{e} - \tilde{\boldsymbol{e}} = \boldsymbol{e} - \big(I_n - AN^{-1}A^T P\big)\big(A\boldsymbol{\xi} + \boldsymbol{e}\big) \\
&= \big(AN^{-1}A^T P\big)\boldsymbol{e} \qquad (9.63\text{b})
\end{aligned}$$

$$\therefore\ (\hat{\boldsymbol{\xi}} - \boldsymbol{\xi})^T \big(A^T PA\big)(\hat{\boldsymbol{\xi}} - \boldsymbol{\xi}) = \boldsymbol{e}^T \big(PAN^{-1}A^T\big) P \big(AN^{-1}A^T P\big)\boldsymbol{e} \tag{9.63c}$$

$$= \boldsymbol{e}^T \big(PAN^{-1}A^T P\big)\boldsymbol{e} =: \boldsymbol{e}^T M_2 \boldsymbol{e} \tag{9.63d}$$

식 (9.63a)와 (9.63d)를 대입하면, $\boldsymbol{e}^T M_1 \boldsymbol{e}$와 $\boldsymbol{e}^T M_2 \boldsymbol{e}$가 독립이라는 조건과 식 (9.62)가 동등하기 위한 필요충분조건은 다음과 같다(Searle and Khuri (2017, Theorem 10.3) 참고).

$$\boldsymbol{e}^T M_1 D\{\boldsymbol{e}\} M_2 \boldsymbol{e} = 0 \tag{9.63e}$$

이 조건이 성립한다는 사실은 아래 식으로부터 쉽게 알 수 있다.

$$\big(P - PAN^{-1}A^T P\big)\big(\sigma_0^2 P^{-1}\big)\big(PAN^{-1}A^T P\big) = 0 \tag{9.63f}$$

9.6 미지수 개별 요소 점검

추정한 $m \times 1$ 미지수 벡터 $\hat{\boldsymbol{\xi}}$에 $l \times m$ 행렬 K를 적용해서 크기 l인 부분집합을 선택하여 가설검정할 수 있다.

$$H_0 : E\{K\hat{\boldsymbol{\xi}}\} = K\boldsymbol{\xi}^0 = \boldsymbol{\kappa}_0 \tag{9.64a}$$

$$H_A : E\{K\hat{\boldsymbol{\xi}}\} = K\boldsymbol{\xi}^0 \neq \boldsymbol{\kappa}_0 \tag{9.64b}$$

$l = 1$이면 K는 미지수 벡터로부터 관련 요소를 추출하는 단위 행벡터가 되고, κ_0는 스칼라 양이 된다. 아래는 단일요소, 2-D 측점, 3-D 측점을 선택하는 행렬 K 예를 보여준다.

$$K := \big[0, \cdots, 0, 1, 0, \cdots, 0\big], \qquad 1\text{은 } j\text{번째 요소} \tag{9.65a}$$

$$K := \big[0_2, \cdots, 0_2, I_2, 0_2, \cdots, 0_2\big],\ K\text{ 크기는 } 2 \times m \tag{9.65b}$$

$$K := \big[0_3, \cdots, 0_3, I_3, 0_3, \cdots, 0_3\big],\ K\text{ 크기는 } 3 \times m \tag{9.65c}$$

2-D와 3-D 측점에서 아래첨자는 정방형 부분행렬 차원을 가리킨다(영행렬 또는 단위행렬). $I_n\,(n \in \{2,3\})$은 K의 j번째 부분행렬로서 $\hat{\boldsymbol{\xi}}$에서 j번째 측점을 "선택"한다는 의미다. 검정통계량은 다음과 같이 정의한다.

$$w := \frac{\big[K\big(\hat{\boldsymbol{\xi}} - \boldsymbol{\xi}^0\big)\big]^T D\{K\big(\hat{\boldsymbol{\xi}} - \boldsymbol{\xi}^0\big)\}^{-1} \big[K\big(\hat{\boldsymbol{\xi}} - \boldsymbol{\xi}^0\big)\big] / \operatorname{rk} K}{\hat{\sigma}_0^2 / \sigma_0^2} \tag{9.66a}$$

$$= \frac{\left[K\hat{\boldsymbol{\xi}} - \boldsymbol{\kappa}_0\right]^T \left[KN^{-1}K^T\right]^{-1} \left[K\hat{\boldsymbol{\xi}} - \boldsymbol{\kappa}_0\right]/l}{\hat{\sigma}_0^2} \tag{9.66b}$$

$$=: \frac{R/l}{(\tilde{\boldsymbol{e}}^T P \tilde{\boldsymbol{e}})/(n-m)}$$

식 (9.66a) 분모에 있는 σ_0^2는 분자에 명시한 분산행렬에 묵시적으로 포함되어 있는 동일한 항을 상쇄하기 위해 표시했다. 또한 $\boldsymbol{\xi}^0$는 대립가설을 검정하기 위해 지정한 (비확률)값이므로 분산에 영향을 미치지 않는다.

$$D\{K(\hat{\boldsymbol{\xi}} - \boldsymbol{\xi}^0)\} = D\{K\hat{\boldsymbol{\xi}}\} = \sigma_0^2 KN^{-1}K^T \tag{9.67}$$

기호 R과 Ω는 편의상 사용하였으며, 각각 5.5절과 6.4절에서 도입한 기호와 동일하다. 확률변수 R과 Ω는 통계적으로 서로 독립이고 아래 분포를 따른다.

$$R \sim \chi^2(l), \quad \Omega \sim \chi^2(n-m) \tag{9.68}$$

따라서 결합확률밀도함수(joint pdf)는 개별 pdf를 곱한 값과 동일하다. 다시 말해서, $f(R,\Omega) = f(R) \cdot f(\Omega)$를 의미한다.

독립성은 앞 절 마지막과 같은 방식으로 보일 수 있는데, M_1은 변경되지 않지만 M_2는 $PAN^{-1}K^T\left[KN^{-1}K^T\right]^{-1}KN^{-1}A^TP$이다. 따라서 검정통계량 식 (9.67)은 F-분포를 따른다.

$$w \sim F(l, n-m) \tag{9.69}$$

$l = 1$일 때 w를 다른 형태로 간결하게 표현하면 아래와 같다.

$$w = \frac{(\hat{\xi}_j - (\kappa_0)_j)^2}{\hat{\sigma}_0^2 \left(N^{-1}\right)_{jj}} \sim F(1, n-m) \tag{9.70}$$

귀무가설을 채택 또는 기각하는 결정은 식 (9.61b)와 비슷하다.

[비중심 F-분포]

귀무가설 H_0가 거짓이면 검정통계량 w는 비중심(non-central) F-분포(F'으로 표기)를 따른다고 말한다. 이를 위해서는 일반적으로 비중심 매개변수 θ가 H_A에서 $w \sim F'(v_1, v_2, \theta)$를 만족해야 한다($v_1$과 v_2는 자유도를 가리킴). "H_A에서"라는 조건은 단순히 H_0 반대라기보다는 구체적인 대립가설 H_A를 제시해야 한다는 의미다.
단방향검정에서 비중심 F-분포 곡선 아래 면적 중 F_α(F-분포표 참고) 오른쪽을 β로 표시한다. β 값은 역시 2종오류(error of the second kind)를 범할 확률이다. 다시 말해서, 설정한 대립가설 H_A가 실제로 참일 때 귀무가설 H_0를 채택할 확률이다. $1-\beta$ 값은 검정력(power of the test)으로 알려져 있고, θ 값이 증가하면 더불어 증가한다.
검정통계량 식 (9.69)를 비중심 상황에 대해 다시 쓰고, 2θ의 이론적인 공식을 나타내면 아래와 같다.

$$w \sim F'(l, n-m, \theta) \tag{9.71a}$$

$$2\theta = \left(K\boldsymbol{\xi} - \boldsymbol{\kappa}_0\right)^T \left(KN^{-1}K^T\right)^{-1} \left(K\hat{\boldsymbol{\xi}} - \boldsymbol{\kappa}_0\right) \tag{9.71b}$$

식 (9.71b)에는 미지 참값 벡터 $\boldsymbol{\xi}$와 추정값 $\hat{\boldsymbol{\xi}}$을 쌍일차(bilinear) 형태로 포함함으로써 비중심 성질이 반영되어 있다.

9.7 GMM 단일 이상값 검출

j번째 관측값을 잠재적인 이상값(outlier)으로 표현하는 모델은 다음과 같이 나타낼 수 있다.

$$y_j = \boldsymbol{a}_j^T \boldsymbol{\xi}^{(j)} + \xi_0^{(j)} + e_j \tag{9.72}$$

모델 각 항에 대한 설명은 아래와 같다.

- y_j : $n \times 1$ 관측벡터 $\boldsymbol{y}$에서 j번째 요소
- $\boldsymbol{a}_j$: 행렬 A를 $[\boldsymbol{a}_1, \boldsymbol{a}_2, \cdots, \boldsymbol{a}_n]^T := A$라고 할 때, j번째 행 m개 요소로 구성된 $m \times 1$ 열벡터
- $\boldsymbol{\xi}^{(j)}$: j번째 요소를 이상값이라고 간주하는 관측값셋에 연결된 $m \times 1$ 미지수 벡터. 참고로 $\boldsymbol{\xi}$는 동일한 관측값셋과 연관되어 있으나 j번째 요소를 이상값이라고 간주하지 않음

e_j : 미지 확률오차 벡터 $\boldsymbol{e}$에서 j번째 요소

$\xi_0^{(j)}$: 이상값을 가리키는 미지 스칼라 변수. 다른 말로는 관측값에서 비확률오차에 해당하며 추정 공식은 아래에서 설명함

이해를 돕기 위해 예로서, 관측값 y_j는 100 m가 올바른 값이지만 10 m로 저장되었다면 $\xi_0^{(j)}$는 90 m에 해당하는 실수(blunder)를 설명한다. j번째 관측값을 이상값으로 간주하는 수정 GMM은 다음과 같이 나타낼 수 있다.

$$\underset{n\times 1}{\boldsymbol{y}} = \underset{n\times m}{A}\,\boldsymbol{\xi}^{(j)} + \underset{n\times 1}{\boldsymbol{\eta}_j}\,\xi_0^{(j)} + \boldsymbol{e}, \quad \boldsymbol{\eta}_j := \left[0,\cdots,0,1,0,\cdots,0\right]^T \tag{9.73a}$$

$$\boldsymbol{e} \sim \mathcal{N}(\boldsymbol{0}, \sigma_0^2 P^{-1}) \tag{9.73b}$$

$\boldsymbol{\eta}_j$에서 숫자 1은 j번째 요소이고, 나머지 요소는 모두 0이다. 식 (9.73) 모델을 이상값이 없다고 가정하는 원래 GMM 식 (3.1)과 비교해 볼 필요가 있다. 모델 식 (9.73)은 데이터셋에 오직 하나의 이상값만 가정하므로, 모든 관측값 $y_i\,(i=1,\cdots,n)$를 독립적으로 검사하기 위해서는 두 모델을 n회 비교해야 한다. 각 비교마다 아래 제약조건식을 도입한다.

$$\xi_0^{(j)} = K\begin{bmatrix}\boldsymbol{\xi}^{(j)} \\ \xi_0^{(j)}\end{bmatrix} = \kappa_0 = 0 \tag{9.74}$$

여기서 $K := [0,0,\cdots,1]$ 행렬 크기는 $1\times(m+1)$이다. 모델 식 (9.73)에 제약조건 식 (9.74)를 도입하면, 이상값을 모델링하기 위한 추가 미지수를 포함하지 않는 원래 GMM 식 (3.1)과 동등한 모델을 얻을 수 있다.

[참고]

이 절 나머지 부분에서는 가중행렬 P가 대각행렬이라고 가정한다. 다시 말해서, $P = \operatorname{diag}(p_1,\cdots,p_n)$이고, p_i는 i번째 관측에 대한 가중값이다. 상관성이 존재하는 관측에서 이상값 검출을 다루기 위해서는 Schaffrin (1997b)을 참고한다.

제약조건 없는 모델 식 (9.73)에서 최소제곱추정자를 유도하기 위한 라그랑지 목적함수는 다음과 같다.

$$\Phi\big(\boldsymbol{\xi}^{(j)}, \xi_0^{(j)}\big) = \big(\boldsymbol{y} - A\boldsymbol{\xi}^{(j)} - \boldsymbol{\eta}_j\xi_0^{(j)}\big)^T P\big(\boldsymbol{y} - A\boldsymbol{\xi}^{(j)} - \boldsymbol{\eta}_j\xi_0^{(j)}\big) \tag{9.75}$$

식 (9.75) 1차 편미분을 0으로 설정하면 $\boldsymbol{\xi}^{(j)}$와 $\xi_0^{(j)}$에 대하여 고정상태(stationary)가 되고, 따라서 오일러-라그랑지 필요조건을 구할 수 있다.

$$\frac{1}{2}\left[\frac{\partial\Phi}{\partial\boldsymbol{\xi}^{(j)}}\right]^T = -A^T P\boldsymbol{y} + A^T P\boldsymbol{\eta}_j\hat{\xi}_0^{(j)} + A^T PA\hat{\boldsymbol{\xi}}^{(j)} \doteq \boldsymbol{0} \tag{9.76a}$$

$$\frac{1}{2}\frac{\partial\Phi}{\partial\xi_0^{(j)}} = -\boldsymbol{\eta}_j^T P\boldsymbol{y} + \boldsymbol{\eta}_j^T PA\hat{\boldsymbol{\xi}}^{(j)} + \boldsymbol{\eta}_j^T P\boldsymbol{\eta}_j\hat{\xi}_0^{(j)} \doteq \boldsymbol{0} \tag{9.76b}$$

물론 2차 편미분은 P의 함수이며, 정의에 따라 양의정부호(positive-definite)이므로 식 (9.75) 최소값을 구하기 위한 충분조건을 만족한다. 행렬 형태로 표현하면 다음과 같다.

$$\begin{bmatrix} N & A^T P\boldsymbol{\eta}_j \\ \boldsymbol{\eta}_j^T PA & \boldsymbol{\eta}_j^T P\boldsymbol{\eta}_j \end{bmatrix} \begin{bmatrix} \hat{\boldsymbol{\xi}}^{(j)} \\ \hat{\xi}_0^{(j)} \end{bmatrix} = \begin{bmatrix} \boldsymbol{c} \\ \boldsymbol{\eta}_j^T P\boldsymbol{y} \end{bmatrix} \tag{9.77a}$$

P가 대각행렬이라고 가정했으므로 아래 식도 성립한다.

$$\begin{bmatrix} N & \boldsymbol{a}_j p_j \\ p_j\boldsymbol{a}_j^T & p_j \end{bmatrix} \begin{bmatrix} \hat{\boldsymbol{\xi}}^{(j)} \\ \hat{\xi}_0^{(j)} \end{bmatrix} =: N_1 \begin{bmatrix} \hat{\boldsymbol{\xi}}^{(j)} \\ \hat{\xi}_0^{(j)} \end{bmatrix} = \begin{bmatrix} \boldsymbol{c} \\ p_j y_j \end{bmatrix} \tag{9.77b}$$

이전 장에서와 마찬가지로 $[N, \boldsymbol{c}] := A^T P[A, \boldsymbol{y}]$로 정의한다. 분할행렬 역행렬을 구하기 위해 식 (A.15)를 적용하고, 결과를 행렬 합으로 분할하면 다음과 같이 두 가지 형태로 나타낼 수 있다.

$$\begin{aligned} \begin{bmatrix} \hat{\boldsymbol{\xi}}^{(j)} \\ \hat{\xi}_0^{(j)} \end{bmatrix} &= \begin{bmatrix} N^{-1} & 0 \\ 0 & 0 \end{bmatrix} \begin{bmatrix} \boldsymbol{c} \\ p_j y_j \end{bmatrix} + \begin{bmatrix} N^{-1}\boldsymbol{a}_j p_j \\ -1 \end{bmatrix} \cdot \\ &\qquad \left(p_j - p_j\boldsymbol{a}_j^T N^{-1}\boldsymbol{a}_j p_j\right)^{-1} \begin{bmatrix} p_j\boldsymbol{a}_j^T N^{-1} & -1 \end{bmatrix} \begin{bmatrix} \boldsymbol{c} \\ p_j y_j \end{bmatrix} \end{aligned} \tag{9.78a}$$

$$\begin{aligned} \begin{bmatrix} \hat{\boldsymbol{\xi}}^{(j)} \\ \hat{\xi}_0^{(j)} \end{bmatrix} &= \begin{bmatrix} N^{-1} & 0 \\ 0 & 0 \end{bmatrix} \begin{bmatrix} \boldsymbol{c} \\ p_j y_j \end{bmatrix} - \begin{bmatrix} N^{-1}\boldsymbol{a}_j p_j \\ -1 \end{bmatrix} \cdot \\ &\qquad \left(p_j - p_j^2\boldsymbol{a}_j^T N^{-1}\boldsymbol{a}_j\right)^{-1} p_j\left(y_j - \boldsymbol{a}_j^T N^{-1}\boldsymbol{c}\right) \end{aligned} \tag{9.78b}$$

$\hat{\boldsymbol{\xi}} = N^{-1}\boldsymbol{c}$는 이상값이 없다고 가정한 데이터 모델에 기반하고 있으므로 식 (9.78b)로부터 추정값 차이를 다음과 같이 쓸 수 있다.

$$\hat{\boldsymbol{\xi}}^{(j)} - \hat{\boldsymbol{\xi}} = -N^{-1}\boldsymbol{a}_j\left(\frac{y_j - \boldsymbol{a}_j^T\hat{\boldsymbol{\xi}}}{p_j^{-1} - \boldsymbol{a}_j^T N^{-1}\boldsymbol{a}_j}\right) = -N^{-1}\boldsymbol{a}_j\frac{\tilde{e}_j}{(Q_{\tilde{\mathbf{e}}})_{jj}} \tag{9.79}$$

$(Q_{\tilde{\mathbf{e}}})_{jj}$는 잔차벡터 $\tilde{\mathbf{e}}$ 여인자 행렬 j번째 대각요소이며, 관측값 y_j에 포함된 비확률오차 추정값은 아래와 같다(마지막 등호는 P가 대각행렬이므로 성립).

$$\hat{\xi}_0^{(j)} = \frac{y_j - \boldsymbol{a}_j^T\hat{\boldsymbol{\xi}}}{1 - p_j\boldsymbol{a}_j^T N^{-1}\boldsymbol{a}_j} = \frac{\tilde{e}_j}{(Q_{\tilde{\mathbf{e}}}P)_{jj}} = \frac{\tilde{e}_j/p_j}{(Q_{\tilde{\mathbf{e}}})_{jj}} \tag{9.80}$$

j번째 관측이 이상값인지 판단하기 위한 가설검정은 다음과 같고,

$$H_0 : E\{\hat{\xi}_0^{(j)}\} = 0 \quad \text{vs.} \quad H_A : E\{\hat{\xi}_0^{(j)}\} \neq 0 \tag{9.81}$$

F-분포를 따르는 검정통계량을 계산할 수 있다.

$$T_j = \frac{R_j/1}{(\Omega - R_j)/(n-m-1)} \sim F(1, n-m-1) \tag{9.82}$$

$\hat{\xi}_0^{(j)}$을 이용하여 R_j를 정의하면 다음과 같다.

$$\begin{aligned} R_j &:= \frac{\left(\hat{\xi}_0^{(j)} - 0\right)^2}{KN_1^{-1}K^T} = \frac{\left(\hat{\xi}_0^{(j)}\right)^2}{\left(p_j - p_j^2\boldsymbol{a}_j^T N^{-1}\boldsymbol{a}_j\right)^{-1}} \\ &= \frac{\tilde{e}_j^2}{(Q_{\tilde{\mathbf{e}}}P)_{jj}^2}p_j(Q_{\tilde{\mathbf{e}}}P)_{jj} = \frac{\tilde{e}_j^2}{(Q_{\tilde{\mathbf{e}}})_{jj}} \end{aligned} \tag{9.83}$$

식 (9.77b)에서 행렬 N_1은 아래와 같이 정의했다.

$$N_1 = \begin{bmatrix} N & \boldsymbol{a}_j p_j \\ p_j\boldsymbol{a}_j^T & p_j \end{bmatrix} \tag{9.84}$$

N_1^{-1} 앞뒤에 K를 곱하면 마지막 대각요소가 되고, 분할행렬 역행렬 공식에 의해 스칼라 값 $(p_j - p_j^2\boldsymbol{a}_j^T N^{-1}\boldsymbol{a}_j)^{-1}$가 된다.

식 (9.83)에서 기호 $\tilde{\mathbf{e}}$와 $Q_{\tilde{\mathbf{e}}}$는 GMM (3.1)에서 예측한 잔차벡터와 여인자행렬을 각각 나타낸다(식 (3.9)와 (3.14c) 참조). 앞에서 언급한 대로, 모델 식 (9.73b)에 제약조건 식 (9.74)를 부여하면 모델 식 (3.1) 최소제곱해와

동일한 결과를 얻는다. 또한 식 (9.82) 분모 항을 제대로 이해할 필요가 있는데, 이미 설명한 대로 기호 R은 잔차 P-가중 norm에서 제약조건으로 인해 변경된 부분이다. 분모 첫 번째 괄호 항 $(\Omega - R_j)$는 제약조건 없는 해에서 계산한 norm에 해당한다. 이 식에서 사용한 $\Omega := \tilde{\boldsymbol{e}}^T P \tilde{\boldsymbol{e}}$는 제약조건 해(모델 식 (3.1)에서 결정함)로부터 계산한 $\tilde{e}$를 이용했다. 따라서 모델 식 (9.73)에서 계산한 제약조건 없는 최소제곱해와 연관된 norm을 구하기 위해서는 Ω에서 R을 차감해야 한다.

다시 강조하면, 식 (9.77b)에서 (9.83)까지는 가중행렬 P가 대각행렬일 때만 유효하다. P가 대각행렬인지 여부와 관계없이 이른바 j번째 잉여수 (redundancy number)는 다음과 같다(이때는 제약조건 없는 해).

$$r_j := (Q_{\tilde{e}} P)_{jj} \tag{9.85a}$$

$j = \{1, \cdots, n\}$에 대해서 r_j는 아래 성질이 성립한다.

$$0 < r_j \leq 1, \quad \sum_j r_j = n - \operatorname{rk} A \tag{9.85b}$$

식 (9.80)에서 알 수 있듯이, 행렬 P가 대각행렬이면 $(Q_{\tilde{e}} P)_{jj} = p_j \cdot (Q_{\tilde{e}})_{jj}$가 성립한다.

관측한 2-D와 3-D 측점이 이상값인지 확인하는 이상값 검출은 2-D와 3-D 수준에서도 가능하다. 3-D에서는 GNSS 기선 조정계산에도 적합하며, 유도과정은 Snow (2002)에 잘 설명되어 있다(Snow and Schaffrin (2003)도 참고).

[이상값 검출 전략]

모델 식 (9.73)은 j번째 관측이 이상값일 때만 해당한다. 따라서 관측값 벡터 $\boldsymbol{y}$에 여러 이상값이 존재하는 상황을 포함해서 모든 관측에서 이상값을 확인하기 위한 전략이 필요하다. 이 문제에 접근하기 위해서는 통상 j를 1에서 n까지 변경하면서 n번 독립적인 이상값 검출을 실시한다.
만일 검정에서 귀무가설이 한 번 이상 채택되지 않으면, 검정통계량 T_j가 가장 큰 관측값을 잠재적인 이상값으로 표시하고 관측값 벡터 $\boldsymbol{y}$에서 제외한다. 남아 있는 모든 관측값에 대해서 귀무가설이 채택될 때까지 전체 과정을 반복하며, 연속된 검정마다 n은 1씩 감소한다.

좀 더 보수적으로 판단하기 위해서는 관측을 잠재적인 이상값으로 표시하고 제거하는 개별 검정단계를 수행한 후, 이전에 제거한 관측값을 한 번에 하나씩 제거한 역순으로 추가하여 관측벡터에 남겨둘지 또는 다시 제거할지 판단할 수도 있다. 결국 모든 이상값을 검출해서 제거하면 최종적으로 모든 잔차에 대해서 귀무가설이 채택되는 수준에 도달한다.
보수적으로 접근하는 이유는 관측벡터에서 j번째 요소에 있는 이상값은 $\tilde{e}_j$ 이외에 다른 잔차 검정통계량을 크게 만들 수도 있다. 이 현상이 발생한 이유를 알아보기 위해 식 (3.9) 잔차벡터 공식을 다시 살펴보자.

$$\tilde{\boldsymbol{e}} = \boldsymbol{y} - A\hat{\boldsymbol{\xi}} = \left(I_n - AN^{-1}A^TP\right)\boldsymbol{y} = Q_{\tilde{e}}P\boldsymbol{y} =: R\boldsymbol{y} \tag{9.86a}$$

식 (9.85a)처럼 대각요소가 잉여수인 행렬을 표현하기 위해 기호 R을 사용했다. R을 열벡터로 이루어진 행렬로 표현하면, 즉 $R = [\boldsymbol{r}_1, \boldsymbol{r}_2, \cdots, \boldsymbol{r}_n]$, 아래 식이 성립한다.

$$\tilde{\boldsymbol{e}} = \boldsymbol{r}_1 \cdot y_1 + \boldsymbol{r}_2 \cdot y_2 + \cdots + \boldsymbol{r}_n \cdot y_n \tag{9.86b}$$

일반적으로 R은 대각행렬이 아니므로 위 식으로부터 $\tilde{\boldsymbol{e}}$ 개별 요소는 $\boldsymbol{y}$ 모든 요소의 잠재적 선형결합임을 알 수 있다. 다시 말하면, $\boldsymbol{y}$의 j번째 요소에 있는 이상값이 $\tilde{e}_j$를 제외한 다른 잔차에 영향을 미칠 수 있다는 의미이다. 따라서 다른 관측값이 이상값이라는 잘못된 정보를 줄 수 있다. 잔차와 관측값 사이 선형 관계는 조정계산 이후 올바른 이상값 검출이 어렵다는 점을 보여준다. 모든 이상값을 검출하지 못할 수도 있고, 이상값으로 잘못 검출하는 오류를 범할 수도 있다. 성공적인 이상값 검출이 어려우므로, 관측에서 오류를 회피하거나 조정계산 수행 전 데이터에서 모든 실수를 찾아내는 전략 수립이 중요함을 명확히 보여준다.

제 10 장

연습문제 해답

아래 목록은 연습문제에 대한 일부 해답이다.

2장

3장

3.a; 3.c $\hat{\xi} = 110.1176\,\text{m}$; $\hat{\sigma}_0^2 = 2.205883$

4.a; 4.b $\hat{a} = 0.00252$, $\hat{b} = 0.00288$, $\hat{c} = 9.98620$, $\hat{\sigma}_0^2 = (1.987)^2$; $\hat{a} = -6.1 \times 10^{-5}$, $\hat{b} = -5.6 \times 10^{-5}$, $\hat{c} = 9.9 \times 10^{-6}$, $\hat{d} = 2.52 \times 10^{-3}$, $\hat{e} = 2.88 \times 10^{-3}$, $\hat{f} = 10.010$, $\hat{\sigma}_0^2 = 1.407^2$

5.a; 5.d $\hat{P}_x = 72.997\,\text{m}$, $\hat{P}_y = 92.009\,\text{m}$; $\hat{\sigma}_0^2 = (0.690)^2$

6.b; 6.b $\hat{P}_x = 1065.201\,\text{m}$, $\hat{P}_y = 825.198\,\text{m}$; $\hat{\sigma}_0^2 = (1.758)^2$

7.a; 7.b $\hat{\xi}_1 = -0.5396$ (slope), $\hat{\xi}_2 = 5.7612$ (y-intercept); $\hat{\sigma}_0^2 = (0.316)^2$

8.a $\hat{\xi}_1 = 168.149\,\text{mm}$, $\hat{\xi}_2 = 160.300\,\text{mm}$, $\hat{\omega}_1 = 1.000011$, $\hat{\omega}_2 = 1.000021$, $\hat{\beta} = 00°12'22.0''$, $\widehat{\beta + \epsilon} = 00°13'08.5''$

9.b; 9.c $\hat{H}_A = 1679.509\,\text{ft}$, $\hat{H}_B = 1804.043\,\text{ft}$, $\hat{H}_C = 2021.064\,\text{ft}$, $\hat{H}_E = 1507.075\,\text{ft}$, $\hat{H}_F = 1668.148\,\text{ft}$, $H_D^0 = 1928.277\,\text{ft}$; $\hat{\sigma}_0^2 = (0.081)^2$

9.e $\hat{H}_B = 1803.966\,\text{ft}$, $\hat{H}_C = 2020.986\,\text{ft}$, $\hat{H}_D = 1928.200\,\text{ft}$,
$\hat{H}_E = 1506.998\,\text{ft}$, $\hat{H}_F = 1668.071\,\text{ft}$, $H_A^0 = 1679.432\,\text{ft}$,
$\hat{\sigma}_0^2 = (0.081)^2$

4장

3. $\tilde{\boldsymbol{e}} = [8.1, 8.8, -5.3, 3.4, -8.8, -9.4]^T \text{arcsec}$, $\hat{\sigma}_0^2 = (0.879453)^2$,

$$Q = \begin{bmatrix} 200 & 0 & 0 & 0 & 0 & 0 \\ 0 & 200 & -100 & 0 & 0 & 0 \\ 0 & -100 & 200 & 0 & 0 & 0 \\ 0 & 0 & 0 & 200 & -100 & 0 \\ 0 & 0 & 0 & -100 & 200 & 0 \\ 0 & 0 & 0 & 0 & 0 & 200 \end{bmatrix} \text{arcsec}^2 \text{ (to be converted)}$$

4. $\hat{\mu}_{y_4} = 500.214\,\text{m} \pm 5\,\text{mm}$

5. $\hat{\sigma}_0^2 = (1.1321)^2$, $Q = \begin{bmatrix} 200 & -100 & 0 & 0 & 0 \\ -100 & 200 & 0 & 0 & 0 \\ 0 & 0 & 200 & 0 & 0 \\ 0 & 0 & 0 & 200 & 0 \\ 0 & 0 & 0 & 0 & 200 \end{bmatrix} \text{arcsec}^2 \text{ (to be converted)}$

5장

5.a; 5.b $r = 3$, $\hat{\sigma}_0^2 = (0.015)^2$; $r = 4$, $\hat{\sigma}_0^2 = (0.013)^2$

6.a; 5.b $r = 3$, $\hat{\boldsymbol{P}}_1 = (589.979, 374.998)\,\text{m}$

7. $\hat{a} = -0.00735466$, $\Omega = 7.57541$, $R = 0.162439$

6장

3.a; 3.b $r = 4$, $\hat{\sigma}_0^2 = (0.08063)^2$; $r = 5$, $\hat{\sigma}_0^2 = (0.07305)^2$, $T = 0.104487$

4. $r = 3$, $\hat{\sigma}_0^2 = (4.599140)^2$, $T = 33.07538$

5. $\hat{a} = -0.00729396$, $\Omega = 7.57541$, $R = 0.0234899$

6.a $\hat{\boldsymbol{\xi}}^T = \begin{bmatrix} 68.8534 & 66.9512 & 68.1542 & 66.0026 & 67.9917 & 68.5199 & 67.6955 \end{bmatrix}^T \text{m}$,
$\hat{\sigma}_0^2 = (1.00036)^2$

7장

1.a 3장에서 문제 9.b와 9.c 해답 참조

1.b $\hat{\hat{\boldsymbol{\xi}}} = [1679.497,\ 1804.053,\ 2021.126,\ 1507.062,\ 1668.156,\ 1928.277]^T\text{ft},$
$\hat{\hat{\sigma}}_0^2 = (0.08197)^2 = 0.006719$

2. 추정 높이(ft): $\hat{H}_A = 1679.493,\ \hat{H}_B = 1804.072,\ \hat{H}_C = 2021.150,\ \hat{H}_E = 1507.068,\ \hat{H}_F = 1668.159,\ \hat{H}_G = 1858.255$

8장

1.b; 1.c $\hat{\boldsymbol{\xi}} = [3.04324,\ 0.74568,\ 4.10586]^T;\ \hat{\sigma}_0^2 = (0.243289)^2 = 0.059190$

2.b; 2.c $\hat{\boldsymbol{\xi}} = [19.700\,975°,\ 6.6284,\ 2.8227,\ 2.6177,\ 3.6400]^T;$
$\hat{\sigma}_0^2 = (0.263559)^2 = 0.069463$

3.a; 3.b $\hat{\boldsymbol{\xi}} = [1.73586328,\ 0.098057768,\ -0.0072771964]^T;$
$\hat{\sigma}_0^2 = (1.830478)^2 = 3.350650$

부록 A

유용한 행렬연산과 항등식

전치행렬 곱

$$A^T B^T = (BA)^T \tag{A.1}$$

역행렬의 전치행렬

$$(A^T)^{-1} = (A^{-1})^T \tag{A.2}$$

역행렬 곱

$$A^{-1} B^{-1} = (BA)^{-1} \tag{A.3}$$

행렬곱의 계수(rank) 주어진 행렬 $A(m \times n)$, $B(m \times m)$, $C(n \times n)$에서

$$\begin{aligned} B, C \text{ 비특이행렬(nonsingular)이면 } \operatorname{rk}(BAC) &= \operatorname{rk}(A) \\ \text{만일 } C = I\text{이면 } \operatorname{rk}(BA) &= \operatorname{rk}(A) \end{aligned} \tag{A.4}$$

대각합 (trace) 인자 순환에 대해서 불변이다. 행렬곱 ABC가 정방행렬이면, 다음 대각합 연산은 동등하다.

$$\mathrm{tr}(ABC) = \mathrm{tr}(BCA) = \mathrm{tr}(CAB) \tag{A.5}$$

Sherman-Morrison-Woodbury-Schur 공식

$$(T - UW^{-1}V)^{-1} = T^{-1} + T^{-1}U(W - VT^{-1}U)^{-1}VT^{-1} \tag{A.6a}$$

오른쪽에 U를 곱해서 재배열하면 소위 말하는 "push-through" 항등식이 성립한다.

$$T^{-1}U(W - VT^{-1}U)^{-1}W = (T - UW^{-1}V)^{-1}U \tag{A.6b}$$

"push-through"라는 구문 어원은 $T = tI$, $W = wI$인 특별한 경우를 이용하여 설명할 수 있다.

$$U(tI - (1/w)VU)^{-1} = (tI - (1/w)UV)^{-1}U \tag{A.6c}$$

(A.6a)를 적용하면 다음 관계식이 성립한다.

$$(I \pm UW^{-1}V)^{-1} = I \mp U(W \pm VU)^{-1}V \tag{A.7a}$$

$$(I \pm UV)^{-1} = I \mp U(I \pm VU)^{-1}V \tag{A.7b}$$

$$(I \pm W^{-1}V)^{-1} = I \mp (W \pm V)^{-1}V \tag{A.7c}$$

$$(I \pm V)^{-1} = I \mp (I \pm V)^{-1}V \tag{A.7d}$$

$$(I \pm W^{-1})^{-1} = I \mp (W \pm I)^{-1} \tag{A.7e}$$

유용한 행렬 등식

$$DC(A + BDC)^{-1} = (D^{-1} + CA^{-1}B)^{-1}CA^{-1} \tag{A.8a}$$

$$= D(I + CA^{-1}BD)^{-1}CA^{-1} \tag{A.8b}$$

$$= DC(I + A^{-1}BDC)^{-1}A^{-1} \tag{A.8c}$$

$$= DCA^{-1}(I + BDCA^{-1})^{-1} \tag{A.8d}$$

$$= (I + DCA^{-1}B)^{-1}DCA^{-1} \tag{A.8e}$$

$A = I$인 경우

$$DC(I+BDC)^{-1} = (D^{-1}+CB)^{-1}C \tag{A.9a}$$
$$= D(I+CBD)^{-1}C \tag{A.9b}$$
$$= (I+DCB)^{-1}DC \tag{A.9c}$$

$B = I$인 경우

$$DC(A+DC)^{-1} = (D^{-1}+CA^{-1})^{-1}CA^{-1} \tag{A.10a}$$
$$= D(I+CA^{-1}D)^{-1}CA^{-1} \tag{A.10b}$$
$$= DC(I+A^{-1}DC)^{-1}A^{-1} \tag{A.10c}$$
$$= DCA^{-1}(I+DCA^{-1})^{-1} \tag{A.10d}$$
$$= (I+DCA^{-1})^{-1}DCA^{-1} \tag{A.10e}$$

$C = I$인 경우

$$D(A+BD)^{-1} = (D^{-1}+A^{-1}B)^{-1}A^{-1} \tag{A.11a}$$
$$= D(I+A^{-1}BD)^{-1}A^{-1} \tag{A.11b}$$
$$= DA^{-1}(I+BDA^{-1})^{-1} \tag{A.11c}$$
$$= (I+DA^{-1}B)^{-1}DA^{-1} \tag{A.11d}$$

$D = I$인 경우

$$C(A+BC)^{-1} = (I+CA^{-1}B)^{-1}CA^{-1} \tag{A.12a}$$
$$= C(I+A^{-1}BC)^{-1}A^{-1} \tag{A.12b}$$
$$= CA^{-1}(I+BCA^{-1})^{-1} \tag{A.12c}$$

식 (A.8)에서 행렬 A와 B가 단위행렬이면 다음 관계식이 성립한다.

$$DC(I+DC)^{-1} = (D^{-1}+C)^{-1}C \tag{A.13a}$$

$$= D(I + CD)^{-1}C \tag{A.13b}$$

$$= (I + DC)^{-1}DC \tag{A.13c}$$

분할 정규행렬의 역행렬 행렬 N이 완전계수(full rank)이고 분할되어 있으면,

$$N = \begin{bmatrix} N_{11} & N_{12} \\ N_{21} & N_{22} \end{bmatrix} \tag{A.14}$$

아래 과정을 통해 N 역행렬을 분할 블록으로 표현할 수 있다.

$$\left[\begin{array}{cc|cc} N_{11} & N_{12} & I & 0 \\ N_{21} & N_{22} & 0 & I \end{array}\right] \to \left[\begin{array}{c|c|c|c} I & N_{11}^{-1}N_{12} & N_{11}^{-1} & 0 \\ \hline N_{21} & N_{22} & 0 & I \end{array}\right] \to$$

$$\left[\begin{array}{c|c|c|c} I & N_{11}^{-1}N_{12} & N_{11}^{-1} & 0 \\ \hline 0 & N_{22} - N_{21}N_{11}^{-1}N_{12} & -N_{21}N_{11}^{-1} & I \end{array}\right] \to$$

$$\left[\begin{array}{cc|c|c} I & N_{11}^{-1}N_{12} & N_{11}^{-1} & 0 \\ 0 & I & -\left(N_{22} - N_{21}N_{11}^{-1}N_{12}\right)^{-1}N_{21}N_{11}^{-1} & \left(N_{22} - N_{21}N_{11}^{-1}N_{12}\right)^{-1} \end{array}\right] \to$$

$$\left[\begin{array}{cc|c|c} I & 0 & N_{11}^{-1} + N_{11}^{-1}N_{12} \cdot W \cdot N_{21}N_{11}^{-1} & -N_{11}^{-1}N_{12} \cdot W \\ \cline{3-4} 0 & I & -W \cdot N_{21}N_{11}^{-1} & W \end{array}\right]$$

여기서 $W := (N_{22} - N_{21}N_{11}^{-1}N_{12})^{-1}$이고, 최종적으로 다음과 같이 나타낼 수 있다.

$$\begin{bmatrix} N_{11} & N_{12} \\ N_{21} & N_{22} \end{bmatrix}^{-1} = \left[\begin{array}{c|c} N_{11}^{-1} + N_{11}^{-1}N_{12} \cdot W \cdot N_{21}N_{11}^{-1} & -N_{11}^{-1}N_{12} \cdot W \\ \hline -W \cdot N_{21}N_{11}^{-1} & W \end{array}\right] \tag{A.15}$$

이 역행렬을 동등한 다른 형태로 표현할 수 있다.

$$\begin{bmatrix} N_{11} & N_{12} \\ N_{21} & N_{22} \end{bmatrix}^{-1} = \begin{bmatrix} Q_{11} & Q_{12} \\ Q_{21} & Q_{22} \end{bmatrix} \tag{A.16}$$

$$Q_{11} = \left(N_{11} - N_{12}N_{22}^{-1}N_{21}\right)^{-1} \tag{A.17a}$$
$$= N_{11}^{-1} + N_{11}^{-1}N_{12}\left(N_{22} - N_{21}N_{11}^{-1}N_{12}\right)^{-1}N_{21}N_{11}^{-1} \tag{A.17b}$$
$$= N_{11}^{-1} + N_{11}^{-1}N_{12}Q_{22}N_{21}N_{11}^{-1} \tag{A.17c}$$

$$Q_{22} = \left(N_{22} - N_{21}N_{11}^{-1}N_{12}\right)^{-1} \tag{A.18a}$$
$$= N_{22}^{-1} + N_{22}^{-1}N_{21}\left(N_{11} - N_{12}N_{22}^{-1}N_{21}\right)^{-1}N_{12}N_{22}^{-1} \tag{A.18b}$$
$$= N_{22}^{-1} + N_{22}^{-1}N_{21}Q_{11}N_{12}N_{22}^{-1} \tag{A.18c}$$

$$Q_{12} = -\left(N_{11} - N_{12}N_{22}^{-1}N_{21}\right)^{-1}N_{12}N_{22}^{-1} = -Q_{11}N_{12}N_{22}^{-1} \tag{A.19a}$$
$$= -N_{11}^{-1}N_{12}\left(N_{22} - N_{21}N_{11}^{-1}N_{12}\right)^{-1} = -N_{11}^{-1}N_{12}Q_{22} \tag{A.19b}$$

$$Q_{21} = -N_{22}^{-1}N_{21}\left(N_{11} - N_{12}N_{22}^{-1}N_{21}\right)^{-1} = -N_{22}^{-1}N_{21}Q_{11} \tag{A.20a}$$
$$= -\left(N_{22} - N_{21}N_{11}^{-1}N_{12}\right)^{-1}N_{21}N_{11}^{-1} = -Q_{22}N_{21}N_{11}^{-1} \tag{A.20b}$$

$N_{22} = 0$인 경우에는 다음 식이 성립한다.

$$Q_{22} = -\left(N_{21}N_{11}^{-1}N_{12}\right)^{-1} \tag{A.21a}$$
$$Q_{11} = N_{11}^{-1} + N_{11}^{-1}N_{12}Q_{22}N_{21}N_{11}^{-1} \tag{A.21b}$$
$$Q_{12} = -N_{11}^{-1}N_{12}Q_{22} \tag{A.21c}$$
$$Q_{21} = -Q_{22}N_{21}N_{11}^{-1} \tag{A.21d}$$

Schur Complement 위에서 설명한 괄호 항 $\left(N_{22} - N_{21}N_{11}^{-1}N_{12}\right)$을 N_{11}의 Schur Complement라고 한다. 일반적으로, 주어진 분할행렬에 대해서

$$M = \begin{bmatrix} A & B \\ C & D \end{bmatrix} \tag{A.22a}$$

행렬 D가 가역(invertible)이면 D의 Schur complement는 다음과 같다.

$$S_1 = A - BD^{-1}C \tag{A.22b}$$

마찬가지로, 행렬 A가 가역이면 A의 Schur complement는 다음과 같다.

$$S_2 = D - CA^{-1}B \tag{A.22c}$$

$S = S_2 = D - CA^{-1}B$로 지정하고, M이 비특이(nonsingular) 행렬이라고 할 때, Carlson (1986)은 아래 관계식이 성립함을 보였다.

$$\begin{bmatrix} I & 0 \\ -CA^{-1} & I \end{bmatrix} \begin{bmatrix} A & B \\ C & D \end{bmatrix} \begin{bmatrix} I & -A^{-1}B \\ 0 & I \end{bmatrix} = \begin{bmatrix} A & 0 \\ 0 & S \end{bmatrix} \tag{A.23a}$$

이 식을 이용해서 M 역행렬을 표현할 수 있으며, 아래와 같이 세 개 행렬곱과 식 (A.15) 형태로 나타낸다.

$$\begin{aligned} M^{-1} &= \begin{bmatrix} I & -A^{-1}B \\ 0 & I \end{bmatrix} \begin{bmatrix} A^{-1} & 0 \\ 0 & S^{-1} \end{bmatrix} \begin{bmatrix} I & 0 \\ -CA^{-1} & I \end{bmatrix} \\ &= \begin{bmatrix} A^{-1} + A^{-1}BS^{-1}CA^{-1} & -A^{-1}BS^{-1} \\ -S^{-1}CA^{-1} & S^{-1} \end{bmatrix} \end{aligned} \tag{A.23b}$$

Carlson (ibid.)은 이 공식을 Banachiewicz 덕분이라고 한다.

벡터와 행렬 norms 실수 $p \geq 1$에 대하여 $n \times 1$ 벡터 $\boldsymbol{x}$의 p-norm 또는 l^p-norm은 다음과 같이 정의한다.

$$\|\boldsymbol{x}\|_p = \left(|x_1|^p + |x_2|^p + \cdots + |x_n|^p\right)^{1/p} \tag{A.24}$$

특별한 경우(벡터)

1. $p=1$, 1-norm 또는 l^1-norm

$$\|\boldsymbol{x}\|_1 = |x_1| + |x_2| + \cdots + |x_n| \tag{A.25a}$$

2. $p=2$, 2-norm 또는 l^2-norm (유클리드 거리/norm)

$$\|\boldsymbol{x}\|_2 = (x_1^2 + x_2^2 + \cdots + x_n^2)^{1/2} \tag{A.25b}$$

3. $p=\infty$, ∞-norm 또는 l^∞-norm ("무한대 norm")

$$\|\boldsymbol{x}\|_\infty = \max\{|x_1|, |x_2|, \cdots, |x_n|\} \tag{A.25c}$$

비슷한 방식으로 $n \times m$ 행렬 A 요소별(entry-wise) 행렬 norms은 다음과 같이 정의한다.

$$\|A\|_p = \|\mathrm{vec}\, A\|_p = (\sum_{i=1}^{n}\sum_{j=1}^{m}|a_{ij}|^p)^{1/p} \tag{A.26}$$

여기서 vec은 행렬 각 열을 1열부터 순서대로 쌓아서 벡터로 변환하는 연산자를 나타낸다.

특별한 경우(행렬)

1. $p=2$, "Frobenius norm", 다른 명칭으로 l_2-norm, Hilbert-Schmidt norm, Schur norm, Euclidean norm이라고도 함(Lütkepohl, 1996, pg. 103)

$$\|A\|_2 = \|A\|_F = \sqrt{\mathrm{tr}(A^T A)} \tag{A.27a}$$

2. $p=\infty$, Max norm

$$\|A\|_\infty = \|A\|_{\max} = \max_{i,j}[|a_{ij}|] \tag{A.27b}$$

행렬식 (determinants)과 역행렬

2 × 2 행렬

$$A = \begin{bmatrix} a & b \\ c & d \end{bmatrix}$$

행렬식 (determinant)은 다음과 같이 정의된다.

$$\det A = |A| = \begin{vmatrix} a & b \\ c & d \end{vmatrix} = ad - bc \tag{A.28a}$$

A 역행렬은 다음과 같다.

$$A^{-1} = \frac{1}{|A|}\begin{bmatrix} d & -b \\ -c & a \end{bmatrix} = \frac{1}{ad - bc}\begin{bmatrix} d & -b \\ -c & a \end{bmatrix} \tag{A.28b}$$

3 × 3 행렬 A를 다음과 같이 나타내면,

$$A = \begin{bmatrix} a & b & c \\ d & e & f \\ g & h & i \end{bmatrix} \tag{A.29a}$$

A 행렬식은 다음과 같이 구할 수 있다.

$$\det A = |A| = \begin{vmatrix} a & b & c \\ d & e & f \\ g & h & i \end{vmatrix}$$

$$\begin{aligned} &= +a\begin{vmatrix} e & f \\ h & i \end{vmatrix} - b\begin{vmatrix} d & f \\ g & i \end{vmatrix} + c\begin{vmatrix} d & e \\ g & h \end{vmatrix} \\ &= -d\begin{vmatrix} b & c \\ h & i \end{vmatrix} + e\begin{vmatrix} a & c \\ g & i \end{vmatrix} - f\begin{vmatrix} a & b \\ g & h \end{vmatrix} \\ &= +g\begin{vmatrix} b & c \\ e & f \end{vmatrix} - h\begin{vmatrix} a & c \\ d & f \end{vmatrix} + i\begin{vmatrix} a & b \\ d & e \end{vmatrix} \end{aligned} \tag{A.29b}$$

A 역행렬은 다음과 같다.

$$A^{-1} = \frac{1}{|A|} \begin{bmatrix} +\begin{vmatrix} e & f \\ h & i \end{vmatrix} & -\begin{vmatrix} d & f \\ g & i \end{vmatrix} & +\begin{vmatrix} d & e \\ g & h \end{vmatrix} \\ -\begin{vmatrix} b & c \\ h & i \end{vmatrix} & +\begin{vmatrix} a & c \\ g & i \end{vmatrix} & -\begin{vmatrix} a & b \\ g & h \end{vmatrix} \\ +\begin{vmatrix} b & c \\ e & f \end{vmatrix} & -\begin{vmatrix} a & c \\ d & f \end{vmatrix} & +\begin{vmatrix} a & b \\ d & f \end{vmatrix} \end{bmatrix}^T$$

$$= \frac{1}{|A|} \begin{bmatrix} \begin{vmatrix} e & f \\ h & i \end{vmatrix} & \begin{vmatrix} c & b \\ i & h \end{vmatrix} & \begin{vmatrix} b & c \\ e & f \end{vmatrix} \\ \begin{vmatrix} f & d \\ i & g \end{vmatrix} & \begin{vmatrix} a & c \\ g & i \end{vmatrix} & \begin{vmatrix} c & a \\ f & d \end{vmatrix} \\ \begin{vmatrix} d & e \\ g & h \end{vmatrix} & \begin{vmatrix} b & a \\ h & g \end{vmatrix} & \begin{vmatrix} a & b \\ d & f \end{vmatrix} \end{bmatrix}$$

$$= \frac{1}{|A|} \begin{bmatrix} ei - fh & ch - bi & bf - ce \\ fg - di & ai - cg & cd - af \\ dh - eg & bg - ah & ae - bd \end{bmatrix} \tag{A.29c}$$

Kronecker 곱 Kronecker-Zehfuss 행렬곱은 흔히 Kronecker 곱으로 줄여서 부르며, 정의와 계산규칙은 아래와 같다.

정의 $G = [g_{ij}]$는 $p \times q$ 행렬, $H = [h_{ij}]$는 $r \times s$ 행렬이라고 하면, Kronecker-Zehfuss 곱 $G \otimes H$는 아래와 같이 정의하고, 행렬 크기는 $pr \times qs$이다.

$$G \otimes H := \big[g_{ij} \cdot H\big] \tag{A.30}$$

계산규칙

(1) $\text{vec}\, ABC^T = (C \otimes A)\, \text{vec}\, B$ (A.31)

(2) $\text{tr}\, ABC^T D^T = \text{tr}\, D^T ABC^T = (\text{vec}\, D)^T (C \otimes A)\, \text{vec}\, B$ (A.32)

(3) $(G \otimes H)^T = G^T \otimes H^T$ (A.33)

(4) $(G \otimes H)^{-1} = G^{-1} \otimes H^{-1}$ (A.34)

(5) $\alpha(G \otimes H) = \alpha G \otimes H = G \otimes \alpha H \;\text{ for }\; \alpha \in \mathbb{R}$ (A.35)

(6) $(F + G) \otimes H = (F \otimes H) + (G \otimes H)$ (A.36)

(7) $G \otimes (H + J) = (G \otimes H) + (G \otimes J)$ (A.37)

(8) $(A \otimes B)(G \otimes H) = AG \otimes BH$ (A.38)

(9) $(H \otimes G) = K(G \otimes H)K$ (A.39)

적절한 크기의 교차행렬(“commutation matrices”) K

(10) $K(H \otimes G) = (G \otimes H)K$ (A.40)

K^T는 $KK^T = I = K^T K$ 관계를 만족하는 교차행렬

K는 통칭하는 기호이며, 두 개 K 행렬이 동일하지 않을 수 있음

특별한 경우로서 임의의 벡터 g에 대해서 $K(H \otimes g) = g \otimes H$ 성립

(11) $K \otimes K$ 역시 교차행렬

$$\begin{aligned} \text{vec}(G^T) &= \text{vec}(KK^T G^T) = (G \otimes I)K\, \text{vec}\, I \\ &= K(I \otimes G)\, \text{vec}\, I = K\, \text{vec}\, G \end{aligned} \quad \text{(A.41)}$$

K를 “vec-permutation 행렬”이라고 부름

(12) $\boldsymbol{\lambda}_G$와 $\boldsymbol{\lambda}_H$를 각각 G, H 고유값 벡터라고 하면, 벡터 $x(\boldsymbol{\lambda}_G \otimes \boldsymbol{\lambda}_H)$는 정확히 행렬 $(G \otimes H)$ 고유값을 포함한다. (A.42)

(13) $\text{tr}(G \otimes H) = \text{tr}\, G\; \text{tr}\, H$ (A.43)

(14) G와 H가 양의정부호이면 $G \otimes H$도 양의정부호이다. (A.44)

행렬 부분공간 $n \times m$ 행렬 A 계수(rank)가 $q := \text{rk}(A)$라고 할 때, 행렬 주요 부분공간(subspaces)은 아래와 같다.

A 열공간(*column space* 또는 range), $\mathcal{R}(A)$

A 영공간(*nullspace* 또는 kernel), $\mathcal{N}(A)$

A 행공간(*row space*), $\mathcal{R}(A^T)$

A 왼쪽영공간(*left nullspace*), $\mathcal{N}(A^T)$

부분공간은 더 넓은 공간의 요소이며, 크기는 A 차원에 따라 결정된다.

$$\mathcal{N}(A) \subset \mathbb{R}^m, \quad \mathcal{R}(A^T) \subset \mathbb{R}^m$$

$$\mathcal{N}(A^T) \subset \mathbb{R}^n, \quad \mathcal{R}(A) \subset \mathbb{R}^n$$

부분공간의 차원은 A 계수(rank) q의 함수다.

$$\dim \mathcal{R}(A) = q$$

$$\dim \mathcal{N}(A) = m - q \ \ (A\text{의 nullity})$$

$$\dim \mathcal{R}(A^T) = q$$

$$\dim \mathcal{N}(A^T) = n - q$$

아래와 같이 요약해서 쓸 수 있다.

$$\mathcal{R}(A) = A \text{ 열공간(column space); 차원 } q \tag{A.45a}$$

$$\mathcal{N}(A) = A \text{ 영공간(nullspace); 차원 } m - q \tag{A.45b}$$

$$\mathcal{R}(A^T) = A \text{ 행공간(row space); 차원 } q \tag{A.45c}$$

$$\mathcal{N}(A^T) = A \text{ 왼쪽영공간(left nullspace); 차원 } n - q \tag{A.45d}$$

이차형식 미분 일부 저자는 이차형식(스칼라 벡터함수)을 열벡터로 미분한 결과를 행벡터로 나타내지만 여기서는 열벡터로 나타낸다. 이는 아래 저자가 공통적으로 채택한 방식이다: Grafarend and Schaffrin (1993); Harville (2000, pg. 295); Koch (1999, pg. 69); Lütkepohl (1996, pg. 175); Strang and Borre (1997, pg. 300). 예를 들어, $\boldsymbol{x} \in \mathbb{R}^n$와 $Q \in \mathbb{R}^{n \times n}$에 대해서 다음과 같이 나타낸다.

$$\Phi(\boldsymbol{x}) = \boldsymbol{x}^T Q \boldsymbol{x} \;\Rightarrow\; \frac{\partial \Phi}{\partial \boldsymbol{x}} = 2Q\boldsymbol{x} \tag{A.46}$$

대각합(trace) 미분 (추가 공식은 Lütkepohl (1996, pp. 177–179) 참고)

$$X(m \times n),\ A(n \times m) \;:\; \frac{\partial\, \mathrm{tr}(AX)}{\partial X} = \frac{\partial\, \mathrm{tr}(XA)}{\partial X} = A^T \tag{A.47a}$$

$$X(m \times n),\ A(m \times n) \;:\; \frac{\partial\, \mathrm{tr}(X^T A)}{\partial X} = \frac{\partial\, \mathrm{tr}(AX^T)}{\partial X} = A \tag{A.47b}$$

$$X(m \times n) \;:\; \frac{\partial\, \mathrm{tr}(X^T X)}{\partial X} = \frac{\partial\, \mathrm{tr}(XX^T)}{\partial X} = 2X \tag{A.47c}$$

$$X(m \times n),\ A(m \times m) \;:\; \frac{\partial\, \mathrm{tr}(X^T AX)}{\partial X} = (A + A^T)X \tag{A.47d}$$

$$X(m \times n),\ A(m \times m)\ \text{대칭} \;:\; \frac{\partial\, \mathrm{tr}(X^T AX)}{\partial X} = 2AX \tag{A.47e}$$

$$X(m \times n),\ A(n \times n) \;:\; \frac{\partial\, \mathrm{tr}(XAX^T)}{\partial X} = X(A + A^T) \tag{A.47f}$$

$$X(m \times n),\ A(n \times n)\ \text{대칭} \;:\; \frac{\partial\, \mathrm{tr}(XAX^T)}{\partial X} = 2XA \tag{A.47g}$$

$$X, A(m \times m) \;:\; \frac{\partial\, \mathrm{tr}(XAX)}{\partial X} = X^T A^T + A^T X^T \tag{A.47h}$$

$$X(m \times n),\ A(p \times m) \;:\; \frac{\partial\, \mathrm{tr}(AXX^T A^T)}{\partial X} = 2A^T AX \tag{A.47i}$$

유용한 행렬 관계식은 Lütkepohl (1996)에서 더 확인할 수 있다.

부록 B

선형화

축약 테일러 급수(Taylor series)는 흔히 비선형 함수를 "선형화"하기 위해 사용한다. 기초 미적분학에서 설명하는 일변수 함수 테일러 급수는 익숙하지만, 복습을 위해 테일러 정리와 급수, 그리고 고차항을 생략함으로써 이차식과 선형식에 근사하는 내용을 설명한다. 또한 행렬을 이용하여 다변수 선형근사로 확장한다.

B.1 테일러 정리와 급수(일변수)

함수 f와 n개 도함수 f', f'', $\cdots$,$\mathrm{f}^{(n)}$가 구간 $[a, b]$에서 연속이고 $f^{(n)}$이 (a, b)에서 미분가능하면, a와 b 사이에 아래 식을 만족하는 c_{n+1}이 존재한다.

$$f(b) = f(a) + f'(a)(b-a) + \frac{f''(a)}{2}(b-a)^2 + \cdots + \frac{f^{(n)}(a)}{n!}(b-a)^n + \\ + \frac{f^{(n+1)}(c_{n+1})}{(n+1)!}(b-a)^{n+1} \quad \text{(B.1)}$$

테일러 급수 $x = a$를 중심으로 함수 f의 테일러 급수 자체는 다음과 같다.

$$f(x) = f(a) + f'(a)(x-a) + \frac{f''(a)}{2!}(x-a)^2 + \cdots + \frac{f^{(n)}(a)}{n!}(x-a)^n + \cdots \quad \text{(B.2)}$$

이차식 근사 $x = a$ 근방에서 $f(x)$ 이차식 근사는 다음과 같다.

$$f(x) \approx f(a) + f'(a)(x-a) + \frac{f''(a)}{2}(x-a)^2 \quad \text{(B.3a)}$$

여기서 오차 $e_2(x)$는 다음 조건을 만족한다.

$$\left|e_2(x)\right| \le \frac{\left|\max f'''(c)\right|}{6}\left|x-a\right|^3 \quad (c\text{는 } a\text{와 } x \text{ 사이에 존재}) \quad \text{(B.3b)}$$

선형 근사 마찬가지로 $x = a$ 근방에서 $f(x)$ 선형근사는 다음과 같다.

$$f(x) \approx f(a) + f'(a)(x-a) \quad \text{(B.4a)}$$

여기서 오차 $e_1(x)$는 다음 조건을 만족한다.

$$\left|e_1(x)\right| \le \frac{\left|\max f''(c)\right|}{2}(x-a)^2 \quad (c\text{는 } a\text{와 } x \text{ 사이에 존재}) \quad \text{(B.4b)}$$

B.2 고차항을 생략한 테일러 급수(다변수)

$\boldsymbol{y} = \boldsymbol{f}(\boldsymbol{\Xi})$가 독립인 $m \times 1$ 벡터 $\boldsymbol{\Xi}$에 대한 비선형 함수 집합으로서 $n \times 1$ 크기를 가진다고 하자. 함수 $\boldsymbol{f}$는 구간 $[\boldsymbol{\Xi}, \boldsymbol{\Xi}_0]$에서 연속이고, 구간 $(\boldsymbol{\Xi}, \boldsymbol{\Xi}_0)$에서 일차도함수가 존재한다고 가정한다. 이 경우 $\boldsymbol{\Xi} = \boldsymbol{\Xi}_0$ 근처에서 $\boldsymbol{y} = \boldsymbol{f}(\boldsymbol{\Xi})$ 선형근사는 다음과 같이 주어진다.

$$\boldsymbol{y} \approx \boldsymbol{f}(\boldsymbol{\Xi}_0) + \left.\frac{\partial \boldsymbol{f}}{\partial \boldsymbol{\Xi}^T}\right|_{\boldsymbol{\Xi}_0} \cdot (\boldsymbol{\Xi} - \boldsymbol{\Xi}_0) \quad \text{(B.5a)}$$

증분벡터(incremental vector) $\boldsymbol{\xi} := \boldsymbol{\Xi} - \boldsymbol{\Xi}_0$와 $n \times m$ 행렬 $A := \partial \boldsymbol{f} / \partial \boldsymbol{\Xi}^T$를 이용하면 다음과 같이 나타낼 수 있다.

$$\boldsymbol{y} - \boldsymbol{f}(\boldsymbol{\Xi}_0) \approx A\boldsymbol{\xi} \quad \text{(B.5b)}$$

$\boldsymbol{f}(\boldsymbol{\Xi}_0)$와 A를 상세히 표현하면 다음과 같다.

$$\underset{n\times 1}{\boldsymbol{f}(\boldsymbol{\Xi}_0)} = \begin{bmatrix} f_1(\Xi_1^0,\ldots,\Xi_m^0) \\ \vdots \\ f_n(\Xi_1^0,\ldots,\Xi_m^0) \end{bmatrix}, \quad \underset{n\times m}{A} = \begin{bmatrix} \left.\frac{\partial f_1}{\partial \Xi_1}\right|_{\Xi_1^0} & \cdots & \left.\frac{\partial f_1}{\partial \Xi_m}\right|_{\Xi_m^0} \\ \vdots & & \vdots \\ \left.\frac{\partial f_n}{\partial \Xi_1}\right|_{\Xi_1^0} & \cdots & \left.\frac{\partial f_n}{\partial \Xi_m}\right|_{\Xi_m^0} \end{bmatrix} \tag{B.6}$$

[예제]

수평면에서 수평좌표를 알고 있는 세 점으로부터 미지 수평좌표 (u,v)인 새로운 점까지 거리를 y_1, y_2, y_3라고 하자. 첫 번째 알고 있는 점 좌표 (u_1, v_1)과 미지점 좌표 (u,v)에 대한 "근사값" (u_0, v_0)를 이용하여 거리함수 $y_1 = f_1(u,v) = \sqrt{(u_1-u)^2+(v_1-v)^2}$를 선형화하라.

해답

$$\underbrace{\begin{bmatrix} y_1 \\ y_2 \\ y_3 \end{bmatrix}}_{\boldsymbol{y}} - \underbrace{\begin{bmatrix} \sqrt{(u_1-u_0)^2+(v_1-v_0)^2} \\ \sqrt{(u_2-u_0)^2+(v_2-v_0)^2} \\ \sqrt{(u_3-u_0)^2+(v_3-v_0)^2} \end{bmatrix}}_{\boldsymbol{f}(\boldsymbol{\Xi}=\boldsymbol{\Xi}_0)} \approx$$

$$\approx \underbrace{\begin{bmatrix} \frac{(u_0-u_1)}{\sqrt{(u_1-u_0)^2+(v_1-v_0)^2}} & \frac{(v_0-v_1)}{\sqrt{(u_1-u_0)^2+(v_1-v_0)^2}} \\ \frac{(u_0-u_2)}{\sqrt{(u_2-u_0)^2+(v_2-v_0)^2}} & \frac{(v_0-v_2)}{\sqrt{(u_2-u_0)^2+(v_2-v_0)^2}} \\ \frac{(u_0-u_3)}{\sqrt{(u_3-u_0)^2+(v_3-v_0)^2}} & \frac{(v_0-v_3)}{\sqrt{(u_3-u_0)^2+(v_3-v_0)^2}} \end{bmatrix}}_{A} \underbrace{\begin{bmatrix} u-u_0 \\ v-v_0 \end{bmatrix}}_{\boldsymbol{\xi}} \tag{B.7}$$

여기서 주안점은 확률오차 모델링이 아니라 선형화이므로 확률오차 벡터 $\boldsymbol{e}$를 포함하지 않았다. 따라서 $\boldsymbol{y}$를 관측벡터라고 말하는 대신 단순히 세 개의 "주어진 거리"를 포함한다고 표현했다.

부록 C

통계표

C.1 표준누적분포 함수값

$$F(z) = \int_{-\infty}^{z} \frac{1}{\sqrt{2\pi}} e^{-u^2/2}\, du = P[Z \le z]$$

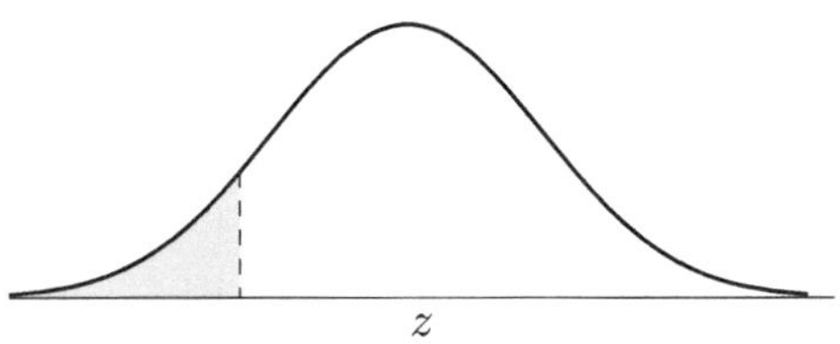

표 C.1: MATLAB 함수 `normcdf(z)`로 계산한 확률 $P[Z \le z]$. 영역 $[-3.09, 3.09]$, 간격 0.01

z	0	1	2	3	4	5	6	7	8
−3.0	.0013	.0013	.0013	.0012	.0012	.0011	.0011	.0011	.0010
−2.9	.0019	.0018	.0018	.0017	.0016	.0016	.0015	.0015	.0014
−2.8	.0026	.0025	.0024	.0023	.0023	.0022	.0021	.0021	.0020

다음 쪽에 계속됨

z	0	1	2	3	4	5	6	7	8
−2.7	.0035	.0034	.0033	.0032	.0031	.0030	.0029	.0028	.0027
−2.6	.0047	.0045	.0044	.0043	.0041	.0040	.0039	.0038	.0037
−2.5	.0062	.0060	.0059	.0057	.0055	.0054	.0052	.0051	.0049
−2.4	.0082	.0080	.0078	.0075	.0073	.0071	.0069	.0068	.0066
−2.3	.0107	.0104	.0102	.0099	.0096	.0094	.0091	.0089	.0087
−2.2	.0139	.0136	.0132	.0129	.0125	.0122	.0119	.0116	.0113
−2.1	.0179	.0174	.0170	.0166	.0162	.0158	.0154	.0150	.0146
−2.0	.0228	.0222	.0217	.0212	.0207	.0202	.0197	.0192	.0188
−1.9	.0287	.0281	.0274	.0268	.0262	.0256	.0250	.0244	.0239
−1.8	.0359	.0351	.0344	.0336	.0329	.0322	.0314	.0307	.0301
−1.7	.0446	.0436	.0427	.0418	.0409	.0401	.0392	.0384	.0375
−1.6	.0548	.0537	.0526	.0516	.0505	.0495	.0485	.0475	.0465
−1.5	.0668	.0655	.0643	.0630	.0618	.0606	.0594	.0582	.0571
−1.4	.0808	.0793	.0778	.0764	.0749	.0735	.0721	.0708	.0694
−1.3	.0968	.0951	.0934	.0918	.0901	.0885	.0869	.0853	.0838
−1.2	.1151	.1131	.1112	.1093	.1075	.1056	.1038	.1020	.1003
−1.1	.1357	.1335	.1314	.1292	.1271	.1251	.1230	.1210	.1190
−1.0	.1587	.1562	.1539	.1515	.1492	.1469	.1446	.1423	.1401
−0.9	.1841	.1814	.1788	.1762	.1736	.1711	.1685	.1660	.1635
−0.8	.2119	.2090	.2061	.2033	.2005	.1977	.1949	.1922	.1894
−0.7	.2420	.2389	.2358	.2327	.2296	.2266	.2236	.2206	.2177
−0.6	.2743	.2709	.2676	.2643	.2611	.2578	.2546	.2514	.2483
−0.5	.3085	.3050	.3015	.2981	.2946	.2912	.2877	.2843	.2810
−0.4	.3446	.3409	.3372	.3336	.3300	.3264	.3228	.3192	.3156
−0.3	.3821	.3783	.3745	.3707	.3669	.3632	.3594	.3557	.3520
−0.2	.4207	.4168	.4129	.4090	.4052	.4013	.3974	.3936	.3897
−0.1	.4602	.4562	.4522	.4483	.4443	.4404	.4364	.4325	.4286
.0	.5000	.4960	.4920	.4880	.4840	.4801	.4761	.4721	.4681
.0	.5000	.5040	.5080	.5120	.5160	.5199	.5239	.5279	.5319
.1	.5398	.5438	.5478	.5517	.5557	.5596	.5636	.5675	.5714
.2	.5793	.5832	.5871	.5910	.5948	.5987	.6026	.6064	.6103
.3	.6179	.6217	.6255	.6293	.6331	.6368	.6406	.6443	.6480
.4	.6554	.6591	.6628	.6664	.6700	.6736	.6772	.6808	.6844
.5	.6915	.6950	.6985	.7019	.7054	.7088	.7123	.7157	.7190
.6	.7257	.7291	.7324	.7357	.7389	.7422	.7454	.7486	.7517

다음 쪽에 계속됨

z	0	1	2	3	4	5	6	7	8
.7	.7580	.7611	.7642	.7673	.7704	.7734	.7764	.7794	.7823
.8	.7881	.7910	.7939	.7967	.7995	.8023	.8051	.8078	.8106
.9	.8159	.8186	.8212	.8238	.8264	.8289	.8315	.8340	.8365
1.0	.8413	.8438	.8461	.8485	.8508	.8531	.8554	.8577	.8599
1.1	.8643	.8665	.8686	.8708	.8729	.8749	.8770	.8790	.8810
1.2	.8849	.8869	.8888	.8907	.8925	.8944	.8962	.8980	.8997
1.3	.9032	.9049	.9066	.9082	.9099	.9115	.9131	.9147	.9162
1.4	.9192	.9207	.9222	.9236	.9251	.9265	.9279	.9292	.9306
1.5	.9332	.9345	.9357	.9370	.9382	.9394	.9406	.9418	.9429
1.6	.9452	.9463	.9474	.9484	.9495	.9505	.9515	.9525	.9535
1.7	.9554	.9564	.9573	.9582	.9591	.9599	.9608	.9616	.9625
1.8	.9641	.9649	.9656	.9664	.9671	.9678	.9686	.9693	.9699
1.9	.9713	.9719	.9726	.9732	.9738	.9744	.9750	.9756	.9761
2.0	.9772	.9778	.9783	.9788	.9793	.9798	.9803	.9808	.9812
2.1	.9821	.9826	.9830	.9834	.9838	.9842	.9846	.9850	.9854
2.2	.9861	.9864	.9868	.9871	.9875	.9878	.9881	.9884	.9887
2.3	.9893	.9896	.9898	.9901	.9904	.9906	.9909	.9911	.9913
2.4	.9918	.9920	.9922	.9925	.9927	.9929	.9931	.9932	.9934
2.5	.9938	.9940	.9941	.9943	.9945	.9946	.9948	.9949	.9951
2.6	.9953	.9955	.9956	.9957	.9959	.9960	.9961	.9962	.9963
2.7	.9965	.9966	.9967	.9968	.9969	.9970	.9971	.9972	.9973
2.8	.9974	.9975	.9976	.9977	.9977	.9978	.9979	.9979	.9980
2.9	.9981	.9982	.9982	.9983	.9984	.9984	.9985	.9985	.9986
3.0	.9987	.9987	.9987	.9988	.9988	.9989	.9989	.9989	.9990

앞 쪽에서 이어짐

C.2 t-분포 임계값

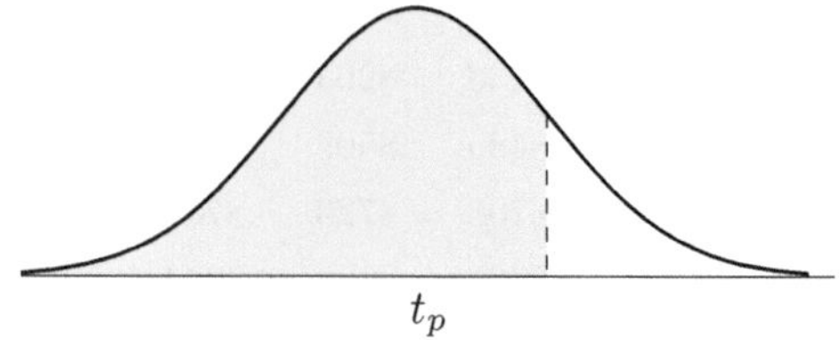

표 C.2: MATLAB 함수 tinv(p,ν)를 이용하여 계산한 t-분포 임계값(p는 임계값, ν는 자유도)

ν	$t_{0.55}$	$t_{0.60}$	$t_{0.65}$	$t_{0.70}$	$t_{0.75}$	$t_{0.80}$	$t_{0.85}$
1	0.1584	0.3249	0.5095	0.7265	1.0000	1.376	1.963
2	0.1421	0.2887	0.4447	0.6172	0.8165	1.061	1.386
3	0.1366	0.2767	0.4242	0.5844	0.7649	0.9785	1.250
4	0.1338	0.2707	0.4142	0.5686	0.7407	0.9410	1.190
5	0.1322	0.2672	0.4082	0.5594	0.7267	0.9195	1.156
6	0.1311	0.2648	0.4043	0.5534	0.7176	0.9057	1.134
7	0.1303	0.2632	0.4015	0.5491	0.7111	0.8960	1.119
8	0.1297	0.2619	0.3995	0.5459	0.7064	0.8889	1.108
9	0.1293	0.2610	0.3979	0.5435	0.7027	0.8834	1.100
10	0.1289	0.2602	0.3966	0.5415	0.6998	0.8791	1.093
11	0.1286	0.2596	0.3956	0.5399	0.6974	0.8755	1.088
12	0.1283	0.2590	0.3947	0.5386	0.6955	0.8726	1.083
13	0.1281	0.2586	0.3940	0.5375	0.6938	0.8702	1.079
14	0.1280	0.2582	0.3933	0.5366	0.6924	0.8681	1.076
15	0.1278	0.2579	0.3928	0.5357	0.6912	0.8662	1.074
16	0.1277	0.2576	0.3923	0.5350	0.6901	0.8647	1.071
17	0.1276	0.2573	0.3919	0.5344	0.6892	0.8633	1.069
18	0.1274	0.2571	0.3915	0.5338	0.6884	0.8620	1.067
19	0.1274	0.2569	0.3912	0.5333	0.6876	0.8610	1.066
20	0.1273	0.2567	0.3909	0.5329	0.6870	0.8600	1.064
21	0.1272	0.2566	0.3906	0.5325	0.6864	0.8591	1.063
22	0.1271	0.2564	0.3904	0.5321	0.6858	0.8583	1.061
23	0.1271	0.2563	0.3902	0.5317	0.6853	0.8575	1.060
24	0.1270	0.2562	0.3900	0.5314	0.6848	0.8569	1.059

다음 쪽에 계속됨

ν	$t_{0.90}$	$t_{0.95}$	$t_{0.975}$	$t_{0.99}$	$t_{0.995}$	$t_{0.9995}$	
25	0.1269	0.2561	0.3898	0.5312	0.6844	0.8562	1.058
26	0.1269	0.2560	0.3896	0.5309	0.6840	0.8557	1.058
27	0.1268	0.2559	0.3894	0.5306	0.6837	0.8551	1.057
28	0.1268	0.2558	0.3893	0.5304	0.6834	0.8546	1.056
29	0.1268	0.2557	0.3892	0.5302	0.6830	0.8542	1.055
30	0.1267	0.2556	0.3890	0.5300	0.6828	0.8538	1.055
40	0.1265	0.2550	0.3881	0.5286	0.6807	0.8507	1.050
60	0.1262	0.2545	0.3872	0.5272	0.6786	0.8477	1.045
80	0.1261	0.2542	0.3867	0.5265	0.6776	0.8461	1.043
100	0.1260	0.2540	0.3864	0.5261	0.6770	0.8452	1.042
200	0.1258	0.2537	0.3859	0.5252	0.6757	0.8434	1.039
400	0.1257	0.2535	0.3856	0.5248	0.6751	0.8425	1.038
600	0.1257	0.2535	0.3855	0.5247	0.6749	0.8422	1.037
800	0.1257	0.2534	0.3855	0.5246	0.6748	0.8421	1.037
1000	0.1257	0.2534	0.3854	0.5246	0.6747	0.8420	1.037
∞	0.1257	0.2533	0.3853	0.5244	0.6745	0.8416	1.036

ν	$t_{0.90}$	$t_{0.95}$	$t_{0.975}$	$t_{0.99}$	$t_{0.995}$	$t_{0.9995}$
1	3.078	6.314	12.71	31.82	63.66	36.62
2	1.886	2.920	4.303	6.965	9.925	31.60
3	1.638	2.353	3.182	4.541	5.841	12.92
4	1.533	2.132	2.776	3.747	4.604	8.610
5	1.476	2.015	2.571	3.365	4.032	6.869
6	1.440	1.943	2.447	3.143	3.707	5.959
7	1.415	1.895	2.365	2.998	3.499	5.408
8	1.397	1.860	2.306	2.896	3.355	5.041
9	1.383	1.833	2.262	2.821	3.250	4.781
10	1.372	1.812	2.228	2.764	3.169	4.587
11	1.363	1.796	2.201	2.718	3.106	4.437
12	1.356	1.782	2.179	2.681	3.055	4.318
13	1.350	1.771	2.160	2.650	3.012	4.221
14	1.345	1.761	2.145	2.624	2.977	4.140
15	1.341	1.753	2.131	2.602	2.947	4.073
16	1.337	1.746	2.120	2.583	2.921	4.015
17	1.333	1.740	2.110	2.567	2.898	3.965
18	1.330	1.734	2.101	2.552	2.878	3.922

다음 쪽에 계속됨

ν	$t_{0.90}$	$t_{0.95}$	$t_{0.975}$	$t_{0.99}$	$t_{0.995}$	$t_{0.9995}$
19	1.328	1.729	2.093	2.539	2.861	3.883
20	1.325	1.725	2.086	2.528	2.845	3.850
21	1.323	1.721	2.080	2.518	2.831	3.819
22	1.321	1.717	2.074	2.508	2.819	3.792
23	1.319	1.714	2.069	2.500	2.807	3.768
24	1.318	1.711	2.064	2.492	2.797	3.745
25	1.316	1.708	2.060	2.485	2.787	3.725
26	1.315	1.706	2.056	2.479	2.779	3.707
27	1.314	1.703	2.052	2.473	2.771	3.690
28	1.313	1.701	2.048	2.467	2.763	3.674
29	1.311	1.699	2.045	2.462	2.756	3.659
30	1.310	1.697	2.042	2.457	2.750	3.646
40	1.303	1.684	2.021	2.423	2.704	3.551
60	1.296	1.671	2.000	2.390	2.660	3.460
80	1.292	1.664	1.990	2.374	2.639	3.416
100	1.290	1.660	1.984	2.364	2.626	3.390
200	1.286	1.653	1.972	2.345	2.601	3.340
400	1.284	1.649	1.966	2.336	2.588	3.315
600	1.283	1.647	1.964	2.333	2.584	3.307
800	1.283	1.647	1.963	2.331	2.582	3.303
1000	1.282	1.646	1.962	2.330	2.581	3.300
∞	1.282	1.645	1.960	2.326	2.576	3.291

앞 쪽에서 이어짐

C.3 χ^2-분포 임계값

표 C.3: MATLAB 함수 chi2inv($1-\alpha$,ν)를 이용하여 계산한 χ^2-분포 임계값(α는 유의수준, ν는 자유도)

ν	α=0.999	0.995	0.99	0.975	0.95	0.90	0.75	0.50
1	0.000	0.000	0.000	0.001	0.004	0.016	0.102	0.455
2	0.002	0.010	0.020	0.051	0.103	0.211	0.575	1.386
3	0.024	0.072	0.115	0.216	0.352	0.584	1.213	2.366
4	0.091	0.207	0.297	0.484	0.711	1.064	1.923	3.357
5	0.210	0.412	0.554	0.831	1.145	1.610	2.675	4.351
6	0.381	0.676	0.872	1.237	1.635	2.204	3.455	5.348
7	0.598	0.989	1.239	1.690	2.167	2.833	4.255	6.346
8	0.857	1.344	1.646	2.180	2.733	3.490	5.071	7.344
9	1.152	1.735	2.088	2.700	3.325	4.168	5.899	8.343
10	1.479	2.156	2.558	3.247	3.940	4.865	6.737	9.342
11	1.834	2.603	3.053	3.816	4.575	5.578	7.584	10.341
12	2.214	3.074	3.571	4.404	5.226	6.304	8.438	11.340
13	2.617	3.565	4.107	5.009	5.892	7.042	9.299	12.340
14	3.041	4.075	4.660	5.629	6.571	7.790	10.165	13.339
15	3.483	4.601	5.229	6.262	7.261	8.547	11.037	14.339
16	3.942	5.142	5.812	6.908	7.962	9.312	11.912	15.338
17	4.416	5.697	6.408	7.564	8.672	10.085	12.792	16.338
18	4.905	6.265	7.015	8.231	9.390	10.865	13.675	17.338
19	5.407	6.844	7.633	8.907	10.117	11.651	14.562	18.338
20	5.921	7.434	8.260	9.591	10.851	12.443	15.452	19.337
21	6.447	8.034	8.897	10.283	11.591	13.240	16.344	20.337
22	6.983	8.643	9.542	10.982	12.338	14.041	17.240	21.337
23	7.529	9.260	10.196	11.689	13.091	14.848	18.137	22.337
24	8.085	9.886	10.856	12.401	13.848	15.659	19.037	23.337
25	8.649	10.520	11.524	13.120	14.611	16.473	19.939	24.337
26	9.222	11.160	12.198	13.844	15.379	17.292	20.843	25.336
27	9.803	11.808	12.879	14.573	16.151	18.114	21.749	26.336
28	10.391	12.461	13.565	15.308	16.928	18.939	22.657	27.336
29	10.986	13.121	14.256	16.047	17.708	19.768	23.567	28.336
30	11.588	13.787	14.953	16.791	18.493	20.599	24.478	29.336

다음 쪽에 계속됨

31	12.196	14.458	15.655	17.539	19.281	21.434	25.390	30.336
32	12.811	15.134	16.362	18.291	20.072	22.271	26.304	31.336
33	13.431	15.815	17.074	19.047	20.867	23.110	27.219	32.336
34	14.057	16.501	17.789	19.806	21.664	23.952	28.136	33.336
35	14.688	17.192	18.509	20.569	22.465	24.797	29.054	34.336
36	15.324	17.887	19.233	21.336	23.269	25.643	29.973	35.336
37	15.965	18.586	19.960	22.106	24.075	26.492	30.893	36.336
38	16.611	19.289	20.691	22.878	24.884	27.343	31.815	37.335
39	17.262	19.996	21.426	23.654	25.695	28.196	32.737	38.335
40	17.916	20.707	22.164	24.433	26.509	29.051	33.660	39.335
41	18.575	21.421	22.906	25.215	27.326	29.907	34.585	40.335
42	19.239	22.138	23.650	25.999	28.144	30.765	35.510	41.335
43	19.906	22.859	24.398	26.785	28.965	31.625	36.436	42.335
44	20.576	23.584	25.148	27.575	29.787	32.487	37.363	43.335
45	21.251	24.311	25.901	28.366	30.612	33.350	38.291	44.335
46	21.929	25.041	26.657	29.160	31.439	34.215	39.220	45.335
47	22.610	25.775	27.416	29.956	32.268	35.081	40.149	46.335
48	23.295	26.511	28.177	30.755	33.098	35.949	41.079	47.335
49	23.983	27.249	28.941	31.555	33.930	36.818	42.010	48.335
50	24.674	27.991	29.707	32.357	34.764	37.689	42.942	49.335
60	31.738	35.534	37.485	40.482	43.188	46.459	52.294	59.335
70	39.036	43.275	45.442	48.758	51.739	55.329	61.698	69.334
80	46.520	51.172	53.540	57.153	60.391	64.278	71.145	79.334
90	54.155	59.196	61.754	65.647	69.126	73.291	80.625	89.334
100	61.918	67.328	70.065	74.222	77.929	82.358	90.133	99.334

앞 쪽에서 이어짐

C.4 *F*-분포 임계값

아래 표는 MATLAB 함수 `finv(1 − α,r1,r2)`를 이용하여 계산한 F-분포 임계값이다 (유의수준 α, 자유도 $r_1 = \{1, 2, 3\}$과 r_2). 여기서 $\alpha(2)$는 양측검정, $\alpha(1)$은 단측검정과 관련되어 있다. ∞에 대한 임계값은 `finv(1 − α,r1,1.0e6)`를 이용하여 생성했다.

표 C.4: F-분포 임계값(분자 자유도는 $r_1 = 1$)

$\alpha(2)$:	0.5000	0.2000	0.1000	0.0500	0.0200	0.0100	0.0050	0.0020
$\alpha(1)$:	0.2500	0.1000	0.0500	0.0250	0.0100	0.0050	0.0025	0.0010
r_2								
1	5.828	39.86	161.4	647.8	4052.	16210.	64840	405400.
2	2.571	8.526	18.51	38.51	98.50	198.5	398.5	998.5
3	2.024	5.538	10.13	17.44	34.12	55.55	89.58	167.0
4	1.807	4.545	7.709	12.22	21.20	31.33	45.67	74.14
5	1.692	4.060	6.608	10.01	16.26	22.78	31.41	47.18
6	1.621	3.776	5.987	8.813	13.75	18.63	24.81	35.51
7	1.573	3.589	5.591	8.073	12.25	16.24	21.11	29.25
8	1.538	3.458	5.318	7.571	11.26	14.69	18.78	25.41
9	1.512	3.360	5.117	7.209	10.56	13.61	17.19	22.86
10	1.491	3.285	4.965	6.937	10.04	12.83	16.04	21.04
11	1.475	3.225	4.844	6.724	9.646	12.23	15.17	19.69
12	1.461	3.177	4.747	6.554	9.330	11.75	14.49	18.64
13	1.450	3.136	4.667	6.414	9.074	11.37	13.95	17.82
14	1.440	3.102	4.600	6.298	8.862	11.06	13.50	17.14
15	1.432	3.073	4.543	6.200	8.683	10.80	13.13	16.59
16	1.425	3.048	4.494	6.115	8.531	10.58	12.82	16.12
17	1.419	3.026	4.451	6.042	8.400	10.38	12.55	15.72
18	1.413	3.007	4.414	5.978	8.285	10.22	12.32	15.38
19	1.408	2.990	4.381	5.922	8.185	10.07	12.12	15.08
20	1.404	2.975	4.351	5.871	8.096	9.944	11.94	14.82
21	1.400	2.961	4.325	5.827	8.017	9.830	11.78	14.59
22	1.396	2.949	4.301	5.786	7.945	9.727	11.64	14.38
23	1.393	2.937	4.279	5.750	7.881	9.635	11.51	14.20
24	1.390	2.927	4.260	5.717	7.823	9.551	11.40	14.03
25	1.387	2.918	4.242	5.686	7.770	9.475	11.29	13.88

다음 쪽에 계속됨

$\alpha(2)$:	0.5000	0.2000	0.1000	0.0500	0.0200	0.0100	0.0050	0.0020
$\alpha(1)$:	0.2500	0.1000	0.0500	0.0250	0.0100	0.0050	0.0025	0.0010
r_2								
26	1.384	2.909	4.225	5.659	7.721	9.406	11.20	13.74
27	1.382	2.901	4.210	5.633	7.677	9.342	11.11	13.61
28	1.380	2.894	4.196	5.610	7.636	9.284	11.03	13.50
29	1.378	2.887	4.183	5.588	7.598	9.230	10.96	13.39
30	1.376	2.881	4.171	5.568	7.562	9.180	10.89	13.29
35	1.368	2.855	4.121	5.485	7.419	8.976	10.61	12.90
40	1.363	2.835	4.085	5.424	7.314	8.828	10.41	12.61
45	1.358	2.820	4.057	5.377	7.234	8.715	10.26	12.39
50	1.355	2.809	4.034	5.340	7.171	8.626	10.14	12.22
60	1.349	2.791	4.001	5.286	7.077	8.495	9.962	11.97
70	1.346	2.779	3.978	5.247	7.011	8.403	9.838	11.80
80	1.343	2.769	3.960	5.218	6.963	8.335	9.747	11.67
90	1.341	2.762	3.947	5.196	6.925	8.282	9.677	11.57
100	1.339	2.756	3.936	5.179	6.895	8.241	9.621	11.50
120	1.336	2.748	3.920	5.152	6.851	8.179	9.539	11.38
140	1.334	2.742	3.909	5.134	6.819	8.135	9.480	11.30
160	1.333	2.737	3.900	5.120	6.796	8.102	9.437	11.24
180	1.332	2.734	3.894	5.109	6.778	8.077	9.403	11.19
200	1.331	2.731	3.888	5.100	6.763	8.057	9.377	11.15
300	1.328	2.722	3.873	5.075	6.720	7.997	9.297	11.04
500	1.326	2.716	3.860	5.054	6.686	7.950	9.234	10.96
∞	1.323	2.706	3.841	5.024	6.635	7.879	9.141	10.83

앞 쪽에서 이어짐, $r_1 = 1$

표 C.5: F-분포의 임계값(분자 자유도는 $r_1 = 2$)

$\alpha(2)$:	0.5000	0.2000	0.1000	0.0500	0.0200	0.0100	0.0050	0.0020
$\alpha(1)$:	0.2500	0.1000	0.0500	0.0250	0.0100	0.0050	0.0025	0.0010
r_2								
1	7.500	49.50	199.5	799.5	5000.	20000.	80000.	500000.
2	3.000	9.000	19.00	39.00	99.00	199.0	399.0	999.0
3	2.280	5.462	9.552	16.04	30.82	49.80	79.93	148.5
4	2.000	4.325	6.944	10.65	18.00	26.28	38.00	61.25

다음 쪽에 계속됨

$\alpha(2)$:	0.5000	0.2000	0.1000	0.0500	0.0200	0.0100	0.0050	0.0020
$\alpha(1)$:	0.2500	0.1000	0.0500	0.0250	0.0100	0.0050	0.0025	0.0010
r_2								
5	1.853	3.780	5.786	8.434	13.27	18.31	24.96	37.12
6	1.762	3.463	5.143	7.260	10.92	14.54	19.10	27.00
7	1.701	3.257	4.737	6.542	9.547	12.40	15.89	21.69
8	1.657	3.113	4.459	6.059	8.649	11.04	13.89	18.49
9	1.624	3.006	4.256	5.715	8.022	10.11	12.54	16.39
10	1.598	2.924	4.103	5.456	7.559	9.427	11.57	14.91
11	1.577	2.860	3.982	5.256	7.206	8.912	10.85	13.81
12	1.560	2.807	3.885	5.096	6.927	8.510	10.29	12.97
13	1.545	2.763	3.806	4.965	6.701	8.186	9.839	12.31
14	1.533	2.726	3.739	4.857	6.515	7.922	9.475	11.78
15	1.523	2.695	3.682	4.765	6.359	7.701	9.173	11.34
16	1.514	2.668	3.634	4.687	6.226	7.514	8.918	10.97
17	1.506	2.645	3.592	4.619	6.112	7.354	8.701	10.66
18	1.499	2.624	3.555	4.560	6.013	7.215	8.513	10.39
19	1.493	2.606	3.522	4.508	5.926	7.093	8.349	10.16
20	1.487	2.589	3.493	4.461	5.849	6.986	8.206	9.953
21	1.482	2.575	3.467	4.420	5.780	6.891	8.078	9.772
22	1.477	2.561	3.443	4.383	5.719	6.806	7.965	9.612
23	1.473	2.549	3.422	4.349	5.664	6.730	7.863	9.469
24	1.470	2.538	3.403	4.319	5.614	6.661	7.771	9.339
25	1.466	2.528	3.385	4.291	5.568	6.598	7.687	9.223
26	1.463	2.519	3.369	4.265	5.526	6.541	7.611	9.116
27	1.460	2.511	3.354	4.242	5.488	6.489	7.542	9.019
28	1.457	2.503	3.340	4.221	5.453	6.440	7.478	8.931
29	1.455	2.495	3.328	4.201	5.420	6.396	7.419	8.849
30	1.452	2.489	3.316	4.182	5.390	6.355	7.365	8.773
35	1.443	2.461	3.267	4.106	5.268	6.188	7.145	8.470
40	1.435	2.440	3.232	4.051	5.179	6.066	6.986	8.251
45	1.430	2.425	3.204	4.009	5.110	5.974	6.865	8.086
50	1.425	2.412	3.183	3.975	5.057	5.902	6.770	7.956
60	1.419	2.393	3.150	3.925	4.977	5.795	6.632	7.768
70	1.414	2.380	3.128	3.890	4.922	5.720	6.535	7.637
80	1.411	2.370	3.111	3.864	4.881	5.665	6.463	7.540

다음 쪽에 계속됨

$\alpha(2)$:	0.5000	0.2000	0.1000	0.0500	0.0200	0.0100	0.0050	0.0020
$\alpha(1)$:	0.2500	0.1000	0.0500	0.0250	0.0100	0.0050	0.0025	0.0010
r_2								
90	1.408	2.363	3.098	3.844	4.849	5.623	6.409	7.466
100	1.406	2.356	3.087	3.828	4.824	5.589	6.365	7.408
120	1.402	2.347	3.072	3.805	4.787	5.539	6.301	7.321
140	1.400	2.341	3.061	3.788	4.760	5.504	6.255	7.260
160	1.398	2.336	3.053	3.775	4.740	5.478	6.222	7.215
180	1.397	2.332	3.046	3.766	4.725	5.457	6.195	7.180
200	1.396	2.329	3.041	3.758	4.713	5.441	6.175	7.152
300	1.393	2.320	3.026	3.735	4.677	5.393	6.113	7.069
500	1.390	2.313	3.014	3.716	4.648	5.355	6.064	7.004
∞	1.386	2.303	2.996	3.689	4.605	5.298	5.992	6.908

앞 쪽에서 이어짐, $r_1 = 2$

표 C.6: F-분포 임계값(분자 자유도는 $r_1 = 3$)

$\alpha(2)$:	0.5000	0.2000	0.1000	0.0500	0.0200	0.0100	0.0050	0.0020
$\alpha(1)$:	0.2500	0.1000	0.0500	0.0250	0.0100	0.0050	0.0025	0.0010
r_2								
1	8.200	53.59	215.7	864.2	5403.0	21610.	86460.	540400.2
2	3.153	9.162	19.16	39.17	99.17	199.2	399.2	999.2
3	2.356	5.391	9.277	15.44	29.46	47.47	76.06	141.1
4	2.047	4.191	6.591	9.979	16.69	24.26	34.96	56.18
5	1.884	3.619	5.409	7.764	12.06	16.53	22.43	33.20
6	1.784	3.289	4.757	6.599	9.780	12.92	16.87	23.70
7	1.717	3.074	4.347	5.890	8.451	10.88	13.84	18.77
8	1.668	2.924	4.066	5.416	7.591	9.596	11.98	15.83
9	1.632	2.813	3.863	5.078	6.992	8.717	10.73	13.90
10	1.603	2.728	3.708	4.826	6.552	8.081	9.833	12.55
11	1.580	2.660	3.587	4.630	6.217	7.600	9.167	11.56
12	1.561	2.606	3.490	4.474	5.953	7.226	8.652	10.80
13	1.545	2.560	3.411	4.347	5.739	6.926	8.242	10.21
14	1.532	2.522	3.344	4.242	5.564	6.680	7.910	9.729
15	1.520	2.490	3.287	4.153	5.417	6.476	7.634	9.335
16	1.510	2.462	3.239	4.077	5.292	6.303	7.403	9.006

다음 쪽에 계속됨

α(2):	0.5000	0.2000	0.1000	0.0500	0.0200	0.0100	0.0050	0.0020
α(1):	0.2500	0.1000	0.0500	0.0250	0.0100	0.0050	0.0025	0.0010
r_2								
17	1.502	2.437	3.197	4.011	5.185	6.156	7.205	8.727
18	1.494	2.416	3.160	3.954	5.092	6.028	7.035	8.487
19	1.487	2.397	3.127	3.903	5.010	5.916	6.887	8.280
20	1.481	2.380	3.098	3.859	4.938	5.818	6.757	8.098
21	1.475	2.365	3.072	3.819	4.874	5.730	6.642	7.938
22	1.470	2.351	3.049	3.783	4.817	5.652	6.539	7.796
23	1.466	2.339	3.028	3.750	4.765	5.582	6.447	7.669
24	1.462	2.327	3.009	3.721	4.718	5.519	6.364	7.554
25	1.458	2.317	2.991	3.694	4.675	5.462	6.289	7.451
26	1.454	2.307	2.975	3.670	4.637	5.409	6.220	7.357
27	1.451	2.299	2.960	3.647	4.601	5.361	6.158	7.272
28	1.448	2.291	2.947	3.626	4.568	5.317	6.100	7.193
29	1.445	2.283	2.934	3.607	4.538	5.276	6.048	7.121
30	1.443	2.276	2.922	3.589	4.510	5.239	5.999	7.054
35	1.432	2.247	2.874	3.517	4.396	5.086	5.802	6.787
40	1.424	2.226	2.839	3.463	4.313	4.976	5.659	6.595
45	1.418	2.210	2.812	3.422	4.249	4.892	5.551	6.450
50	1.413	2.197	2.790	3.390	4.199	4.826	5.466	6.336
60	1.405	2.177	2.758	3.343	4.126	4.729	5.343	6.171
70	1.400	2.164	2.736	3.309	4.074	4.661	5.256	6.057
80	1.396	2.154	2.719	3.284	4.036	4.611	5.193	5.972
90	1.393	2.146	2.706	3.265	4.007	4.573	5.144	5.908
100	1.391	2.139	2.696	3.250	3.984	4.542	5.105	5.857
120	1.387	2.130	2.680	3.227	3.949	4.497	5.048	5.781
140	1.385	2.123	2.669	3.211	3.925	4.465	5.008	5.728
160	1.383	2.118	2.661	3.199	3.906	4.441	4.977	5.689
180	1.381	2.114	2.655	3.189	3.892	4.423	4.954	5.658
200	1.380	2.111	2.650	3.182	3.881	4.408	4.936	5.634
300	1.377	2.102	2.635	3.160	3.848	4.365	4.881	5.562
500	1.374	2.095	2.623	3.142	3.821	4.330	4.838	5.506
∞	1.369	2.084	2.605	3.116	3.782	4.279	4.773	5.422

앞 쪽에서 이어짐, $r_1 = 3$

참고 문헌

Bjerhammar, A. (1973). *Theory of Errors and Generalized Matrix Inverses.* Elsevier Scientific Publishing Company, Amsterdam.

Björck, A. (1996). *Numerical Methods for Least Squares Problems.* Society for Industrial and Applied Mathematics, Philadelphia.

Carlson, D. (1986). What are Schur complements, anyway? *Linear Algebra and its Applications*, 74:257–275.

Christensen, R. (2011). *Plane Answers to Complex Questions: The Theory of Linear Models.* Springer Texts in Statistics. Springer, New York, fourth edition.

Grafarend, E. W. and Schaffrin, B. (1993). *Ausgleichungsrechnung in linearen Modellen.* Bibliographisches Institut, Mannheim.

Harville, D. A. (1986). Using ordinary least squares software to compute combined intra-interblock estimates of treatment contrasts. *The American Statistician*, 40(2):153–157.

Harville, D. A. (2000). *Matrix Algebra From a Statistician's Perspective.* Springer, corrected edition.

Heumann, C., Nittner, T., Rao, C., Scheid, S., and Toutenburg, H.

(2013). *Linear Models: Least Squares and Alternatives.* Springer Series in Statistics. Springer New York.

Koch, K.-R. (1999). *Parameter Estimation and Hypothesis Testing in Linear Models.* Springer-Verlag, Berlin, second edition. Translated from the third German edition (1997).

Lütkepohl, H. (1996). *Handbook of Matrices.* John Wiley & Sons, Chichester.

Mikhail, E. and Ackermann, F. (1982). *Observations and Least Squares.* University Press of America.

Mikhail, E. M. and Gracie, G. (1981). *Analysis and Adjustment of Survey Measurements.* Van Nostrand Reinhold Company, New York, Toronto.

Neitzel, F. and Petrovic, S. (2008). Total Least-Squares (TLS) im Kontext der Ausgleichung nach kleinsten Quadraten am Beispiel der ausgleichenden Geraden (Total Least-Squares in the context of least-squares adjustment of a straight line). *Z. für Vermessungswesen*, 133:141–148.

Pearson, K. (1901). LIII. On lines and planes of closest fit to systems of points in space. *Philosophical Magazine Series 6*, 2(11):559–572.

Pope, A. (1972). Some pitfalls to be avoided in the iterative adjustment of nonlinear problems. In *Proc. of the 38th Annual Meeting of the ASPRS*, pages 449–477, Falls Church, VA. American Society for Photogrammetry & Remote Sensing.

Rainsford, H. F. (1968). *Survey Adjustments and Least Squares.* Constable & Company Ltd., London.

Schaffrin, B. (1995). A generalized lagrange functions approach to include fiducial constraints. *Zeitschrift für Vermessungswessen*, 120(3):325–333.

Schaffrin, B. (1997a). On suboptimal geodetic network fusion. Presented at the IAG General Meeting, Rio de Janeiro, Brazil.

Schaffrin, B. (1997b). Reliability measures for correlated observations. *J. of Surveying Engineering*, 123(3):126–137.

Schaffrin, B. and Snow, K. (2010). Total Least-Squares regularization of Tykhonov type and an ancient racetrack in Corinth. *Linear Algebra and its Applications*, 432(8):2061–2076.

Searle, S. and Khuri, A. (2017). *Matrix Algebra Useful for Statistics.* Wiley Series in Probability and Statistics. Wiley.

Smith, D., Heck, J., Gillins, D., and Snow, K. (2018). On least-squares adjustments within the Variance Component Model with Stochastic Constraints. *NOAA Technical Memorandum*, NOS NGS 74.

Snedecor, G. and Cochran, W. (1980). *Statistical Methods.* Iowa State University Press, Ames, Iowa.

Snow, K. (2002). Applications of parameter estimation and hypothesis testing to GPS network adjustments. Master's thesis, The Ohio State University.

Snow, K. and Schaffrin, B. (2003). Three-dimensional outlier detection for GPS networks and their densification via the BLIMPBE approach. *GPS Solutions*, 7(2):130–139.

Snow, K. and Schaffrin, B. (2016). Line fitting in Euclidean 3D space. *Studia Geophysica et Geodaetica*, 60(2):210–227.

Stigler, S. M. (1981). Gauss and the invention of least squares. *The Annals of Statistics*, 9(3):465–474.

Strang, G. (2006). *Linear Algebra and Its Applications.* Thomson, Brooks/Cole.

Strang, G. and Borre, K. (1997). *Linear Algebra, Geodesy, and GPS.* Wellesley-Cambridge Press, Wellesley, MA.

Uotila, U. A. (2006). Useful statistics for land surveyors. *Surveying and Land Information Science*, 66:7–18. reprinted from "Surveying and Mapping," March 1973.

Wolf, P. R. (1983). *Elements of Photogrammetry: With Air Photo Interpretation and Remote Sensing.* McGraw-Hill.

Zar, J. (1996). *Biostatistical Analysis.* Prentice Hall, Upper Saddle River, New Jersey.

찾아보기

조정계산 해설
Adjustment Computations

1판 1쇄 발행 2022년 2월 21일

지은이 배태석

펴낸곳 하움출판사
펴낸이 문현광

주소 전라북도 군산시 수송로 315 하움출판사
이메일 haum1000@naver.com **홈페이지** haum.kr

ISBN 979-11-6440-933-4 (93450)

좋은 책을 만들겠습니다.
하움출판사는 독자 여러분의 의견에 항상 귀 기울이고 있습니다.